JUTTA PORTNER

BESSER VERHANDELN

JUTTA PORTNER

BESSER VERHANDELN

DAS TRAININGSBUCH

GABAL

Bibliografische Information der Deutschen Nationalbibliothek

Die Deutsche Nationalbibliothek verzeichnet diese Publikation in der Deutschen Nationalbibliografie; detaillierte bibliografische Informationen sind im Internet über http://dnb.d-nb.de abrufbar.

ISBN 978-3-86936-054-6

Lektorat: Christiane Martin, Köln
Umschlaggestaltung: Martin Zech Design, Bremen | www.martinzech.de
Satz und Layout: Das Herstellungsbüro, Hamburg | www.buch-herstellungsbuero.de
Herstellung: BoD - Books on Demand, Norderstedt

4. Auflage 2015

www.gabal-verlag.de
www.facebook.com/Gabalbuecher.de
www.twitter.com/GABALverlag

INHALT

Danke Jannic, Julien und Justin für euer Verständnis für die fehlende Zeit!

AUF EIN WORT

Guten Tag, liebe Leserinnen und Leser,

Was war das Wichtigste, das Ihnen bisher in Ihren Verhandlungen zu einem Erfolg verholfen hat? In den letzten Jahren habe ich vielen Teilnehmern in meinen Verhandlungstrainings diese Frage gestellt – mit der Bitte, ihre Erfahrungen in einem einzigen Wort zum Ausdruck zu bringen. Herausgekommen ist eine bunte Sammlung an Begriffen. Finden Sie sich darin wieder?

Aktiv zuhören. Alternativen. Aufmerksamkeit. Aufrichtigkeit. Ausdrucksstärke. Austausch. BATNA: Beyond Reason. Dialog. Direkter Kontakt. Disziplin. Ehrlichkeit. Einbezug. Einsatz. Empathie. Erlebnis. Ernst nehmen. Experimentierfreude. Feedback. Feuer. Flexibilität. Fokus. Fragen. Freude. Fruchtbare Ergebnisse. Führung. Fun. Gemeinsam am Ziel arbeiten. Getting to Yes. Getting Past No. Glanz in den Augen. Glaubwürdigkeit. Hartnäckigkeit. Information. Intensität. Interessen. Klare Ziele. Klarheit. Kooperation. Kultur. Lachen. Lob. Merkwürdigkeiten. Miteinander. Motivation. Mut. Nachdenken. Nachhaltigkeit. Objektive Kriterien. Offenheit. Öffnung. Passion for Success. Rapport. Regeln. Respekt. Richtungen. Souveräne Führungskräfte. Spannung. Spaß. Spiel. Spinnen. Spirit. Strategien. Streitkultur. Tatkraft. Teamarbeit. Teamgeist. Tiefe. Überraschungen. Veränderungswille. Verbindlichkeit. Verständnis. Vertrauen. Wert. Wertschätzung. Widerworte. Wille. Zeit. Zuhören. Zusammenhalt.

Wenn Sie wissen wollen, was genau sich hinter diesen spannenden Begriffen verbirgt und wie Sie in Ihrem nächsten Workshop, Ihrer nächsten Familienkonferenz, Ihrem nächsten Kundengespräch besser verhandeln können, dann gönnen Sie sich ein paar Stunden Muße zum Lesen dieses Buches. Mehr müssen Sie gar nicht tun.

Viel Vergnügen und Erkenntnis bringende Aha-Momente wünschen Ihnen

Jutta Portner & das Team von C-TO:BE | THE COACHING COMPANY

1. WIE SIE LERNEN, BESSER ZU VERHANDELN

Worum geht es beim Verhandeln grundsätzlich?

Wann haben Sie das letzte Mal verhandelt? Heute früh mit Ihrem Lebenspartner bei der Planung des gemeinsamen Wochenendes? Mit Ihrem jugendlichen Sohn, der der Meinung ist, er bräuchte einen neuen, viel schnelleren PC? Mit Ihren Kollegen, die zur gleichen Zeit Urlaub nehmen möchten wie Sie? Mit Ihrem Vorgesetzten über eine Gehaltserhöhung, die Sie Ihrer Meinung nach schon längst verdient haben? Mit einem schwierigen Kunden, der anspruchsvoll ist und dessen Forderungen immer unverschämter werden?

Verhandeln ist unser tägliches Geschäft. Wir tun es tagein, tagaus. Denken Sie in der Regel vorher darüber nach, wie Sie verhandeln werden? Nein? Sie können beruhigt sein. Das geht den meisten Menschen so. Normalerweise wird in alltäglichen Verhandlungen auf unreflektierte und intuitive Weise vorgegangen.

Nach dem Lesen dieses Buches …

- kennen Sie die Grundlagen, Prinzipien und Besonderheiten des kooperativen Verhandelns im Vergleich zum kompetitiven Verhandeln,

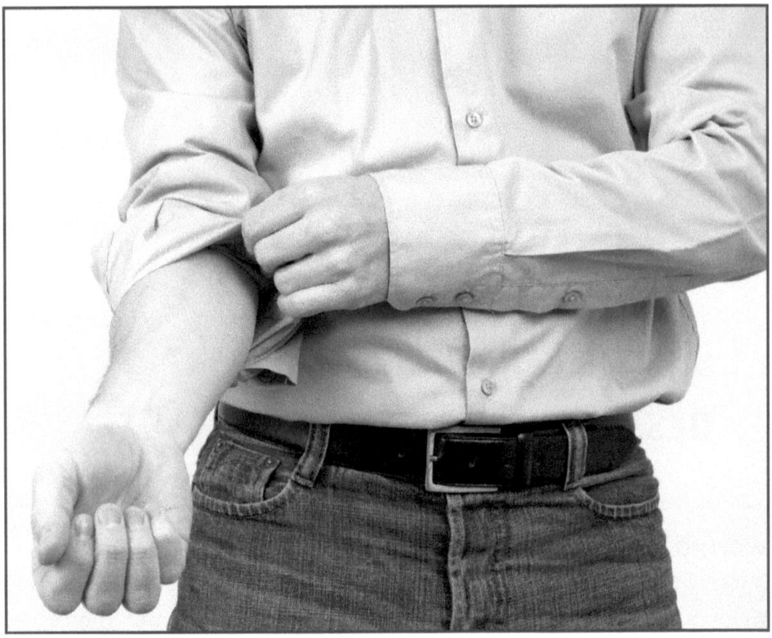

- haben Sie Ihr persönliches Verhandlungsverhalten reflektiert und verbessert und
- können Sie schwierigen Verhandlungspartnern und unfairen Strategien professionell begegnen.

Dieses Buch ist ein Trainingsbuch – hier unterscheidet es sich von herkömmlicher Literatur zum Thema Verhandeln. Die meisten Kapitel beginnen mit einem Self-Assessment. Hier können Sie eine erste Einschätzung Ihrer Kenntnisse über den Inhalt des jeweiligen Kapitels vornehmen. Die Auflösung der Selbsteinschätzung finden Sie jeweils am Ende des Kapitels. Darüber hinaus finden Sie zu den jeweiligen Schwerpunktthemen Verhandlungssimulationen (Case Studies). In diesen Fallstudien können Sie das jeweilige Thema üben. Fundierte Hintergrundinformation hilft Ihnen außerdem, ein tieferes Verständnis der Inhalte zu bekommen.

SELF-ASSESSMENT 1.1

SELF-ASSESSMENT

Niels van der Reuven hat Nele kennengelernt. Sie gefällt ihm sehr gut. Er ist schon ein paar Mal mit ihr ausgegangen. Für heute Abend hat er sie in die Oper eingeladen und anschließend möchte er sie noch zu sich nach Hause auf ein Glas Wein bitten. Den Wein hat er schon besorgt, jetzt braucht er noch für seinen iPod eine Docking Station. Er steht im Elektrofachgeschäft und hat ein interessantes und formschönes Gerät entdeckt.

VERKÄUFER: »Das System überzeugt durch ein elegantes Design und besteht aus der S-AIR iPod-Docking-Station mit einem integrierten Radio-Tuner sowie zwei Satelliten-Lautsprechern. Ein schönes Gerät haben Sie sich da ausgesucht. Das wären dann 589 Euro.«

NIELS: »Ganz schön teuer. Wie sieht es denn mit einem Preisnachlass aus?«

VERKÄUFER: »Die Docking Station ist ohnehin schon reduziert. Da haben Sie sich ein richtiges Schnäppchen ausgesucht. Regulär kostet die Station 70 Euro mehr. Sie werden viel Freude damit haben.«

NIELS: »Ich habe doch erst vor einem Monat eine neue Waschmaschine und einen neuen Herd bei Ihnen gekauft. Ich finde, dass mir da ein ordentlicher Rabatt zusteht.«

VERKÄUFER: »Ich kann Ihnen da leider nicht entgegenkommen. Wir handeln grundsätzlich nicht (zeigt auf ein entsprechenden Hinweis an der Wand).«

NIELS: »Das glaub ich nicht! Also hören Sie mal, Sie können jetzt ein gutes Geschäft mit mir machen, oder wollen Sie, dass ich die Docking Station im Internet bestelle?«

VERKÄUFER: »Nein, nein. Verstehen Sie mich nicht falsch. Natürlich möchte ich Ihnen das Gerät verkaufen. Es ist nur eben so, dass wir generell keinen Nachlass gewähren. Tut mir leid.«

▶ WIE BEURTEILEN SIE NIELS VERHALTEN?

- Hätte ich auch so gemacht! ☐
- Beharrlichkeit führt zum Ziel. ☐
- Das hätte Niels besser machen können. ☐

Lesen Sie am Ende des Kapitels die Expertenmeinung.

Es ist immer wieder erstaunlich, wie wenig strategisch und unüberlegt Menschen an ihre Verhandlungen herangehen. Folgende Verhaltensweisen sind dabei an der Tagesordnung:

- Sie verwechseln echtes Verhandeln mit der klassischen Basar-Technik.
- Sie glauben, es geht nur um die Sache, und vernachlässigen die Beziehung zum Verhandlungspartner.
- Sie glauben, dass eine Verhandlung gescheitert ist, wenn sie in einer Sackgasse stecken.
- Sie glauben beharrlich zu verhandeln, dabei sind sie oft nur dickköpfig.
- Sie meinen nachzugeben, wenn sie gemeinsam mit den Verhandlungspartnern nach Lösungen suchen.
- Sie erkennen Fehler nur bei anderen und sind blind gegenüber ihrem eigenen Verhandlungsstil.
- Sie erkennen weder Manipulation, noch schmutzige Tricks und wenn sie sie erkennen, sind sie oft hilflos.
- Sie sehen Unterbrechungen oder ein Vertagen als Zeichen der Schwäche an.
- Sie haben keine Vorstellung davon, welche Wirkung ihre Ausdrucksweise und Körpersprache auf das Ergebnis der Verhandlung haben.

Das Ergebnis des intuitiven Verhandelns sieht dann so aus, dass wir oft frustriert sind. Gefühle sind hochgekocht, wir haben Dinge gesagt oder getan, die wir nicht mehr zurücknehmen können, die uns später leid tun. Die Beziehung zum Verhandlungspartner hat einen Knacks bekommen. Wir sind über den Tisch gezogen worden oder aber das Ergebnis ist nicht tragfähig, sodass wir über kurz oder lang nachverhandeln müssen.

Das Harvard-Konzept

Hilfreich ist es also, zukünftig nicht intuitiv, sondern rational zu verhandeln. Erst überlegen und dann agieren. Erst überlegen und dann reagieren. Wissenschaftler der renommierten US-amerikanischen Harvard University haben hierzu ein pragmatisches und seit vielen Jahren bewährtes Konzept entwickelt, das Harvard-Konzept. Das Harvard-Konzept versteht sich als ein Modell des rationalen Verhandelns und ist unter dem Titel »*Getting to Yes. Negotiating an Agreement Without Giving In*« 1981 erschienen. Die Autoren Roger Fisher, William Ury und später auch Bruce Patton veröffentlichten damit das heute weltweit bekannte Standardwerk des rationalen, sachgerechten Verhandelns. Der Bestseller ist in über 20 Sprachen übersetzt und mehr als zwei Millionen Mal verkauft worden.

DAS *HARVARD NEGOTIATION PROJECT*

EXKURS

Das *Harvard Negotiation Project* ist ein Forschungsprojekt, das sich mit dem Thema Verhandlungsführung in all seinen Facetten beschäftigt. Es ist Teil des PON *(Program on Negotiation)*, welches wiederum zur *Harvard Law School* gehört. Das Konsortium umfasst Lehrende und Projekte der *Harvard University*, des MIT *(Massachussetts Institute of Technology)* und *Tufts University (Fletcher School of Law and Diplomacy)*. Die Aktivitäten umfassen bis heute vier Bereiche:

- ***Theory Building*** – PON entwickelt Theorien und Modelle, wie beispielsweise das Harvard-Konzept, so wie es heute bekannt ist und auch als Marke geschützt ist.
- ***Education and Training*** – Das Projekt bietet Programme und Ausbildungen für Menschen an, die sich professionell mit Konfliktlösung, Verhandlungsführung und Mediation beschäftigen (wie beispielsweise Diplomaten, Gewerkschaftsführer, Anwälte, Regierungsvertreter).
- ***Publications*** – Das *Program on Negotiation Clearinghouse* bietet vielfältige Materialien wie Checklisten, Fallstudien, Rollenspiele, Videos und Bücher zu Lehr- und Trainingszwecken an.
- ***Action Research*** – Aktuelle Krisenherde werden von professioneller Seite begleitet und deren Beteiligte auf Wunsch bei der Konfliktlösung unterstützt.

Philosophie des Harvard-Konzeptes

Wie können selbst schwierige Verhandlungen zu einem Ergebnis geführt werden, ohne dass eine Partei ihr Gesicht verliert? Unter welchen Prämissen ist trotz konträrer Standpunkte eine partnerschaftliche Einigung möglich? Diesen Leitfragen widmete sich 1979 ein interdisziplinäres Forschungsteam unter Leitung von Roger Fisher, William Ury und Bruce Patton. Das daraus entstandene Harvard-Konzept ist weniger eine Theorie als vielmehr ein praktisches Vorgehen hin zu einem für beide Seiten erfolgreichen und sachgerechten Verhandlungsergebnis. Sehr geläufig ist der Begriff der Win-Win-Situation als angestrebtes Ziel einer Verhandlung. In diesem Fall sprechen wir vom kooperativen Verhandeln.

Warum nach dem Harvard-Konzept verhandeln?

Wenn es Ihnen gelingt, gemeinsam mit Ihrem Verhandlungspartner ein Ergebnis zu erzielen, mit dem beide Seite zufrieden sind, dann ist das ein großer Gewinn. Der Gewinn ist noch größer, wenn es Ihnen gelingt, dadurch die Basis für langfristige vertrauensvolle Kooperationen zu legen. Das Harvard-Konzept bietet Ihnen hierfür einen bewährten Leitfaden. *»Das Harvard-Konzept schärft Wahrnehmung zum Verhandlungsprozess. Die damit verbundene Bewusstseinserweiterung ist ein erster wichtiger Schritt zur Festigung der Verhandlungskompetenz. Es erlaubt den Parteien ›das Visier‹ zu öffnen [...] Ob für Anfänger oder alte Hasen: Der Umgang mit Risiken und Unsicherheiten zeigt, wie Sie sach- und menschengerecht verhandeln können«* (Ulrich Egger, Verhandlungsberater, im Vorwort der deutschen Ausgabe des Harvard-Konzeptes).

Wann sprechen wir von einer Verhandlung?

Bevor Sie anfangen, dieses Buch über Verhandlungsführung zu lesen, lassen Sie uns ein paar grundlegende Begriffe klären: Wann sprechen wir überhaupt von einer Verhandlung? Ist jedes Gespräch, jede Diskussion, jede Besprechung automatisch auch immer gleich eine Verhandlung? Wie

lässt sich der Erfolg einer Verhandlung messen und was sind die schlimmsten Fehler, die beim Verhandeln auftauchen können?

Wir sprechen im klassischen Sinne von »Verhandeln«, wenn Personen beziehungsweise Parteien unterschiedliche Interessen haben und miteinander kommunizieren, um zu einer Einigung zu kommen.

Dazu sind bestimmte Bedingungen nötig:

- wechselseitige Abhängigkeit
- Interessenkonflikt
- ungefähr gleiche Machtverhältnisse
- eine Übereinkunft wird als Ziel der Verhandlung gesehen

CASE STUDY

▶ REFLEXION

- Zählt für Sie die gewonnene Stunde von 12 bis 13 Uhr, die Sie zusätzlich fahren können?
- Sind Sie froh um jeden Euro, den Sie weniger zahlen, als für die Halbtageskarte?
- Ist Ihnen wichtig, dass Sie so schnell wie möglich loskommen, und das ist es Ihnen sogar wert, mehr als für die Halbtageskarte zu bezahlen?
- Finden Sie den Verkäufer so charmant, dass Sie sich mit ihm auf der Piste zu einer Brotzeit treffen, und der Preis ist Ihnen dabei ziemlich egal?
- Versuchen Sie die mathematisch gerechteste Lösung zu finden, indem Sie den Preis / Stunde ausgerechnet haben?

Es gibt nicht die *eine* richtige Lösung, sondern *das* perfekte persönliche Ergebnis.

Die Qualität der Verhandlung bemisst sich nach:

- ihrer Effektivität (Qualität des Resultats)
- ihrer Effizienz (Zeitökonomie)
- dem Verhandlungsklima (Qualität der Beziehung)

Ein gutes Verhandlungsergebnis ist:

- klar – eindeutig in der Auslegung
- realisierbar – kein Luftschloss
- fair – niemand wird übers Ohr gehauen
- nützlich für die beteiligten Parteien – basierend auf dem Win-Win-Prinzip
- nachhaltig – es wird von beiden Seiten getragen

Bei einmaligen Verhandlungen wie der beim Kauf der Skikarte (siehe Case Study) wird Ihnen der Preis wichtiger sein, als die Qualität der Beziehung zum Verhandlungspartner. In den meisten beruflichen Situationen allerdings heißt es: »Man sieht sich immer zwei Mal im Leben.« Wann immer

Sie also länger und öfter mit jemanden Verhandeln, lohnt es sich, den kooperativen Stil anzuwenden und nach dem Harvard-Konzept vorzugehen. Wir werden in diesem Buch beide Stile beleuchten. Den kooperativen und den kompetitiven Verhandlungsstil. Beide Stile sind im echten Leben existent. Ein guter Verhandelnder beherrscht beide.

SELF-ASSESSMENT 1.2

SELF-ASSESSMENT

Nele Nelson ist in die Oper eingeladen. Zu ihrem traumhaften Abendkleid braucht sie die passenden High-Heels. Sie entdeckt ihr Wunschpaar, silberne Riemchensandalen, im angesagtesten Fashion-Laden der Stadt. 240 Euro soll das Paar kosten. Da sie ihr Budget schon beim Abendkleid ausgereizt hat, heißt es verhandeln!

NELE: »Ich hätte diese Schuhe gerne. Entschuldigung, aber ist bei dem Preis eventuell noch ein kleiner Nachlass drin?«

...

NELE: »Klasse die Schuhe. Für 180 Euro nehme ich sie mit!

...

NELE: »Also Ihre Preise hier sind wirklich total überhöht. Entweder Sie machen mir einen vernünftigen Preis oder ich kaufe beim Schuh-Discounter.«

...

NELE: »Nächsten Monat brauche ich noch neue Winterstiefel. Wie viel Nachlass bekomme ich bei Ihnen, wenn ich jetzt gleich beide Paare mitnehme?«

...

▶ MIT WELCHEM EINSTIEGSSATZ WÜRDEN SIE AN NELES STELLE DIE VERHANDLUNG BEGINNEN?

Lesen Sie am Ende des Kapitels die Expertenmeinung.

Die größten Fehler, die man beim Verhandeln begehen kann

Interessanterweise gibt es typische Merkmale, die Verhandlungssituationen häufig zum Scheitern bringen. Sicher haben Sie schon die eine oder andere Situation erlebt, in der Verhandlungen gescheitert sind. Haken Sie die Punkte in der folgenden Praxisübung ab, wenn Sie sie kennen:

PRAXIS-ÜBUNG

- **Druck auf den Schwächeren ausüben** ☐
  Solange einer der Partner dem Anderen überlegen ist, neigt er in der Regel dazu, das bewusst oder unbewusst auszunutzen.
- **Fehlende Flexibilität** ☐
  Ändert sich die Situation, sind die Beteiligten nur schwer in der Lage, sich dieser Situation anzupassen.
- **Verbissenheit** ☐
  Je mehr ein Verhandlungspartner darauf angewiesen ist, sein Ziel zu erreichen, desto eher wird er unbedacht reagieren, desto größer ist das Risiko aggressiver Reaktionen, die eine gute Strategie zwischen Partnern, die sich auf Augenhöhe begegnen, verhindern.
- **Eskalation** ☐
  Druck erzeugt Gegendruck; es entsteht eine Eskalationsspirale, aus der die Verhandelnden oft nicht alleine herauskommen.
- **Nachgiebigkeit** ☐
  Aus Angst vor Konflikten sind Verhandlungspartner oft zu defensiv und gefügig; sie machen Zugeständnisse ohne etwas dafür zu erhalten.
- **Unangemessene Vorbereitung** ☐
  Der strategische Aufwand steht oft in keinem sinnvollen Verhältnis zum Wert des Ziels.

Die drei Dimensionen des Verhandelns

Der Begriff der 3D-Verhandlung wurde von David A. Lax und James K. Sebenius geprägt. David A. Lax kommt von der *Harvard Business School*, war davor Investmentbanker und leitet heute gemeinsam mit James K. Sebenius das Beratungsunternehmen LaxSebenius LLC, das sich auf Verhandlungscoaching spezialisiert hat. 20 Jahre Verhandlungserfahrung flossen in das von ihnen entwickelte 3D-Konzept ein.

Das 3D-Modell besagt, das es drei Dimensionen des effektiven Verhandelns gibt. Erfolgreiche Verhandelnde stecken viel Energie in die dritte Ebene, die oft von althergebrachten Verhandlungsschulen vernachlässigt wird. Die umfangreichen Erfahrungen von LaxSebenius LLC als Berater bei Fusionierungen, in der Beschaffung, im pharmazeutischen Bereich, bei diplomatischen Verhandlungen und Verhandlungen mit Gewerkschaften hat die Wirksamkeit des 3D-Ansatzes unterstrichen.

Die drei Dimensionen sind:

- die eigentliche Verhandlung am Tisch: der Prozess
- das Verhandeln am Zeichenbrett: die Inhalte skizzieren
- Vorverhandlungen führen: Handlungsspielräume ausloten

Erste Dimension

Wenn die meisten Menschen an Verhandeln denken, dann denken sie an den eigentlichen Verhandlungsprozess. Dabei spielen Aspekte wie die Kommunikation, das Verhalten, die Körpersprache und die Verhandlungstaktik eine große Rolle. In diesem Buch werden Sie Informationen zu diesen Themen finden (Kapitel 2, 3 und 4); sie gehören definitiv zum Verhandeln dazu. Sie repräsentieren jedoch nur eine von drei Dimensionen. Diese Ebene ist manchmal sogar weniger bedeutend hinsichtlich des Einflusses auf das Ergebnis, als die anderen beiden Dimensionen. Sogar erfahrene Verhandelnde sind oft gut geschult in der ersten Dimension und schwächer in den beiden unten aufgeführten Dimensionen.

Zweite Dimension

Viele Bücher über Verhandlungsführung propagieren den »Win-Win«-Ansatz. Sie leiten Verhandelnde an, kreative Lösungen zu entwickeln, von denen beide Seiten profitieren. Wir werden diesen hilfreichen Ansatz genauer unter die Lupe nehmen und Ihnen in diesem Buch im Kapitel 7 statt genereller Hinweise konkrete Handlungsanweisungen an die Hand geben. Verhandelnde werden Vorschläge entwickeln können, die sie selbst wenig kosten und der Gegenseite viel bringen.

Dritte Dimension

Die Chancen beim Verhandeln zu verbessern, bedeutet oft schon vor der eigentlichen Verhandlung, die Rahmenbedingungen zu verbessern oder die Handlungsspielräume zu erweitern. So kann die von Ihnen vorgeschlagene Lösung für die Gegenseite attraktiver sein als deren Ausstiegsszenario. Hinter dem interaktiven Prozess (Erste Dimension) und den Inhalten (Zweite Dimension) bedeutet die Dritte Dimension die richtigen Leute zum richtigen Zeitpunkt an den Verhandlungstisch zu bekommen und dort die richtigen Themen zu verhandeln sowie die richtigen Ausstiegsszenarien zu präsentieren. Diese dritte Dimension ist strategischer als die anderen beiden. Sehr erfolgreiche Verhandelnde investieren sehr viel mehr Energie in diese Dimension. Im Kapitel 2 werden Sie Informationen zu dieser Dimension erhalten.

Dimension	Kernpunkte	Ort	Fokus	Ziele
Erste Dimension	Strategie und Taktik	»am Tisch«	auf beteiligte Personen, auf den Prozess	Verhandlungstechnik verbessern, Vertrauen aufbauen, unfairen Tricks begegnen

Dimension	Kernpunkte	Ort	Fokus	Ziele
Zweite Dimension	Design der Verhandlung (Vorplanung)	»am Zeichenbrett«	auf Werte, Inhalte und Ergebnisse	Übereinkünfte zum beidseitigen Nutzen entwickeln, nachhaltigere Lösungen entwickeln
Dritte Dimension	Vorverhandlung, Feinplanung	»abseits des Tisches«	auf größeres Gesamtkonzept	Handlungsspielraum bestmöglich vorbereiten, Vorgespräche führen

Ein aktuelles Beispiel: Barack Obama bereitet Gesundheitsreform vor

US-Präsident Obamas Plan zur Gesundheitsreform ist auf Basis des 3D-Negotiation-Ansatzes vorbereitet worden. Auch wenn man nicht genau weiß, ob Barack Obama persönlich das Buch von Lax und Sebenius gelesen hat, so ist auf jeden Fall aber die Gesundheitsbehörde, die das Reformpaket entwickelt hat, mit dem Konzept vertraut. Am 17. Juni 2009 erhielt ich folgende E-Mail vom *Program on Negotiation* aus Harvard:

»Das erste Geheimnis von ›3D-Negotiation‹ ist es, den Tisch vorzubereiten – das bedeutet, die richtigen Bedingungen für einen Erfolg zu schaffen, bevor überhaupt mit der Verhandlung begonnen wird. Der Präsident hat Monate damit verbracht, den Tisch vorzubereiten – zuerst wurde jede erdenkliche interessierte Partei zu Diskussionsrunden eingeladen, dann wurden erste Ideen festgehalten, denen alle zustimmen konnten, wie das Automatisieren der Gesundheitsdaten und die Verstärkung präventivmedizinischer Maßnahmen.

AUFLÖSUNG DER SELF-ASSESSMENTS

SELF-ASSESSMENTS

▶ SELF-ASSESSMENT 1.2

Antwort 1:
Hier geht Nele sehr zaghaft vor. Sie zeigt ihre Kaufwilligkeit eindeutig und kombiniert sie mit einer schüchternen, zaghaften Frage. Vermutlich wird der Verkäufer mit »Leider, kann ich Ihnen keinen Nachlass geben« antworten und Nele wird die Schuhe trotzdem nehmen. Sie agiert von Anfang an zu nachgiebig.

Antwort 2:
Hier antwortet Nele sehr forsch. Sie gibt den Preis klar vor. Das Risiko liegt darin, dass es keinen oder einen sehr geringen Verhandlungsspielraum gibt. Nele muss sich im Vorfeld überlegen, was sie tun kann, um glaubwürdig zu wirken, wenn der Verkäufer nicht mitzieht.

Antwort 3:
Hier provoziert Nele durch Übertreibung (»total überhöht«). Sie kombiniert ihren Angriff mit einer Drohung. Vermutlich wird der Verkäufer darauf emotional reagieren: »Dann kaufen Sie die Schuhe doch wo anders. Diesen Ton brauche ich mir nicht gefallen zu lassen.«

Antwort 4:
Hier reagiert Nele rational. Sie weiß, dass Menge ein starkes Argument ist und das Geschäft ebenfalls davon profitiert, wenn sie zwei Paar Schuhe kauft. Damit wird der Anreiz, ihr Nachlass zu gewähren, größer. Beide Seiten werden hier profitieren. Die Verhandlung kann beginnen!

ZUSAMMENFASSUNG: WIE SIE LERNEN, BESSER ZU VERHANDELN

ZUSAMMEN-FASSUNG

▶ **Wann sprechen wir von einer Verhandlung?**

- wenn eine wechselseitige Abhängigkeit der Parteien vorliegt
- wenn ein Interessenkonflikt besteht
- wenn ungefähr gleiche Machtverhältnisse existieren
- wenn eine Übereinkunft als Ziel der Verhandlung gesehen wird

▶ **Mit welchen drei Faktoren wird die Qualität der Verhandlung gemessen?**

- Effektivität des Ergebnisses (Qualität des Resultats)
- Effizienz des Verhandlungsprozesses (Zeitökonomie)
- Verhandlungsklima unter den Beteiligten (Qualität der Beziehung)

▶ **Welche Kriterien gelten für ein gutes Verhandlungsergebnis?**

Ein gutes Verhandlungsergebnis ist:

- klar – also eindeutig in der Auslegung
- realisierbar – also kein Luftschloss
- fair – also niemand wird übers Ohr gehauen
- nützlich für die beteiligten Parteien – also basierend auf dem Win-Win-Prinzip
- nachhaltig – also es wird von beiden Seiten getragen

2. GUT GERÜSTET AN DEN START – DIE RICHTIGE VORBEREITUNG IST DER HALBE ERFOLG

Mangelnde Vorbereitung – die häufigsten Fehler

Viele Verhandlungsteams versäumen es, bei der Vorbereitung einer Verhandlung ihre verschiedenen internen Standpunkte zu diskutieren und festzulegen, welche gemeinsame Strategie nach außen vertreten werden soll und wer welche Funktion im Verhandlungsteam übernimmt. Die Gegenseite wird durch Diskussionen während der Verhandlung dann interessante Dinge über die Partei erfahren: wer welchen Standpunkt vertritt, wer zögerlich ist, wer Verbündeter werden könnte. In der Regel kann die Gegenseite einen strategischen Vorteil daraus ziehen.

SELF-ASSESSMENT 2.1

SELF-ASSESSMENT

Niels van der Reuven sitzt im Bewerbungsgespräch. Er hat sein Studium als Wirtschaftsingenieur vor zwei Jahren erfolgreich abgeschlossen und anschließend in einem Hamburger Unternehmen, bei dem er auch schon seine Diplomarbeit geschrieben hat, erste Erfahrungen als Junior Manager gesammelt. Jetzt sucht er eine neue Herausforderung in München, wo seine neue Freundin lebt. Er bewirbt sich als Projektmanager bei einem Unternehmen der Luft- und Raumfahrttechnik. Das Vorstellungsgespräch läuft gut – bis der Personalleiter eine entscheidende Frage stellt.

PERSONALLEITER: »Herr van der Reuven, was stellen Sie sich finanziell vor?«

NIELS: »Was zahlen Sie denn Berufsanfängern mit zwei Jahren Erfahrung so?«

PERSONALLEITER: »Jetzt antworten Sie doch nicht mit einer Gegenfrage. Mich interessieren erst einmal Ihre Gehaltsvorstellungen.«

NIELS: »Also ... weniger als bisher will ich eigentlich nicht verdienen.«

PERSONALLEITER: »Was verdienen Sie denn zurzeit, Herr van der Reuven?«

NIELS: »Momentan verdiene ich 2500 Euro (leiser und ohne Blickkontakt). Etwas mehr sollte es schon sein. Verschlechtern möchte ich mich nicht (errötet und lacht verlegen).«

PERSONALLEITER (atmet hörbar aus und zieht die Augenbrauen nach oben): »Sprechen Sie jetzt von Brutto oder Netto? Und wie sieht ihr bisheriges Gehalt denn im Detail aus? Bekommen Sie ein 13. Monatsgehalt? Wie sieht es mit Bonuszahlungen aus? Und ... (mit leicht genervtem Unterton) ... sind die variablen Bestandteile da schon mit drin?«

NIELS: »Ähm, ja also ... Weihnachtsgeld haben wir nicht bekommen. Und wie viel das jetzt genau brutto ist? (zögert) ... Aber wie gesagt, ich will mich auf jeden Fall ein bisschen verbessern.«

PERSONALLEITER (hält Blickkontakt, schweigt und wartet): ...

NIELS: »Na ja, ich habe so auf wenigstens 10 Prozent mehr gehofft. Meinen Sie, das ist möglich?«

Niels bekommt eine Woche später ein Angebot des Unternehmens. Allerdings konnte er sich mit seinen Gehaltsforderungen nicht durchsetzen. Er freut sich über die Zusage. Abends sitzt er mit seiner Freundin Nele am Küchentisch bei einem Glas Rotwein und die beiden überlegen, was wohl beim Thema Gehalt schiefgelaufen ist.

▶ WAS GENAU HAT NIELS IN SEINER GEHALTSVERHANDLUNG VERKEHRT GEMACHT? NENNEN SIE SECHS PUNKTE!

Und lesen Sie am Ende des Kapitels die Auflösung.

Selbstüberschätzung *(over-estimated power)*

Die Vorbereitung auf eine Verhandlung birgt auch ein verführerisches Risiko in sich. Schnell sind wir im Vorfeld geneigt, den Verlauf der Verhandlung mit eigenen Fantasien auszuschmücken und für wahrscheinlich zu halten. Die Psychologie benutzt in diesem Zusammenhang den englischen Terminus *»over-estimated power«* (Selbstüberschätzung). Das kann zu überheblichem Verhalten führen und gilt als einer der häufigsten Fehler, der im Rahmen von Verhandlungen beobachtet wird. Was dann passiert, ist Folgendes: Da der Verhandelnde nicht einkalkuliert hat, dass alles auch ganz anders kommen kann als in seiner Planung, gerät er strategisch und emotional vollkommen aus der Bahn. In der Regel existiert keine Strategie für alternative Vorgehensweisen. Der Verhandelnde wird von einer eskalierenden Situation überrollt und ist mangels Alternativen erpressbar.

Unterschätzung *(under-estimated power)*

Beinahe genauso oft geschieht es allerdings in Verhandlungen, dass Verhandelnde im Nachhinein realisieren, dass sie ihre Macht unterschätzt haben. So denken die Verkäufer, dass die Macht in den Händen der Einkäufer liegt und die Einkäufer denken, dass die Macht in den Händen der Verkäufer liegt.

CASE STUDY: WOHNUNGSSUCHE

CASE STUDY

Nele und Niels kennen sich seit zwei Monaten. Sie beschließen zusammenzuziehen. Sie wissen, dass das früh ist, wollen es aber versuchen. Im Internet sind sie auf eine zauberhafte kleine Altbauwohnung in der Nähe des Englischen Gartens in München gestoßen. »Mensch, die kriegen wir doch nie«, befürchtet Niels. »Da sind doch bestimmt Hunderte von Bewerbern. So ein Sahnestückchen will doch jeder haben. Da brauchen wir gar nicht erst anzurufen.« »Quatsch«, unterbricht ihn Nele. »Aber keiner ist so nett wie wir. Wir sind doch Traummieter für jeden Wohnungsbesitzer. Haben beide einen Job. Keine Kinder. Verdienen gut. Das kann sonst kaum jemand bieten.«

▶ FRAGE

Wo überschätzen beziehungsweise unterschätzen Nele und Niels hier ihre Verhandlungsmacht?

▶ ANTWORT

Während Niels davon ausgeht, dass die ganze Welt in einer Altbauwohnung im 4. Stock ohne Aufzug wohnen möchte, geht Nele davon aus, dass es außer ihnen in der Singlestadt München keine solventen Besserverdiener ohne Kinder gibt. Beide Verhalten sind stark durch die persönliche Wahrnehmung und die subjektive Interpretation der Situation geprägt.

Wie Sie Ihre Macht realistisch einschätzen können

Wie groß die Verhandlungsmacht ist, hängt zuerst einmal vom Verhältnis zwischen Angebot und Nachfrage ab. Selbst der geschickteste Verhandlungsprofi bleibt an dieses Kräfteverhältnis gebunden. Wer etwas anzubieten hat, was viele wollen, weil es rar ist, kann auswählen, wer den Zuschlag erhält und hat damit viele Alternativen. Umgekehrt gilt dies natürlich genauso. Bieten Sie etwas an, das es im Überfluss gibt, das niemanden inte-

So gesehen dienen viele Manöver, die wir während einer Verhandlung unternehmen dazu, die Wahrnehmung der Gegenseite von deren oder unserer Macht zu beeinflussen. Vermutlich gibt es kaum eine treffendere Definition für Verhandlungstaktik.

- Verhandlungsmacht zu haben, bedeutet, die Möglichkeit zu haben, »Nein« zu sagen.
- Verhandlungsmacht zu haben, bedeutet, eine gute Alternative zu besitzen.
- Verhandlungsmacht zu haben, bedeutet, den Deal weniger notwendig zu brauchen als die Gegenseite.

Planning Tool 1: Fragenkatalog zur guten Vorbereitung

Die Vorbereitung ist also der erste Schritt der Verhandlung. Schon hier steigen Sie in das Geschehen ein, Sie blicken in die Zukunft und kreieren ein möglichst realistisches Szenario der potenziellen Verhandlung. Je mehr Energie Sie in die Vorbereitung gesteckt haben, desto entspannter werden Sie sich in der Verhandlung selbst verhalten. Noch haben Sie die Gelegenheit, Ihre Energie ganz auf die Analyse und Verbesserung Ihrer Ausgangssituation zu legen. Gehen Sie zukünftig vor jeder Verhandlung für sich die in der folgenden Checkliste aufgeführten Fragen durch.

Fragenkatalog zur guten Vorbereitung

1. **Welche höher liegenden Ziele verfolgen Sie?**
   - auf der inhaltlichen Ebene
   - auf der persönlichen Ebene
2. **Was ist Ihr konkretes Ziel?**
   - Was ist das Minimum, das Sie erreichen wollen?
   - Was ist Ihr realistisches Ziel?
   - Was ist Ihr maximales Ziel?
   - Wie sieht Ihr Eröffnungsangebot aus?

3. **Wie ist die Verhandlungsmacht verteilt?**

4. **Wie gut kennen Sie die Gegenseite?**
   - Haben Sie Vorerfahrungen gesammelt?
   - Was können Sie in Erfahrung bringen?
   - Was sind die Interessen der Gegenseite?
   - Gibt es gemeinsame Interessen?
   - Von welchem Ergebnis profitieren beide Seiten?

5. **Welche Informationen geben Sie der Gegenseite?**
   - Was werden Sie offenbaren?
   - Was werden Sie für sich behalten?

6. **Was sind erst einmal nur Vermutungen?**

7. **Verhandeln Sie nur einen Punkt oder ein ganzes Paket?**
   - Was sind die Hauptpunkte eines Pakets?
   - Wie sind diese miteinander verbunden?
   - Welche Punkte sind für die Gegenseite wichtig?

8. **An welcher Stelle sind Sie bereit Konzessionen anzubieten?**

9. **Welche Konzessionen können Sie von der Gegenseite fordern?**

10. **Organisatorisches**
    - Werden Sie telefonisch, schriftlich oder im persönlichen Gespräch verhandeln?
    - Wo werden Sie sich treffen (bei Ihnen = Heimvorteil oder bei der Gegenseite)?
    - Werden Sie alleine oder im Team verhandeln?
    - Wer wird welche Rolle im Team übernehmen?
    - Gibt es einen Zeitrahmen?
    - Wann müssen Sie ein Ergebnis erzielt haben?

11. **Wie sind Sie persönlich vorbereitet?**
    - Wie sicher fühlen Sie sich beim Verhandeln?
    - Wo sind Sie besonders empfindlich (hot buttons)?
    - Was werden Sie tun, wenn die Verhandlung scheitert?
    - Wie viel Zeit wollen Sie in die Vorbereitung investieren?

Planning Tool 2: SMARTe Ziele

Nele sitzt mit ihrer Chefin in der Cafeteria. Die beiden gehen ein aktuelles Angebot durch, das sie einem neuen Kunden vorstellen möchten. Nele wird die Präsentation halten, Fleur, ihre Vorgesetzte, wird das Verhandlungsgespräch führen. Fleur ist erst seit sechs Monaten in Deutschland. Die 34-jährige US-Amerikanerin war zuletzt in Genf eingesetzt, wo das europäische Headquarter des Unternehmens ist, und hat die letzten Jahre viel Erfahrung gesammelt im Führen von internationalen Teams.

Schon in den ersten Kundengesprächen ist Nele aufgefallen, wie professionell Fleur verhandelt. Nele fragt Fleur, ob sie nicht Lust hat, ihr als Mentorin zur Seite zu stehen, was Fleur gleich herzlich anbietet. »Was wäre für dich das Schlimmste, das dir ein Verhandlungspartner antun könnte?«, fragt Nele neugierig. »Das Schlimmste wäre für mich, wenn er mein erstes Angebot annehmen würde«, entgegnet Fleur ganz spontan. »Und warum?«, fragt Nele. »Überleg doch mal!« Fleur blickt ihr in die Augen. »Weil das für mich bedeuten würde, dass ich viel mehr hätte bekommen können. Ich würde mich immer fragen, was noch möglich gewesen wäre. Ich wäre einfach nicht ambitioniert genug rein gegangen.« »Du meinst Ehrgeiz?«, fragt Nele nach, weil sie nicht wirklich versteht, was Fleur damit sagen will.

»Ja, gewissermaßen. Wir nennen das *aspiration. Aspiration* ist unser ganz persönliches Ziel. Das Ergebnis, was wir ganz im Inneren erreichen wollen. Es ist sozusagen eine dritte treibende Kraft neben der Verhandlungsmacht und den Fertigkeiten, über die ein Verhandelnder verfügt. Willst du wissen, wie dieser »*aspiration*-Effekt« funktioniert? Die Menschen, die in Verhandlungen und in allen anderen Bereichen des Lebens am meisten erreichen, setzen sich ambitionierte, aber realistische Ziele. Wenn wir uns ein Ziel stecken, das zu hoch ist, dann bleibt es meistens ein bloßer Wunsch. Allerdings zeigt die Realität, dass es meistens eher umgekehrt ist. Viele Menschen stecken sich zu niedrige Ziele. Vielleicht sind sie nicht selbstbewusst genug oder sie trauen sich einfach nicht, ich weiß auch nicht.«

Fleur wartet, ob Nele ihr folgen kann. »Du meinst, sie handeln nach dem Motto ›Pessimisten sind niemals enttäuscht‹«, lacht Nele. »Genau, in den

Staaten gibt es einen Verhandlungsexperten, Chester Karrass, der lange Zeit für Howard Hughes gearbeitet hat und Gesetzmäßigkeiten hinter der Verhandlungsführung erforscht hat. In einem seiner Experimente – bekannt als Karrass-Experiment – mit 120 professionellen Verhandelnden aus der Luft- und Raumfahrtindustrie fand er heraus, dass Verhandelnde mit hohen realistischen Erwartungen immer zu besseren Ergebnissen kamen. Sie setzten sich immer gegen Verhandlungspartner mit niedrigen Zielen durch, selbst wenn diese mehr Macht und bessere Fertigkeiten besaßen.«
»Wow«, zeigt sich Nele beeindruckt. »Dann werde ich ab jetzt mein Verhandlungsziel entsprechend vorbereiten!« »Gute Idee – zum Beispiel mit dem SMART-Modell«, nickt Fleur zustimmend.

Das Modell der SMARTen Ziele

Beim Modell der SMARTen Ziele handelt es sich um ein Akronym, das den Verhandelnden bei der Formulierung eines klaren, realistischen und ehrgeizigen Ziels unterstützt. Die einzelnen Buchstaben stehen hier für Eigenschaften, über die sauber formulierte Verhandlungsziele verfügen. Je mehr Eigenschaften ein Ziel nach den SMART-Kriterien abdeckt, umso präziser und griffiger wird es. Gewöhnen Sie sich an, vor jeder Verhandlung noch einmal einen zweiten kritischen Blick auf das von Ihnen formulierte Ziel zu werfen und zu überprüfen, wo es noch korrigiert werden kann.

Modell der SMARTen Ziele

S = spezifisch

M = messbar

A = attraktiv

R = realistisch

T = terminiert

Ein Beispiel

»Nele, du willst doch mit Niels im Februar Urlaub machen. Hast du nicht erzählt, du willst zum Skifahren und er zum Tauchen? Überleg doch mal, wie du dein Ziel SMART formulieren würdest?« Fleur sieht Nele erwartungsvoll an. »Hm, ich werde vorschlagen, dass wir die Faschingswoche im Februar (terminiert) nach Livigno in Italien fahren (spezifisch), wo wir einen Bekannten haben, der dort als Skilehrer arbeitet und uns angeboten hat, bei ihm zu wohnen. Die Region ist schneesicher, weil sie so hoch liegt (beides attraktiv). Der Skipass kostet 110 Euro, wir bekommen sogar 10 Prozent Ermäßigung über unseren Bekannten (messbar). Realistisch ist das Ganze auch, ich will ja nicht nach Kanada zum Heli-Skiing.« »Klingt gut! Bei der Messbarkeit empfehle ich dir, diese nicht so sehr am Preis festzumachen, sondern zum Beispiel auch daran, dass ihr schnell dorthin kommt. Ich frage dich im März, ob ihr wirklich in Livigno wart«, lacht Fleur.

Planning Tool 3: BATNA – die beste realistische Alternative

Bei jeder Verhandlung sollten Sie sich klar darüber sein, dass es immer auch jenseits der Verhandlung eine alternative Lösung gibt. Ein Verhandlungsergebnis ist dann für den Verhandelnden ein Erfolg, wenn es besser als diese vorhandene Alternative ist. Im Harvard-Konzept wird sie als BATNA bezeichnet (BATNA = *Best Alternative to Negotiated Agreement*) und stellt die beste Alternative im Vergleich mit dem zu erreichenden Verhandlungsergebnis dar. Ist eine solche Alternative vorhanden, wird das Gefühl der Abhängigkeit vom Verhandlungspartner vermieden. Grundsätzlich ist immer die Partei im Nachteil, die keine oder eine schlechte Alternative hat. Damit geht automatisch eine schwächere Verhandlungsposition einher. Aus diesem Grunde ist es absolut notwendig, die eigene beste realistische Alternative zu kennen und natürlich auch über die beste realistische Alternative der Gegenseite Bescheid zu wissen.

Stellen Sie sich vor, Sie sind auf einem Flohmarkt und wollen einen alten Plattenspieler verkaufen. Ihr Wunschpreis beträgt 50 Euro. Kurze Zeit spä-

ter schlendert ein gewiefter Interessent und bietet Ihnen 30 Euro mit dem Hinweis, am Nebenstand hätte er ein ähnliches Gerät für 40 Euro gesehen. Vermutlich werden Sie sich, je nach Verhandlungsgeschick, auf einen Preis zwischen 35 und 45 Euro einigen. Als professioneller Verhandelnder haben Sie sich jedoch im Vorfeld überlegt, was Sie tun werden, sollte niemand an dem Plattenspieler interessiert sein. Sie wollen ihn dann Ihrem Vater zum Geburtstag schenken, der früher schon einen ähnlichen hatte und bei Ihnen – ob der alten Zeiten – ins Schwärmen geraten ist. Die 40 Euro für Fußballkarten, die sie ihm sonst geschenkt hätten, können Sie sich dann sparen. Da Sie Ihre BATNA kennen, werden Sie also auf keinen Fall unter 40 Euro gehen.

Wie Sie Ihre BATNA entwickeln

- Erstellen Sie eine Liste Ihrer Alternativen.
- Bleiben Sie nicht bei dem, was Ihnen zuerst einfällt.
- Denken Sie *»out of the box«* – werden Sie kreativ.

Planning Tool 4: ZOPA – Zone der Übereinkunft

In der Regel hat ein Verhandelnder ein Gespür für die mögliche Zone der Übereinkunft. Die Zone der Übereinkunft wird in der Verhandlungsführung als ZOPA bezeichnet *(Zone of Possible Agreement)*. Wollen Sie Ihr Haus verkaufen, werden Sie sich im Vorfeld überlegen, was Sie realistischerweise für Ihr Haus bekommen werden. Sie werden Kriterien zur Bewertung hinzuziehen und eine Spanne erhalten.

Ein Beispiel

Nehmen wir an, Jan de la Moliere hat von seiner Großmutter ein Haus im Süden Münchens geerbt. Er selbst lebt in Köln, will dort gerne bleiben und plant den Verkauf des Hauses. Die kleine Villa wurde in den 1930er-Jahren gebaut und ist gepflegt; der Grund beträgt 1200 Quadratmeter; die Wohngegend ist ruhig; der durchschnittliche Preis für ein Haus dieser Kategorie in der Gemeinde liegt bei 800000 Euro. Allerdings ist das Angebot im Moment sehr gering und viele Menschen wollen in den Süden Münchens ziehen. Es handelt sich also um einen günstigen Verkäufermarkt. Gleichzeitig befinden wir uns im Jahr 2010 und alle Welt spricht von der Wirtschaftskrise, die potenziellen Käufer halten ihr Geld zusammen und entscheiden sich weniger spontan. Die Eckpfeiler für Jans ZOPA werden durch folgende Überlegungen festgelegt:

- Er wird das Haus für 780000 Euro auf jeden Fall an einen Interessenten verkaufen können.
- Wenn er mehr als 820000 Euro verlangen wird, wird der potenzielle Käufer attraktivere Angebote auf dem Markt finden.
- Seine ZOPA liegt also zwischen 780000 und 820000 Euro.

Welche Vorteile bietet die ZOPA?

Die Festlegung der Eckpfeiler einer Verhandlungsspanne im Sinne eines Limits schützt viele Verhandelnde. Wenn Sie Ihre ZOPA kennen, werden Sie dem Druck und der Versuchung des Augenblicks leichter widerstehen.

So kann kein Makler oder Kunde Sie dazu drängen, eine Entscheidung zu treffen, die Sie später bereuen werden.

Wenn Sie im Team verhandeln, verhindert die ZOPA außerdem, dass ein einzelnes Teammitglied alleine vorprescht und Vereinbarungen trifft, die mit den anderen nicht abgesprochen sind. Ein weiterer Vorteil der ZOPA ist, dass, wenn Sie die Verhandlungsführung delegieren, beispielsweise an einen Makler, dessen Verfügungsmacht dadurch eingeschränkt wird.

Wie können Sie Ihre ZOPA kalkulieren?

Eine bewährte Vorgehensweise die ZOPA festzulegen ist es, das BATNA-Konzept zu Hilfe zu nehmen. Unsere BATNA definiert das ungeliebte Ende unserer ZOPA. Und durch unsere Vermutung, was die BATNA der Gegenseite sein könnte, erhalten wir ein mögliches »*Walk-away-Limit*« der anderen, dass unser oberes Ende der ZOPA darstellt, für uns unser maximales Ziel, von dem wir träumen, es zu erreichen.

Wie groß darf die ZOPA sein?

Hier gibt es keine eindeutige Antwort, es gibt ZOPAs, die sehr schmal und präzise sind, und es gibt ZOPAs, die sehr weit und offen am Ende sind. Ein Beispiel für eine enge ZOPA ist dieses: Sie verkaufen ein Massenprodukt wie Shampoo; es gibt viele Shampoohersteller, der Markt ist saturiert, jeden Tag werden Hunderttausende von Shampoos weltweit von Hunderttausenden von Konsumenten gekauft. Hier handelt es sich um einen nahezu perfekten Markt. In diesem Fall wird der Preis für Ihr Shampoo gar nicht oder nur um Centbeträge verhandelbar sein. Eine Beispiel für eine weite oder offene ZOPA dagegen ist dieses: Sie verkaufen einen 30 Jahre alten Sportwagen. Es gibt von diesen Oldtimern nur noch sehr wenige; es handelt sich beinahe schon um ein Sammlerstück. Weder Sie als Verkäufer noch Ihr potenzieller Käufer haben Erfahrung im Verkaufen von Oldtimern. Hier handelt es sich um einen unvollkommenen Markt. Demnach wird auch in dieser Situation ein weit größerer Spielraum für Verhandlungen sein.

Der »*Nibble*«

Nele und Fleur gehen ein letztes Mal das Konzept für den neuen Kunden durch. »Nele, ich habe noch einen Tipp für dich: Vergiss nicht, den *Nibble* einzuplanen!«, wirft Fleur ein. »Den was? Was meinst du denn damit?«, fragt Nele verwirrt und weiß nicht genau, wie ernst diese das im Moment meint. »Na, den *Nibble*! Gibt es das Wort bei euch im Deutschen nicht? Ich meine den Teil, der von vornherein geplant oben draufgelegt wird, weil man doch sowieso weiß, dass die Gegenseite niemals das erste Angebot annehmen wird. Das Stückchen, das oben auf dein Ziel draufgepackt wird«, erklärt Fleur. »Ach so, na klar, aber eigentlich ist verhandeln doch ein bisschen wie im Kindergarten, kann man nicht von vornherein den *Nibble* weglassen?« »Nein, denn verhandeln, erinnere dich, heißt sich aufeinanderzubewegen. Interessant ist jetzt nur, wie groß der *Nibble* ist. Letztes Jahr war ich in China auf einem Kleidermarkt, da fingen die Verkäufer mit 300 Prozent mehr an, als sie eigentlich realistisch erreichen konnten. Es war ein lebhaftes, sich immer wiederholendes Spiel nach Regeln, denen alle Beteiligten unter vollem Einsatz folgten und die ungeschriebenen Gesetze führten dann zu vorhersehbaren Ergebnissen. Das ist natürlich eine besondere Situation auf diesen Basaren. Im Allgemeinen gilt, dass der *Nibble* zwar ambitioniert sein muss, aber nicht unverschämt sein darf.« Nele freut sich, dass ihre Kundenverhandlungen sich doch von denen auf chinesischen Basaren unterscheiden und bespricht mit Fleur, wie hoch denn jetzt der angemessene *Nibble* für die folgende Verhandlung ist.

Planning Tool 5: Informationsmatrix

Beim Verhandeln ist der Umgang mit Informationen ein wichtiges Instrument. Zum einen geht es darum, Informationen im Vorfeld zu sammeln, denn sie sind die Grundlage unseres Wissens. Je mehr Informationen wir haben, umso mehr Verhandlungsmacht halten wir in unseren Händen. Stellen Sie sich vor, Nele und Niels entschließen sich, nachdem sie seit zwei Monaten nach Mietwohnungen gesucht und kein adäquates Angebot gefunden haben, eine Wohnung zu kaufen. Sie sehen sich eine Drei-Zimmer-Altbauwohnung in der Nähe des Englischen Gartens an. Bei ihrer

Informationsrecherche erfahren die beiden von der Stadtverwaltung, dass in der Straße demnächst ein Mobilfunkmast aufgestellt werden wird. Die beiden überlegen, ob sie die schöne Altbauwohnung trotzdem kaufen wollen. Zumindest haben Nele und Niels hiermit ein starkes Argument, den Preis zu drücken.

Wenn wir also eine Verhandlung vorbereiten, empfiehlt es sich, im Vorfeld so viel Informationen zu sammeln wie möglich. Natürlich ist das Sammeln der Informationen nur dann sinnvoll, wenn Sie die Informationen auch analysieren und auswerten.

Benutzen Sie während der Vorbereitungszeit zur strukturierten Analyse Ihrer Informationen die Informationsmatrix. Ergeben sich während der Verhandlung neue Fakten in den unteren beiden Bereichen (*keep* oder *surprise*), empfiehlt es sich, während der Verhandlung eine Unterbrechung einzufordern.

Informationsmatrix

Bereit bekannt zu geben *(give)*	**Wollen wir wissen *(get)***
Das sind Informationen, die wir beabsichtigen, der Gegenseite zu geben, um unsere Verhandlungsmacht damit zu stärken oder Informationen, die helfen, einen Weg zu einer Übereinkunft zu finden. *Beispiel: Wie weit ist die Wohnung von den jeweiligen Arbeitsplätzen entfernt? Wann wollen Nele und Niels einziehen? Wollen sie ein Büro in der Wohnung unterbringen? Planen die beiden eventuell ein Kinderzimmer?*	Das sind Informationen, die wir von der Gegenseite brauchen oder bekommen wollen, um unsere Verhandlungsmacht zu stärken, oder die helfen sollen, einen Weg zu einer Übereinkunft zu finden. In der Regel handelt es sich hier um eine Liste vorbereiteter Fragen. *Beispiel: Wann gehen die jetzigen Mieter aus der Wohnung? Gibt es einen Hausmeister? Sind Haustiere in der Wohnung erlaubt? Entspricht die Heizungsanlage den modernen Ansprüchen?*
Behalten wir für uns *(keep)*	**Überraschend erfahren *(surprise)***
Informationen, von denen wir beschließen, sie für uns zu behalten, da diese Informationen unsere Verhandlungsmacht minimieren würden. *Beispiel: Wollen Nele und Niels, dass die Gegenseite weiß, dass die beiden etwas vorschnell ihre alte Wohnung schon gekündigt haben?*	Informationen, die uns überraschen würden, würden wir Sie während der Verhandlung von der Gegenseite erfahren. *Beispiel: Wenn Nele und Niels während der Verhandlung erfahren, dass die Nachbarn über und unter ihnen seit Jahren mit der Hausverwaltung in einem Rechtsstreit liegen.*

Vermutungen überprüfen

Während der Planungsphase werden wir alle Arten von Vermutungen anstellen – über die Position und die Ziele der Gegenseite: wer an dem Gespräch wohl teilnehmen wird, wie die Agenda aussehen wird, wie lange die Verhandlung dauern wird, wie viele Mitbewerber im Spiel sind und so weiter. Es ist nichts Falsches an Vermutungen. Würden wir Dinge nicht im Vorfeld mental durchspielen, liefen wir Gefahr, in der Situation selbst oft vollkommen überrumpelt zu werden. Wichtig ist nur, sich immer wieder klar zu machen, dass es eine Vermutung ist und bleibt. Wie können Sie nun Vermutungen überprüfen? Der einfachste Weg ist danach zu fragen. Wenn Sie bereits während der Vorbereitung Ihrer Verhandlung Vermutungen festhalten, können Sie gleichfalls schon konkrete Fragen planen (für die »Wollen-wir-wissen-Box«), mit Hilfe derer Sie Ihre Vermutungen überprüfen können

Vermutung über:	**Geplante Fragen:**
▪ weitere Interessenten	▪ Ist das Interesse an der Wohnung groß?
▪ Verhandlungsspielraum der Gegenseite	▪ Es gibt doch noch ein Entgegenkommen, oder?
▪ zukünftige Reparaturen, die anstehen	▪ Muss das Dach nicht demnächst neu gedeckt werden?
▪ kürzliche Investitionen, die getätigt wurden	▪ Das Bad sieht noch so gut aus, wann wurde es denn renoviert?
▪ weitere Objekte des Maklers	▪ Sollten wir uns gegen die Wohnung entscheiden, haben Sie noch weitere Altbauwohnungen im Angebot?

Planning Tool 6: Konzessionsmatrix

Konzessionen sind Zugeständnisse. Zugeständnisse, die wir der anderen Seite machen. Ein Entgegenkommen, mit dem wir öffentlich unseren Willen zeigen, zu einer Übereinkunft zu kommen. Denn verhandeln heißt, beweglich zu sein und sich auf den anderen zuzubewegen. Ohne Flexibilität bleiben beide Parteien auf ihren Positionen und Situationen fahren sich fest. Dieses Zeichen eines Entgegenkommens ist die positive Seite, wenn Sie Konzessionen machen. Die unbequeme Seite ist, dass wir auch immer etwas hergeben müssen: Wir müssen Hoffnungen und Erwartungen loslassen – manchmal tut das auch weh.

Wenn wir unsere Konzessionen nicht planen, besteht das Risiko, leichtsinnig zu früh zu große Konzessionen zu machen oder starr am eigenen Standpunkt festzuhalten. Diese Risiken sind sogar noch größer, wenn Sie im Team verhandeln.

Logisch gesehen ist der Spielraum, den wir für Konzessionen haben, so groß, wie der Raum zwischen dem Eröffnungsangebot und dem Minimalziel. Psychologisch gesehen ist es auch der Raum zwischen dem Eröffnungsangebot und dem Maximalziel; dahinter steht immer die Frage, wie sehr wir hinter unserem Ziel stehen und wie selbstbewusst wir es vertreten können. Dieser Raum beschreibt dann die Konzessionen, die wir von der Gegenseite fordern wollen.

Wie planen wir Konzessionen?

Zum Planen von Zugeständnissen können Sie die Konzessionsmatrix benutzen. Genau wie bei der Informationsmatrix empfiehlt es sich, eine kurze Pause einzulegen, wenn Sie die Doppellinie kreuzen. Denn Konzessionen aus den unteren beiden Bereichen haben entweder eine persönliche Tragweite oder sind neu – sie sollten gut durchdacht werden. Legen Sie auch im Vorfeld fest, wer die Zugeständnisse machen wird, wenn Sie im Team verhandeln. Priorisieren Sie Ihre Konzessionen:

- *H – Hohe Priorität:* Das wollen wir unbedingt bekommen oder behalten.
- *M – Mittlere Priorität:* Davon können wir uns ohne großen Schmerz lösen.
- *N – Niedrige Priorität:* Das ist uns nicht so wichtig, das geben wir gerne her.

In der Verhandlung werden Sie als professionell Verhandelnder dann im Idealfall Konzessionen tauschen, die für Sie von niedriger Priorität sind, gegen Konzessionen, die für die Gegenseite von hoher Priorität sind.

Konzessionsmatrix

Bereit zu geben *(give)*

Das sind Konzessionen, von denen wir beabsichtigen, sie der Gegenseite zu geben. Zugeständnisse, die wir bereit sind, der anderen Seite zu machen, um zu einer Übereinkunft zu kommen.

Beispiel: In der Gehaltsverhandlung kann Niels planen, dem Personalreferenten anzubieten, auf ein 13. Monatsgehalt zu verzichten, wenn er dafür einen leistungsbezogenen Bonus erhält.

Wollen wir bekommen *(get)*

Das sind Konzessionen, die wir von der Gegenseite fordern, wenn wir selbst ein Zugeständnis machen. Oder Zugeständnisse, die wir fordern, um unsere Bereitschaft zu einer Übereinkunft zu signalisieren, wenn wir in einer starken Position sind.

Beispiel: Niels will sich auf jeden Fall noch weiterbilden. Er plant einen MBA-Studium, um sich langfristig zu qualifizieren. Er möchte eine Beteiligung des Unternehmens an seinem Aufbaustudium.

Behalten wir *(keep)*

Konzessionen, die wir auf keinen Fa machen. Diese Konzessionen liege unter unserem Minimalziel.

Beispiel: Niels will auf keinen Fall weniger verdienen als in seinem bisherigen Arbeitsverhältnis.

Überraschend bekommen oder gefordert *(surprise)*

Konzessionen, die uns überraschen, wenn sie während der Verhandlung von der Gegenseite gefordert oder gemacht werden.

Beispiel: Würde Niels während der Verhandlung erfahren, dass er den Arbeitsvertrag nur erhält, wenn er bereit ist, für das Unternehmen nach der Einarbeitungszeit Projekte in Russland und Afghanistan zu betreuen, sollte er sich Bedenkzeit erbitten, um diese neue Situation und deren Konsequenzen einschätzen zu können.

Aggression, Lust und Frust. Verhandeln ohne Gefühle ist schier unmöglich. Und wenn zwei Eisberge aneinanderstoßen, so stoßen sie unterhalb der Wasseroberfläche aneinander. Wenn Verhandlungen sich festfahren oder scheitern, dann mag das zum Teil an unüberbrückbaren Differenzen auf der Sachebene liegen. Doch zum allergrößten Teil sind Störungen auf der Beziehungsebene daran schuld. Dabei sind immer beide Seiten involviert – wir selbst mit unseren Gefühlen und auch die Gegenseite mit ihren Gefühlen. Also sollten wir uns auch auf diesen Teil der Verhandlung vorbereiten, um in schwierigen Situationen einen kühlen Kopf zu behalten und nicht als reine Reaktionsmaschine ohne Nachzudenken emotional zu reagieren.

Die fünf Grundbedürfnisse

Intensiv mit diesem Thema der Emotionen haben sich auch Roger Fisher und Daniel Shapiro, beide Wissenschaftler der *Harvard University*, in ihrem Buch »*Beyond Reason*« (Jenseits der Vernunft) beschäftigt. Das Buch erschien 2005, ist eine Weiterentwicklung des Klassikers »*Getting to Yes*« und zeigt die Rolle von Emotionen in Verhandlungen. Die Hauptaussage besteht darin, dass es fünf Grundbedürfnisse *(core concerns)* gibt, die Triebfedern unseres Verhaltens sind. Werden diese Grundbedürfnisse verletzt, entstehen automatisch negative Emotionen, die dann wiederum dazu führen, dass wir nicht mehr rational, sondern emotional reagieren. Anders ausgedrückt reagieren wir nicht mehr bewusst, sondern unbewusst. Wir sagen oder tun Dinge, die wir später bereuen und dann oft nicht mehr zurücknehmen können, ohne unser Gesicht zu verlieren. Aus diesem Grund empfehlen Roger Fisher und Daniel Shapiro, dass wir uns vor der Verhandlung mit unseren Schwachstellen *(hot buttons)* auseinandersetzen und uns auch überlegen, wo die Gegenseite zart besaitet ist und demzufolge mit Samthandschuhen angefasst werden möchte. Die fünf *core concerns* sind:

- Wunsch nach Wertschätzung *(appreciation)*
- Wunsch nach Zugehörigkeit *(affiliation)*
- Wunsch nach Eigenständigkeit *(autonomy)*
- Wunsch nach Anerkennung unseres Status *(status)*
- Wunsch nach Anerkennung unserer Rollen *(role)*

Wunsch nach Wertschätzung *(appreciation)*

Jeder Mensch möchte für das, was er tut, Anerkennung erfahren. Stellen Sie sich folgende Situation vor: Sie sind in Ihrem Team derjenige, der beinahe immer das Protokoll schreibt, zum einen aus Gutmütigkeit nach dem Motto »Irgendeiner muss es ja tun«, zum anderen, weil es Ihnen leicht von der Hand geht. Bald sehen es Ihre Teamkollegen als selbstverständlich an, dass Sie zur Feder greifen. Als Ihr Arbeitspensum steigt, weil Sie ein weiteres Projekt bearbeiten, schlagen Sie im Teammeeting vor, dass diesmal jemand anderes die Aufgabe der Protokollführung übernimmt. Mit der knappen Bemerkung »Ach, Sie haben doch jetzt schon so viel Erfahrung darin« wird zum nächsten Agendapunkt übergegangen. Wie würden Sie sich in so einer Situation fühlen? Vermutlich werden Sie frustriert sein und das Gefühl haben, keine Anerkennung für Ihr Engagement zu erhalten. Vielleicht werden die nächsten Protokolle knapper oder Sie werden zukünftig weniger bereit sein, freiwillig Zusatzaufgaben zu übernehmen. Der Wunsch nach Anerkennung ist demnach ein Grundbedürfnis, das wir haben. Wird es verletzt, reagieren wir mit negativen Emotionen.

Wunsch nach Zugehörigkeit *(affiliation)*

Ähnlich wie der Wunsch nach Wertschätzung ist auch der Wunsch nach Zugehörigkeit ein Grundbedürfnis. Jeder Mensch möchte Teil des Ganzen sein. Ausgrenzung erleben wir als schmerzhaft. Wir wünschen uns, die Informationen zu erhalten, die uns zustehen, und wollen innerhalb von Gruppen nicht ausgegrenzt werden. Stellen Sie sich vor, Sie verhandeln im Team. Ihr Kollege scheint von Ihrem Vorgesetzten im Vorfeld bestens informiert worden zu sein. An immer mehr Stellen merken Sie, dass Ihnen wichtige Puzzlestücke an Informationen fehlen. »Wenden Sie sich doch bei Sachfragen an Herrn XY, der steckt in diesem Thema besser drin«, bemerkt Ihr Chef zum Kunden und verweist lächelnd auf den Kollegen zu Ihrer Rechten. Wie fühlen Sie sich in diesem Augenblick? Mit welchem Gefühl werden Sie dem Vorgesetzten und dem Kollegen gegenübertreten und wie werden sich zukünftige Verhandlungen mit dem Kunden entwickeln? Vermutlich werden Sie sauer, genervt oder deprimiert sein, je nach Temperament. Mit Sicherheit wird die Situation ein Nachspiel haben, Ihr

Grundbedürfnis nach Zugehörigkeit wurde an dieser Stelle ordentlich mit den Füßen getreten.

Wunsch nach Eigenständigkeit *(autonomy)*

Das dritte Grundbedürfnis ist das Bedürfnis nach Eigenständigkeit. Als Mensch wollen wir selbst Entscheidungen treffen dürfen. Wir fühlen uns in unserer Autonomie eingeschränkt, wenn andere über unseren Kopf hinweg für uns Entscheidungen treffen, ohne uns einzubeziehen. Oder, was wir als noch verletzender erleben, uns sogar sagen, was wir zu tun haben. Folgende Situation zeigt das deutlich: Sie sind als Einkäufer in einem großen Konzern für die Beschaffung von PCs verantwortlich. Sie sitzen mit einem wichtigen Lieferanten in einer Preisverhandlung und der schnauzt Sie an: »Sie müssen die Kosten für die Spezifikation übernehmen, schließlich ist das Ihr Fehler, dass Sie dauernd was geändert haben wollen. Holen Sie doch am besten gleich Ihren Chefeinkäufer an den Tisch.« Wahrscheinlich werden Sie sich denken und vielleicht auch zum Ausdruck bringen: »Na, Sie sind wirklich nicht derjenige, der mir sagt, was ich zu tun habe!« Die Verhandlung wird vermutlich nicht in entspannter und konstruktiver Atmosphäre weitergehen.

Wunsch nach Anerkennung unseres Status *(status)*

Das vierte Grundbedürfnis ist das nach Anerkennung des Status. Wir leben in Gesellschaften, die hierarchisch strukturiert sind. Da gibt es zum einen den Status innerhalb von Familien. Schon in Kleinfamilien unterscheiden wir Eltern und Kinder und in Großfamilien Familienoberhäupter und den Rest des Clans. In Unternehmen sind klassische Varianten der sogenannten asymmetrischen Beziehungen das Verhältnis von Vorgesetzten zu seinen Mitarbeitern oder das Verhältnis von Lieferanten zu Kunden. Es gibt ungeschriebene Gesetze und Verhaltensnormen, die dieses Verhältnis zum Ausdruck bringen. Der »Rangniedrigere« lässt dem »Ranghöheren« den Vortritt, der »Ranghöhere« wird auch in den meisten Fällen derjenige sein, der in Verhandlungen die Entscheidungen trifft. Der Mensch fühlt sich verletzt, wenn seinem Status nicht genügend Anerkennung entgegengebracht wird. Vermutlich werden nur in den seltensten Fällen die Mitarbeiter einer Aktiengesellschaft Ihrem Vorstandsvorsitzenden sagen: »Hey Boss, die Präsentation ist nicht schlüssig, da musst du noch mal nacharbeiten.« Das Grundbedürfnis nach Statusanerkennung ist je nach Kultur unterschiedlich stark ausgeprägt. Besonders in asiatischen, arabischen und auch südamerikanischen Kulturen hat Status noch einen sehr hohen Stellenwert. Im skandinavischen Kulturraum oder auch in den Niederlanden spielt Status im Vergleich dazu eine untergeordnetere Rolle. Auch die Unternehmenskultur hat prägenden Einfluss: In Unternehmen mit starker Hierarchie ist das Statusdenken stärker ausgeprägt. Da kann es schon mal eine Rolle spielen, wer welchen Parkplatz bekommt. Während häufig in Unternehmen mit flachen Hierarchien auch das Grundbedürfnis nach Anerkennung des Status weniger stark ausgeprägt ist.

Wunsch nach Anerkennung unserer Rollen *(role)*

Das fünfte Grundbedürfnis ist das nach Anerkennung der verschiedenen Rollen, die wir innehaben. Stellen Sie sich zum Beispiel vor, Sie werden von Ihrem Chef in dessen Büro gerufen. Ein wichtiger Kunde hat ein Problem und ist verärgert. Irgendjemand muss heute Abend länger bleiben, um das Problem aus der Welt zu schaffen. Die Frage ist: Wer? Sie wissen, dass es sich um einen sehr schwierigen Kunden handelt, der mit seinen Sonderwünschen immer wieder alle auf Trab hält. Sie wissen, dass Sie ausgerechnet heute Abend nicht länger bleiben wollen, denn die ganze Aktion würde mindestens bis Mitternacht dauern und Ihre Frau hat Theaterkarten zu Ihrem Hochzeitstag besorgt. In diesem Beispiel prallen drei unterschiedliche Rollen aufeinander. Wir wollen ein pflichtbewusster Mitarbeiter, ein kundenorientierter Dienstleister und aufmerksamer Lebenspartner sein. Sie befinden sich in einem inneren Konflikt, der mit widersprüchlichen Emotionen verbunden ist und die Verhandlung nicht unbedingt leichter macht. Emotionen, die aus Rollenkonflikten heraus entstehen, finden häufig im Verborgenen statt, sodass es in Verhandlungen oft schwierig ist, das Verhalten von Verhandelnden zu verstehen, ohne die Ursachen zu kennen. Kennen wir doch leider viel zu oft die verborgene Agenda *(hidden agenda)* unseres Gegenübers nicht.

CASE STUDY: DAS FEHLT MIR NOCH!

CASE STUDY

Fleur bereitet sich auf ein Gespräch mit Nele vor. Sie ist sehr verärgert. Die Qualität von Neles Arbeit hat in den letzten Wochen extrem nachgelassen. Fleur will von Nele keine Entschuldigungen. Sie weiß, dass Nele und Niels gerade eine Wohnung suchen. Sie möchte nur, dass Nele sich zukünftig zusammenreißt und die Dinge voranbringt. Ganz besonders möchte Fleur, dass Nele sich an Vereinbarungen hält, wenn es darum geht, Aufgaben pünktlich abzuliefern, rechtzeitig zu Besprechungen zu erscheinen, und dass sie stärker auf die Ausdrucksweise und Orthografie ihrer Präsentationen achtet. Darüber hinaus wünscht sich Fleur deutlich mehr Einsatz von Nele, die drei Projekte abzuschließen hat, mit denen sie hinterherhängt. Dazu kommt noch, dass Fleur heute fürchterliche Kopfschmerzen hat. »Das fehlt mir jetzt auch noch!«, denkt Fleur.

▶ FRAGE

Was kann Fleur tun, um sich emotional auf das Gespräch vorzubereiten?

▶ ANTWORT

Fleur macht sich eine Kanne Tee, steckt sich die Kopfhörer ihres iPods in die Ohren, sucht ihre Lieblingsmusik von Jack Johnson, schließt ihre Bürotür und macht fünf Minuten einen Kopfstand. Dann legt sie die Beine auf den Schreibtisch, holt sich einen Block zum Scribbeln und atmet tief durch. Ihr Bleistift kratzt über das Papier, als sie anfängt sich Notizen zu machen.

▶ REFLEXION

Wunsch nach Wertschätzung:
Am liebsten würde Fleur Ihrem Frust freien Lauf lassen und sich abreagieren. Als Verhandlungsprofi tut sie es nicht, denn sie weiß, dass es wichtig ist, keine Vorwürfe oder Anschuldigungen Nele gegenüber zu formulieren. Ließe sie sich aufgrund ihrer Kopfschmerzen dazu hinreißen, hätte Nele das Gefühl, dass die Aufgaben, die sie bisher zu Fleurs Zufriedenheit geleistet hat, keine Anerkennung finden.

CASE STUDY

Wunsch nach Zugehörigkeit:
Fleur nimmt sich vor, Nele mehr Transparenz hinsichtlich der Strategie des Unternehmens und den mittel- und langfristigen Zielen der Abteilung zu zeigen. Nele wird dann besser verstehen, warum es wichtig ist, die drei ausstehenden Projekte zum Abschluss zu bringen. Darüber hinaus wird sich Nele stärker mit dem Unternehmen identifizieren und durch die stärkere Zugehörigkeit mehr Verantwortung übernehmen.

Wunsch nach Eigenständigkeit:
Am liebsten würde Fleur für Nele einen Plan erstellen, der ganz klar mit Prioritäten versehen ist, die dann von Nele abgearbeitet, deutlich abgezeichnet und Fleur nach Vollendung vorgelegt werden. Fleur wird das natürlich nicht tun, denn Nele würde sich wie ein Kleinkind behandelt fühlen, dem die Mutter vorschreibt, was es zu tun hat. Als eigenständige, verantwortungsbewusste Mitarbeiterin möchte Nele beim Suchen nach Lösungen aktiv mit einbezogen werden.

Wunsch nach Anerkennung des Status:
Fleur weiß, dass Nele sie in letzter Zeit mehr als Freundin gesehen hat und weniger als Vorgesetzte. Fleur wird Nele noch einmal klarmachen, dass sie als ihre Vorgesetzte die Verantwortung für die Ergebnisse des gesamten Teams trägt und auch dafür zu sorgen hat, dass die anderen Mitarbeiter nicht für Nele Extraüberstunden leisten müssen. Nele hat keinen Sonderstatus.

Wunsch nach Anerkennung der Rolle:
Fleur will für Nele natürlich gerne weiterhin Mentorin und Coach sein und sie von ganzem Herzen unterstützen und gerne ihr Wissen und ihre Erfahrung an Nele weitergeben. Ihre Aufgaben als Vorgesetzte haben bei dieser Rollenverteilung jedoch ganz klar Priorität.

In dem in der Case Study beschriebenen Beispiel hat Fleur sich mit einem Block und einem Bleistift auf eine bevorstehendes Gespräch vorbereitet und sich ihre Grundbedürfnisse bewusst gemacht. Noch besser können Sie sich mit folgender Checkliste zu Ihren »*core concerns*« Gedanken machen. Machen Sie sich Stichpunkte; so sorgen Sie für mehr emotionale Stabilität bei Ihnen und bei Ihren Verhandlungspartnern und tragen erheblich zur Verhinderung von Eskalation in Ihren Verhandlungen bei.

ZUSAMMENFASSUNG: GUT GERÜSTET AN DEN START – DIE RICHTIGE VORBEREITUNG IST DER HALBE ERFOLG

ZUSAMMENFASSUNG

▶ **Wie Sie sich persönlich auf Ihre Verhandlung vorbereiten**

- Starten Sie mit einer realistischen Bestandsaufnahme Ihrer Verhandlungsmacht. Vergessen Sie dabei nicht, ehrlich gegenüber potenziellen Schwachstellen zu sein.
- Arbeiten Sie kontinuierlich an der Verbesserung Ihrer Verhandlungsmacht.
- Machen Sie sich gründlich Gedanken über Ihre wirklichen Bedürfnisse beziehungsweise Treiber und Motive *(core concerns)* und Ihre individuellen Limitierungen.
- Überlegen Sie wie die *core concerns* der Gegenseite aussehen. Was können Sie präventiv tun?
- Wenn Sie im Team verhandeln, einigen Sie sich unbedingt vorher auf eine gemeinsame Strategie.
- Seien Sie offen für neue Impulse und Ideen die Ergebnisfindung betreffend und planen Sie, die Gegenseite einzubeziehen.
- Bereiten Sie sich schriftlich vor (das betrifft sowohl Rechercheergebnisse als auch die eigene Vorbereitung). Benutzen Sie hierzu die folgenden Punkte zur Orientierung.

▶ **Das Limit**

Unser Limit ist die BATNA – das ungeliebte Ende der ZOPA. Alles, was wir erreichen, das über dem Limit liegt, ist ein Verhandlungserfolg. **Merke:** Alles, was schlechter ist, darf niemals ein Ergebnis sein – wir können immer noch auf unsere BATNA zurückgreifen.

▶ **Das Ziel**

Der »*aspiration*-Effekt« empfiehlt uns, das Ziel hoch, aber realistisch zu stecken. Deshalb sollte unser Ziel unbedingt in der Nähe des oberen Endes der ZOPA liegen. Je vager die ZOPA, desto größer ist der Raum für mutige Forderungen. **Merke:** Ein Ziel ist kein Wunsch, es ist ergebnisorientiert – eine Verpflichtung uns selbst gegenüber.

▶ **Die Eröffnungsposition**

Wir brauchen einen Verhandlungsspielraum rund um unser Ziel. Deshalb ist unser Eröffnungsangebot unser Ziel plus unser »Nibble«. Das Ziel muss realistisch sein. **Merke:** Es handelt sich beinahe immer um ein Paketgeschäft mit mehreren Verhandlungsthemen.

▶ **Die extreme Eröffnungsposition ...**

- untergräbt immer unsere Glaubwürdigkeit,
- führt meistens in die Sackgasse oder aber
- zu sehr großen Zugeständnissen, was immer risikoreich ist.

3. VERHANDELN ALS PROZESS VERSTEHEN

Die drei Ebenen des Verhandelns

Verhandeln ist wie Kochen – eine komplexe Angelegenheit. Wir befinden uns immer auf mehreren Ebenen gleichzeitig. Ein guter Koch kennt seine Gäste, seine Zutaten, hat ein paar Kniffe auf Lager und weiß, wie er versalzene Gerichte rettet. Lernt der Koch das Kochen, braucht er erst einmal Rezepte, die ihn ganz langsam Schritt für Schritt anleiten, eine Zutat nach der anderen hinzuzufügen, um am Ende das fertige Menü, also das passende Ergebnis, zu erzielen. Beim Verhandeln bewegen wir uns auf drei Ebenen:

- inhaltliche Ebene (der eigentliche Verhandlungsgegenstand, Ihre Fachkompetenz, Zahlen Daten, Fakten, das Vertragswerk)
- methodische Ebene (die Art und Weise, wie Sie durch Ihre Verhandlung führen; der rote Faden; die Techniken / Struktur, die Sie einsetzen)
- psychologische Ebene (Ihre eigenen Emotionen und die Emotionen Ihres Verhandlungspartners)

Je professioneller der Verhandelnde, desto sicherer bewegt er sich zwischen den drei Ebenen – so wie auch der Chefkoch eines Vier-Sterne-Restaurants ohne große Vorbereitung und auf seiner Erfahrung basierend die Zutaten richtig kombiniert, um ein kulinarisch anspruchsvolles Menü zu komponieren. Der Juniorkoch allerdings greift dankbar zu Kochbüchern und Checklisten, die ihm helfen, zum perfekten Mahl zu kommen. So wie es auch für den »Junior-Verhandelnden« hilfreich ist, Leitfäden zur Orientierung zu nutzen. Und letztlich lernt auch der Chefkoch nie aus und vervollkommnet seine kühnen Künste.

Der Verhandlungsprozess

Hilfreich ist es, keinen Schritt auszulassen. Eine einprägsame Eselsbrücke bietet das englische Akronym »N.E.G.O.T.I.A.T.E.« – das Wort, das gleichzeitig ja auch Verhandeln bedeutet. Hier stehen die einzelnen Buchstaben der Abkürzung für die logische Abfolge des Prozesses innerhalb einer Verhandlung.

1. **Names. Niceties.** Beginnen Sie mit dem Austausch von Namen und Nettigkeiten.
2. **Establish General Conditions.** Etablieren Sie Grundregeln.
3. **Get Standpoints Exchanged.** Tauschen Sie Ihre Standpunkte aus.
4. **Observe and Identify Common Ground.** Suchen und finden Sie Gemeinsamkeiten.
5. **Take Note of Differences.** Berücksichtigen Sie die Unterschiede.
6. **Initiate Negotiation.** Initiieren Sie die Verhandlung.
7. **Agreement Should be Reached.** Treffen Sie eine Übereinkunft.
8. **Tasks Should be Distributed.** Verteilen Sie Aufgaben für die nächsten Schritte.
9. **End – Celebrate and Say Farewell.** Der Ausklang – feiern Sie und sagen Sie »Auf Wiedersehen«.

Names. Niceties.
Beginnen Sie mit dem Austausch von Namen und Nettigkeiten.

Der erste Schritt der Verhandlung ist die persönliche Vorstellung der Beteiligten – wenn notwendig. Dann folgt Small Talk, um eine Beziehung zum Verhandlungspartner aufzubauen. In Kulturen mit einem direkten Kommunikationsstil, wie in unserem westlichen Kulturkreis, ist Small Talk normalerweise auf einige wenige Worte oder einige wenige Minuten begrenzt. In Kulturen mit einem indirekten Kommunikationsstil, wie in vielen osteuropäischen, arabischen und asiatischen Kulturen, dauert der Prozess des Beziehungsaufbaus wesentlich länger und ist von großer Bedeutung für den Erfolg zukünftiger Kooperationen. Dieser Prozess kann von einigen Stunden zum Beispiel in Form eines ausgedehnten Mittagessens – wie es auch in Frankreich üblich ist – bis hin zu mehreren Tagen in einigen arabischen Kulturen dauern. Seien Sie auf jeden Fall geduldig, wenn Sie in einem Kulturraum mit indirekter Kommunikation verhandeln und warten Sie, bis Ihr Verhandlungspartner von sich aus zum Geschäftlichen kommt. Verhandeln Sie in einem Kulturraum mit direkter Kommunikation, wundern Sie sich nicht, wenn Sie sofort und unmittelbar über Ihre Belange verhandeln. Small Talk wird hier oft als überflüssig angesehen. Zum Glück ist dann später meist noch Zeit dafür.

Establish General Conditions.
Etablieren Sie Grundregeln.

Einigen Sie sich mit Ihren Verhandlungspartnern auf ein Rahmenwerk und Grundregeln, bevor Sie damit beginnen, inhaltlich zu verhandeln und Ihre Anliegen vorzubringen. Wie viel Zeit haben Sie? Was erwarten die Beteiligten? Was wollen Sie heute erreichen? Einen unterzeichneten Vertrag? Eine prinzipielle Übereinkunft? Oder wollen Sie nur ein paar Ideen austauschen, wie Sie weiter fortfahren werden? Gibt es eine provisorische Agenda, die die Punkte hervorhebt, die diskutiert werden sollen? Brauchen Sie jemanden, der die Verhandlung moderiert und Ergebnisse visualisiert? Wer führt das Protokoll? Benötigen Sie Grundregeln (zum Beispiel »Handys aus«)? Außerdem können Sie an dieser Stelle klären, wer von den Beteiligten entscheidungsbefugt ist. Dürfen die Beteiligten verbindliche Vereinba-

rungen für ihr Unternehmen treffen oder brauchen sie hierzu später noch die Genehmigung von höherer Autorität?

Get Standpoints Exchanged.
Tauschen Sie Ihre Standpunkte aus.

Jetzt dürfen Sie zur Sache kommen. In dieser Phase der Verhandlung werden Sie Ihre Standpunkte, Forderungen, Wünsche und Interessen austauschen. Am wirkungsvollsten ist die Verhandlung, wenn Sie gegenseitig versuchen, zu erfassen und zu verstehen, was beide Seiten genau wollen. Beide Seiten sollten zwei Dinge vorbereitet haben: ein *opening statement* und eine *opening position.*

Das *opening statement* (die Eröffnungsaussage) beschreibt Ihre Bedürfnisse, Wünsche, Interessen und Erwartungen auf die Verhandlung und die langfristige Beziehung bezogen. Im *opening statement* sprechen Sie über folgende Punkte: Warum sind wir hier? Was wollen wir langfristig erreichen? Was ist das höhere Ziel? Dieser Austausch wird zu einer Diskussion führen, in der beide Seiten versuchen, die Wünsche und Interessen der Gegenseite

Agreement Should be Reached.
Treffen Sie eine Übereinkunft.

Sobald Sie glauben, dass Sie eine Übereinkunft getroffen haben und / oder die Lücke geschlossen ist, erfolgt eine Zusammenfassung. Fassen Sie Ihr Verständnis der Übereinkunft zusammen und überprüfen Sie, ob die Gegenseite damit einverstanden ist und die Vereinbarung endgültig mitträgt. Es gibt Verhandelnde, die in diesem Stadium noch einmal »nachtarocken« (nachschieben/nachfordern), um für sich einen weiteren Vorteil herauszuschlagen. Dann überlegen Sie je nach Machtverhältnissen und Ihrer BATNA, ob Sie der Nachforderung nachgeben oder nicht.

Tasks Should be Distributed.
Verteilen Sie Aufgaben für die nächsten Schritte.

Was muss als Nächstes geschehen? Wer kümmert sich darum? Bis wann? Brauchen wir einen schriftlichen Vertrag? Wann wollen wir diesen unterzeichnen? Brauchen wir ein »offizielles Okay« aus dem Unternehmen für die vorgeschlagene Lösung? Brauchen wir einen weiteren Termin, um offene Punkte zu klären? Fassen Sie die Aktionsschritte kurz, knapp und präzise zusammen.

End – Celebrate and Say Farewell.
Der Ausklang – feiern Sie und sagen Sie »Auf Wiedersehen«.

Setzen Sie einen sichtbaren Schlusspunkt. Wie werden Sie jetzt auseinandergehen und Ihren Erfolg feiern? Es gibt einige Kulturen, in denen das Unterzeichnen eines formellen Schriftstücks, wie ein Vertrag, nicht notwendigerweise bedeutet, dass es sich dabei um eine echte Übereinkunft handelt. Wenn Ihnen eine ernst gemeinte vertrauensvolle Verpflichtung wichtig ist, dann lohnt es sich oft, mit weiterem Engagement in den Prozess des Beziehungsaufbaus zu investieren. Das können Dinge sein, wie Abendessen mit mehr oder weniger Alkohol, Kulturveranstaltungen von der Oper über ein Fußballspiel bis hin zum Karaoke. Vergessen Sie nicht, nach der Verhandlung ist vor der Verhandlung.

SELF-ASSESSMENT 3.1

SELF-ASSESSMENT

▶ AUFGABE

Lesen Sie sich die Antworten durch und entscheiden Sie spontan, welche der Antworten falsch sind.

Names. Niceties.

a. Ich freue mich sehr, Sie hier zu begrüßen. Hatten Sie eine angenehme Anreise? ☐
b. Darf ich Ihnen unser Team vorstellen? ☐
c. Also, worum geht es heute? Wir brauchen ... ☐

Establish General Conditions.

a. Darf ich Ihnen unsere heutige Agenda vorstellen? ☐
b. Schauen wir mal, ob wir heute zu einem Ergebnis kommen! ☐
c. Ich schlage vor, wir machen alle zwei Stunden für zehn Minuten Pause, okay? ☐

Get Standpoints Exchanged.

a. Uns ist eine langfristige Zusammenarbeit mit Ihnen wichtig. ☐
b. Unser Ziel ist ein Produkt, das unserem Qualitätsanspruch genügt. ☐
c. Wir bieten Ihnen 580000 Euro für das Haus. Das ist unser letztes Angebot. ☐

Observe and Identify Common Ground.

a. Sie in China, Sie haben wirklich eine sehr fremde Kultur. ☐
b. Wir wollen also beide eine Lösung, die wir gut intern verkaufen können. ☐
c. Der Service, den Sie uns in den letzten fünf Jahren geboten haben, war hervorragend. ☐

Take Note of Differences.

a. Ich fürchte, die Preise, die Sie uns angeboten haben, sind ein wenig höher als wir erwartet haben. ☐
b. Was sind Ihre größten Befürchtungen? ☐
c. Wir wissen noch nicht genau, zu welchen Konditionen wir anbieten können. ☐

SELF-ASSESSMENT

Initiate Negotiation.

a. Was wäre, wenn wir Ihnen 10 Prozent Rabatt gewähren? Was würden Sie uns dafür bieten? ☐
b. Wir brauchen die Lieferung sofort, sonst läuft da nichts. ☐
c. Wir kommen Ihnen auf jeden Fall entgegen. ☐

Agreement Should be Reached.

a. Lassen Sie uns die wichtigsten Punkte zusammenfassen. ☐
b. Ich bin mir nicht sicher, ob es das wirklich ist. ☐
c. Lassen Sie uns ein letztes Mal über unsere Übereinkunft schauen. ☐

Tasks Should be Distributed.

a. Also dann, bis zum nächsten Mal. ☐
b. Können Sie mir einen Entwurf des Vertrags zumailen? ☐
c. Wollen wir noch die Aktionen festhalten, die zu tun sind? ☐

End – Celebrate and Say Farewell.

a. Vielen Dank für die Mühe und die Zeit, die Sie investiert haben. ☐
b. Haben Sie Lust, mit uns am Sonntag ins Stadion zum Fußballspiel zu gehen? ☐
c. Das hatte ich von Anfang an befürchtet, dass wir heute zu keinem Ergebnis kommen würden. ☐

Die Auflösung des Self-Assessment 3.1 finden Sie am Ende dieses Kapitels.

Die Helikopter-Perspektive

Jetzt kennen Sie die drei Ebenen des Verhandelns und Sie wissen, wie wichtig die Einhaltung der richtigen Schritte beim Verhandeln ist. Sie kennen hierzu den Verhandlungsprozess N.E.G.O.T.I.A.T.E. Als Verhandlungsprofi haben Sie nun das richtige Werkzeug, um jederzeit während Ihrer Verhandlung kurz innezuhalten und zu überprüfen:

- Wo stehen wir im Moment?
- Sind wir auf dem richtigen Weg?
- Laufen die Dinge so, wie ich sie geplant habe?
- Wo muss ich nachsteuern?
- Wo kann ich den Prozess korrigieren?

Begeben Sie sich dazu in die sogenannte Helikopter-Perspektive. Ein Helikopter schwebt über dem Geschehen, ist nicht assoziiert, sondern dissoziiert. Dissoziiert bedeutet in diesem Zusammenhang laut www.lexikon-psychologie.de: *»ein Zustand, bei dem Erlebnisse oder Situationen ›wie von außen‹ wahrgenommen werden«*. Wenn es Ihnen also gelingt, während der Verhandlung an der einen oder anderen Stelle den »Korrekturblick« einzunehmen, haben Sie einen großen Vorteil.

CASE STUDY: SENORE ROSSI DRÜCKT KEIN AUGE ZU

CASE STUDY

Es ist 9 Uhr am Samstagmorgen. Nele – und ihr Hund Rowdy – haben bei Neles Freund Niels übernachtet. Die beiden waren tanzen und sind erst in den frühen Morgenstunden nach Hause gekommen. Um 7 Uhr klingelt das Telefon Sturm. Als Nele schlaftrunken den Hörer an ihr Ohr hält, blafft am anderen Ende der Leitung ein wütender Nachbar. »Eh, Signorina, die ganze Nacht habe ich kein Auge zugemacht. Ihr Köter hat ununterbrochen gekläfft. Ich habe fertig. Lass deinen Hund nächstes Mal zuhause. In der Hausordnung steht sowieso, dass es verboten ist, Tiere zu halten in diesem Haus.« Charmant gelingt es Nele, Senore Rossi zu beschwichtigen und auf ein Gespräch um 12 Uhr zu vertrösten, um zu einer gütlichen Einigung zu kommen.

▶ AUFGABE

Wie sollen Nele und Niels vorgehen, wenn sie die Verhandlung strukturiert aufbauen wollen? Spielen Sie die Situation mit einem Rollenspielpartner durch oder machen Sie sich kurze Notizen dazu.

CASE STUDY

▶ REFLEXION

Und so könnte es gelaufen sein:

N. Nele und Niels könnten Senore Rossi mit einem Cappuccino (sie wissen, dass er ihn gerne trinkt) begrüßen. Dann können sie sich für die nächtliche Ruhestörung durch Neles Hund Rowdy entschuldigen und ihr Verständnis für den fehlenden Schlaf des Nachbarn ausdrücken.

E. Anschließend können sie vorschlagen, gemeinsam nach einer Lösung zu suchen.

G. Wenn Herr Rossi einverstanden ist, haben beide Seiten die Gelegenheit, ihren Standpunkt auszutauschen. Nele kann erklären, dass sie niemanden hat, der auf Rowdy aufpasst und Herr Rossi kann von seiner Tätigkeit als Kellner in der Pizzeria »Da Claudio« berichten, die Schlafstörungen mit sich bringt.

O. Niels kann darauf hinweisen, dass er und Herr Rossi sich immer gut verstanden haben. Besonders beim Vertreten der Interessen der Hausgemeinschaft gegenüber dem Vermieter waren sie ein starkes Team.

T. Herr Rossi kann ausdrücklich darauf hinweisen, dass Rowdy nicht als ständiger Mieter bei Niels einziehen darf.

I. Gemeinsam können sie dann überlegen, welche Lösungen es gibt: »Was wäre wenn ...?«

A. Vielleicht einigen sie sich darauf, dass Nele einen »Hundesitter« suchen wird oder Niels und Herr Rossi werden mit dem Vermieter wegen der mangelhaften Schalldämmung verhandeln oder ...

T. Nele kann vorschlagen, dass die beiden Parteien sich nächsten Monat noch einmal kurz zusammensetzen, um zu besprechen, ob die Situation besser geworden ist.

E. Nele und Niels werden von Herrn Rossi in seiner Pizzeria auf eine selbst gemachte Pasta und ein Glas Chianti eingeladen. Fine.

AUFLÖSUNG SELF-ASSESSMENT 3.1

SELF-ASSESSMENT

Names. Niceties.

c. »Also, worum geht es heute? Wir brauchen ...«
   ☛ zu schnell auf den Punkt gebracht, kein Small Talk

Establish General Conditions.

b. »Schauen wir mal, ob wir heute zu einem Ergebnis kommen!«
   ☛ zu vage, keine klare Struktur sichtbar

Get Standpoints Exchanged.

c. »Wir bieten Ihnen 580000 Euro für das Haus. Das ist unser letztes Angebot.«
   ☛ kein Spielraum sichtbar, endgültige Position

Observe and Identify Common Ground.

a. »Sie in China, Sie haben wirklich eine sehr fremde Kultur.«
   ☛ (Unterschiede statt Gemeinsamkeiten werden betont)

Take Note of Differences.

c. Wir wissen noch nicht genau, zu welchen Konditionen wir anbieten können.
   ☛ (eine Seite drückt sich zu vage aus, die Lücke ist somit unklar)

Initiate Negotiation.

a. Wir brauchen die Lieferung sofort, sonst läuft da nichts.
   ☛ (zu hart und rigide, mit Drohung verbunden)
b. Wir kommen Ihnen auf jeden Fall entgegen.
   ☛ (zu weich, wird wohl ausgenutzt werden)

Agreement Should be Reached.

b. Ich bin mir nicht sicher, ob es das wirklich ist.
   ☛ (mit großer Wahrscheinlichkeit keine nachhaltige Lösung, zu vage, besser: Was fehlt noch?)

Tasks Should be Distributed.

a. Also dann, bis zum nächsten Mal.
   ☛ (konkrete Schritte fehlen)

End. Celebrate and Say Farewell.

c. Das hatte ich von Anfang an befürchtet, dass wir heute zu keinem Ergebnis kommen würden.
   ☛ (macht nicht wirklich Lust auf die nächste Verhandlung ...)

ZUSAMMENFASSUNG: VERHANDELN ALS PROZESS VERSTEHEN

ZUSAMMEN-FASSUNG

- Machen Sie sich mich dem Phasenkonzept N.E.G.O.T.I.A.T.E vertraut. Es ist die grundlegende Struktur in jeder Verhandlung.
- Achten Sie mit Hilfe der Helikopter-Perspektive darauf, in welcher Phase Sie sich befinden.
- Stimmen Sie Ihr Verhalten auf diese Phasen ab.
- Gehen Sie erst dann zur nächsten Phase über, wenn Sie das Ziel der jeweiligen Phase erreicht haben.

4. GRUNDLAGEN DER VERHANDLUNGSTAKTIK

Gewusst wie – taktische Klassiker

Wir lernen ja schon sehr früh, dass Taktieren ein Vorteil ist, wenn es darum geht, beim Verhandeln eigene Interessen zu vertreten. Im folgenden Kapitel werden wir uns damit beschäftigen, welche taktischen Faustregeln es gibt und den Sonderfall des Bildens von Koalitionen genauer unter die Lupe nehmen.

Sie werden außerdem die Grundlagen der Verhandlungstaktik kennenlernen. Ziel dieses Kapitels ist es, Ihnen taktisches Know-how als wichtiges Basiselement der Verhandlungsführung vorzustellen. Strategie und Taktik hängen dabei eng zusammen. Beide zielen auf den richtigen Einsatz bestimmter Mittel in Zeit und Raum, wobei sich Strategie im Allgemeinen auf ein übergeordnetes Ziel bezieht, während Taktik den Weg und die Maßnahmen bestimmt, kurzfristigere Zwischenziele zu erreichen. Strategie ist der »große Plan über allem« oder das »grundsätzliche Muster der Handlungen«. Dieser Plan kann dabei eine Vision oder Mission definieren. Eine Strategie ist oft mittel- bis langfristig angelegt. In der Verhandlungsführung ist die Strategie oft auch eine Frage der Haltung gegenüber der Gegenseite (partnerschaftlich-kooperativ oder gegnerisch-kompetitiv). Als Taktik bezeichnet man dagegen die unmittelbare Art des Einsatzes von Maßnahmen und Handlungen, mit den gegebenen Mitteln kurzfristige oder mittelfristige Ziele zu erreichen. Das Brockhaus Online-Lexikon beschreibt den aus dem griechischen stammenden Begriff Taktik als ein *»auf genauer Überlegung basierendes Vorgehen und Verhalten«*.

SELF ASSESSMENT 4.1

SELF-ASSESSMENT

Niels wird von seinem Vorgesetzten zu einem Gespräch in dessen Büro gebeten. Er weiß nicht, worum es geht.

DR. SCHUSTER: »Herr van Reuven, wie gefällt es Ihnen denn bei uns? Sie sind ja jetzt schon seit zwei Monaten hier.«

NIELS: »Ja, gut. Ich habe mich in mein Themenbereich gut eingearbeitet und die Kollegen sind auch sehr nett.«

DR. SCHUSTER: »Das freut mich. Dann sind Sie sicher für eine besondere Herausforderung zu haben?«

NIELS: »Ja, schon. Um was geht es denn?«

DR. SCHUSTER: »Ich brauche Sie für ein Projekt. In Berlin. Wir planen doch die neue Messe, da sind Sie genau der Richtige. Am nächsten Montag geht es los. Acht Wochen Vorbereitung vor Ort und dann noch vier Tage die ILA, die Luft- und Raumfahrtmesse in Berlin. Ich weiß, dass ist jetzt recht kurzfristig. Aber Sie schaffen das! Da bin ich mir ganz sicher! Dann können Sie auch mal Berliner Luft schnuppern.«

NIELS: »Ja, aber ich bin doch hier in ein intensives Projekt eingebunden. Bekomme ich denn dabei Unterstützung?«

DR. SCHUSTER: »Na ja, wir sind sehr knapp besetzt. Das wissen Sie doch. Aber Herr van Reuven, Sie wollen sich doch bewähren. Das ist Ihre Chance. Ich glaube an Sie!« Klappt seine Unterlagen zu, steht auf und drängt Niels zur Tür.

▶ WELCHE TAKTIK HAT DR. SCHUSTER ANGEWANDT?

Suchen Sie mindestens drei Punkte, die es Niels schwer gemacht haben, Oberwasser zu behalten.

Die Auflösung finden Sie wie immer am Ende des Kapitels.

Wie der Anfang, so das Ende – die Bedeutung des richtigen Starts

Zum professionellen Beginn einer Verhandlung gehören, wie im vorherigen Kapitel schon erwähnt, zwei Punkte: Das *opening statement* und die *opening position*. Beide Elemente dienen den drei Ebenen der Verhandlung. Wir wollen mit kompetenten Gesprächspartnern verhandeln (inhaltliche Ebene), wir wollen das Ziel der Verhandlung, die Forderung der Gegenseite und den geplanten Ablauf kennen (methodische Ebene) und wir wollen wissen, mit wem wir es zu tun haben (psychologische Ebene).

Die Eröffnung der Verhandlung – Ihre Ouvertüre

Den Beginn der Verhandlung können Sie gut mit der Ouvertüre einer Oper vergleichen. Die Opernouvertüre, das instrumentale Einleitungsstück einer Oper, wird oft sogar bei noch geschlossenem Vorhang gespielt und stellt in der Regel die wichtigsten musikalischen Gedanken des Werkes bereits vorab zusammenfassend vor. Gleichbedeutend ist die Ouvertüre der Verhandlung eine Art des »Tonsetzens«, das vorausschickt, wie die Atmosphäre und der Verlauf sich entwickeln werden.

Die Ouvertüre dient somit der Harmonisierung. Es findet ein gegenseitiges »Beschnuppern« statt. In dieser Phase des Eisbrechens hören Sie oft Statements über die beteiligten Verhandlungsparteien, deren Produkte, Dienstleistungen, über gemeinsame Erfolge der Vergangenheit, zukünftige Chancen und natürlich über die Agenda. Während der Eröffnungsphase kann es zu einem verdeckten Machtkampf kommen. Zentrale Fragen während der Ouvertüre sind:

- Wer führt die Verhandlung? Formell und / oder informell?
- Wer hat die Kontrolle? Ist die Macht geteilt?
- Wie bringe ich meine Strategie zum Ausdruck?
- Ist die Strategie der Gegenseite bereits zu erahnen?

TIPP

Während der Eröffnung der Verhandlung geht es noch nicht um die Forderungen der einzelnen Parteien. Erst einmal geht es wirklich nur um das Ankommen, um das Bereitmachen und Einstimmen. Eine interessante Rolle spielt hierbei auch die Agenda. Nehmen Sie sich Zeit, die Agenda mit den Verhandlungspartnern abzustimmen.

Die Rolle der Agenda

Die Agenda wird die Punkte beinhalten, die Sie in Ihrer Verhandlung diskutieren werden, um zu einer Übereinkunft zu kommen. Hier bietet sich bereits die erste Chance, gemeinsam mit dem Verhandlungspartner an einer Sache zu arbeiten. Wenn Sie strategisch eine Win-win-Lösung anstreben, packen Sie diese Gelegenheit beim Schopf. Eine gemeinsam verabschiedete Agenda ist ein klares Zeichen für Kooperation, wobei im Gegensatz dazu eine einseitig präsentierte Agenda schon oft das erste und ernst zu nehmende Zeichen für ein Win-lose-Ergebnis ist. Demnach unterstützt eine öffentliche, transparente Liste der zu bearbeitenden Punkte die Zusammenarbeit, während eine unveröffentlichte Aufstellung mit hoher Wahrscheinlichkeit das Gegenteil bewirkt. Was Sie allerdings berücksichtigen müssen, ist, ob Sie sich für einen groben gemeinsamen Rahmen oder eine detaillierte Agenda entscheiden. Die Entscheidung ist abhängig von Präferenzen, die Sie und Ihr Verhandlungspartner in Bezug auf den Kommunikationsstil haben.

Das Eröffnungsangebot *(opening position)*

Das Eröffnungsangebot ist das erste klare und eindeutige Zeichen Ihrer Forderung. Tauschen Sie das Eröffnungsangebot immer erst nach der Ouvertüre aus. Unterbrechen Sie die Verhandlung falls notwendig, um Ihr vorbereitetes Angebot zu überarbeiten. Beginnen Sie erst dann mit Konzessionen, wenn Sie auch das Eröffnungsangebot der Gegenseite kennen.

Die *opening position* muss glaubwürdig im Inhalt und authentisch im »Rüberbringen« sein, denn Sie wollen den Eindruck erwecken, dass Ihre *opening position* in der Nähe der Übereinkunft liegt. Idealerweise startet deshalb die Gegenseite. Allerdings gibt es dazu eine Konvention: Im Regelfall ist der Verkäufer derjenige, der das erste Angebot abgibt.

TIPP

Manchmal werden Sie in der Situation sein, dass Sie Ihr eigenes Eröffnungsangebot blitzschnell überarbeiten müssen, falls Sie während des Eröffnungsangebots der Gegenseite neue Informationen über deren Wünsche oder Forderungen erhalten haben. Bitten Sie dann um eine kurze Unterbrechung!

Wie Sie zum Ergebnis kommen – viele Wege führen zum Ziel

So unterschiedlich die Menschen sind, so unterschiedlich sind auch deren Wege zum Ziel. Während Diplomaten ausgleichend nach neuen Wegen suchend vorgehen, herrscht auf den Basaren unserer Welt ein ganz anderer Ton. Dort wird gefeilscht auf Teufel komm raus – und dabei sind meist viele Emotionen im Spiel. Wenn im Geschäftsleben Kunden und Lieferanten oder Mitarbeiter und ihre Vorgesetzten verhandeln, sind nachvollziehbare, faire Lösungen die Voraussetzung dafür, dass langfristige stabile Beziehungen geschaffen und erhalten bleiben.

Die Theorie unterscheidet drei Hauptwege, um ans Verhandlungsziel zu gelangen:

- kooperatives Verhandeln – wie etwa nach dem Harvard-Konzept
- fairer Kompromiss durch gerechtes Verteilen
- kompetitives Verhandeln – wie die Basar-Technik oder das klassische Feilschen

In der folgenden Grafik sehen Sie die drei Stile nebeneinander gestellt und können die jeweils wichtigsten Merkmale vergleichen. Alle drei Verhandlungswege haben sich für sich entwickelt und hätten nicht bestehen können, wenn nicht jeder – natürlich in unterschiedlichen Situationen – Vorteile mit sich bringen würde. Und doch liegt der Schwerpunkt dieses Buches auf dem kooperativen Verhandeln, da sich dieser Stil als derjenige mit der langfristig höchsten Erfolgsquote durchgesetzt hat, da die Zufriedenheit der Beteiligten mit dem Ergebnis am höchsten ist. Trotzdem ist es wichtig, auch die anderen beiden Verhandlungsstile zu kennen, da sie in der Praxis weit verbreitet sind. Der kompetitive Verhandlungsstil wird überwiegend bei Einmal-Verhandlungen eingesetzt oder auch wenn Machtverhältnisse sehr unterschiedlich sind. Gegenüber einem Wettbewerber wird das einzelne Unternehmen beispielsweise immer versuchen, sich mit allen zur Verfügung stehenden Mitteln durchzusetzen. Ein weiterer Vorteil, alle drei Stile zu kennen, besteht darin, dass Sie sie erkennen können – denn nur dann werden Sie sie auch umlenken beziehungsweise abwehren können.

	Kooperatives Verhandeln nach dem Harvard-Konzept	Fairer Kompromiss durch gerechtes Verteilen	Kompetitives Verhandeln / Basar-Technik / Feilschen
Wie werden Gegensätze überwunden? Schließen der Lücke durch …	Frage nach dem höheren Ziel: »Was ist uns eigentlich wichtig?«	wechselseitigen Austausch von Konzessionen	Austausch von Konzessionen (nicht immer wechselseitig) und den Einsatz von Tricks
Wie werden Verhandlungspartner beeinflusst? Beeinflussung durch …	Einsatz von Bildern und Vorstellungen sowie Hervorrufen von Begeisterung / Identifikation	Vernunft	Machtmittel
Wann wird der Verhandlungsstil eingesetzt? Wenn …	wir langfristig kooperieren wollen. Achtung: Wenn die Lücke sehr groß ist, geraten wir leicht in eine Sackgasse.	beiden Seiten Fairness und Gerechtigkeit wichtig sind.	wir die Mächtigeren sind – dann sind wir die Sieger. Achtung: Wenn der andere mächtiger ist, sind wir die Verlierer.
Was sind typische Techniken?	Fragen nach den Bedürfnissen und Interessen der Beteiligten	Anwenden von nachvollziehbaren, transparenten, objektiven Kriterien	Einsatz der Konzessionsregeln und eventuell auch von »Dirty Tricks«

CASE STUDY: ABI-TREFFEN

CASE STUDY

Nele hat ihr zehnjähriges Abi-Treffen Ende Januar. Sie freut sich riesig, die alten Freunde in Berlin wiederzutreffen. Es ist alles perfekt organisiert. Flug gebucht, Hotel reserviert, Treffen mit der alten Clique vereinbart, und zu einer Abendeinladung von Tom, ihrer Jugendliebe, hat sie auch zugesagt. Wohlige Vorfreude mischt sich bei Nele mit neugieriger Spannung. Und heute Morgen dann das: Neles Vorgesetzte, Fleur, hat festgestellt, dass es unglücklicherweise einen Fehler in der Urlaubsplanung gibt. Ein anderes Teammitglied hat die gleichen zwei Wochen Urlaub beantragt. Durch diese Doppelbelegung fehlt ein Experte im Team. Die Geschäftsleitung besteht darauf, dass einer der beiden Mitarbeiter seinen Urlaub verschiebt. Fleur, die sich um eine schwierige Entscheidung drücken will, möchte am liebsten, dass Nele und Marius die Situation selbst klären.

Marius hat mit seiner schwangeren Frau eine Ostsee-Kreuzfahrt auf einem großen Schiff gebucht. Die beiden wollen auf Hochzeitsreise gehen, bevor das Baby da ist. Rund um die Ostsee reihen sich faszinierende Ziele aneinander, die die Kreuzfahrt zu einem unvergesslichen Erlebnis machen werden. Da es am günstigsten war, hat Marius ein Sonderangebot gewählt, das nicht umbuchbar ist. Auf eine Reiserücktrittversicherung hat er verzichtet. Nele und Marius haben vereinbart, sich nach dem Mittagessen zu einer Verhandlung zu treffen.

▶ AUFGABE

Skizzieren Sie in groben Zügen, wie die Verhandlung der beiden nach den drei Stilen aussehen könnte.

▶ ANALYSE

1. **Kooperativ verhandeln nach dem Harvard-Konzept**

   Die Leitfrage lautet: »Was ist uns wirklich wichtig? Was ist unser höheres Ziel?«

   Wie sieht die Antwort darauf aus?

   a. Beide wollen ihre Reisen durchführen.
   b. Beide Parteien wollen eine Lösung finden, die sicherstellt, dass sie auch nach dem Urlaub noch freundschaftlich zusammenarbeiten werden.

CASE STUDY

Was sind mögliche Lösungen?

a. Den Teamleiter zu bitten, nach einem Ersatz während der gemeinsamen Abwesenheit zu suchen.
b. Selbst dafür zu sorgen, einen dritten Kollegen / Praktikanten einzuarbeiten.
c. Anzubieten, stundenweise von unterwegs per Blackberry wichtige Anfragen und Mails zu bearbeiten.

2. Fairer Kompromiss durch gerechtes Verteilen

Was erreicht werden soll: Wechselseitiger Austausch von Konzessionen unter Berücksichtigung von Fairness und Gerechtigkeit.

Was sind mögliche Lösungen?

a. Der Chef soll eine Lösung beschließen und die Verantwortung für die Entscheidung übernehmen.
b. Marius und Nele nehmen jeweils nur eine Woche Urlaub und das Unternehmen übernimmt anteilig die Kosten für Umbuchung oder Stornierung der Reisearrangements.

3. Kompetitives Verhandeln / Basar-Technik / Feilschen

Was das Ziel ist: Jede Partei versucht mithilfe von Tricks und Machtmittel ihr Interesse durchzusetzen.

Was sind mögliche Lösungen?

a. Nele könnte mit Tränen in den Augen betonen, dass immer sie diejenige ist, die nachgeben muss und drohen, diesmal konsequent zu sein und zu kündigen, wenn sie nicht zum Abi-Treffen reisen kann.
b. Marius könnte darauf hinweisen, dass Nele die letzte Verhandlung mit dem Großkunden vermasselt hat und auf seinen erfolgreichen Abschluss des letzten Monats hinweisen, der doch in dieser Form anerkannt werden könnte.

▶ REFLEXION

Welcher der Stile spricht Sie persönlich am meisten an?

Welche der Lösungen halten Sie für am realistischsten?

Wie Sie klar, eindeutig und präzise formulieren

Beim Verhandeln hören wir auch immer, was zwischen den Zeilen gesagt wird. Achten Sie darauf, sogenannte rhetorische Weichmacher zu vermeiden (zum Beispiel: »Ich erhoffe mir einen Preis so zwischen 2000 und 3000 Euro. Wissen Sie, ich habe nicht so viel Erfahrung im Verhandeln«, sagt der schüchterne Autoverkäufer.) Der erfahrene Verhandlungsprofi merkt sofort, wenn Sie sich nicht klar ausdrücken und wird dies für sich als Vorteil ausnutzen. Eine zu weiche Formulierung verrät somit Ihrem Gegenüber, dass Ihre *opening position* antastbar ist.

SELF ASSESSMENT 4.2

SELF-ASSESSMENT

Nehmen Sie ein Blatt Papier, einen Stift und fünf Minuten Zeit.
Viel Spaß!

▶ AUFGABE

Was hört der gewiefte Verhandlungspartner bei diesen Formulierungen raus und wie könnten Sie es präziser formulieren?

- »Wir hoffen, dass ...«
- »Mein erstes Angebot ist ...«
- »Wir überlegen, ob ...«
- »Wir hätten uns gefreut, wenn ...«
- »Wir könnten Ihnen ... (zögern und in die Luft schauen) 65 anbieten.«
- »Wir zahlen so zwischen 60 und 65.«
- »Was halten Sie von ... 75?«
- »Ich weiß, das klingt hoch, aber ...«

Die Auflösung am Ende des Kapitels.

Wie Sie gekonnt Einspruch erheben

Warum ist es wichtig, Einspruch zu erheben? Wenn Sie Ihren Einspruch nicht zeigen, wird angenommen, dass Sie dem gemachten Vorschlag oder einem Ergebnis, das dem sehr nahekommt, zustimmen. Und wie erheben Sie professionell Einspruch? Stellen Sie sicher, dass Ihr Gegenüber überhaupt merkt, dass Sie nicht einverstanden sind. Zeigen Sie dies mit Worten und Körpersprache. Achtung! Vergessen Sie nicht, Schweigen kann als Zustimmung verstanden werden.

- Vermeiden Sie es, angriffslustig zu wirken, wenn Sie einen Einspruch formulieren.
- Seien Sie nicht beleidigend.
- Lachen Sie nicht über Angebote der Gegenseite.
- Seien Sie nicht sarkastisch.

Der richtige Zeitpunkt für Ihren Einspruch ist unmittelbar nachdem Sie das Angebot der Gegenseite gehört haben. Verspäteter Einspruch wird oft eingeschränkt wahrgenommen. Werden mehrere Punkte verhandelt wie Preis, Lieferbedingungen oder Zahlungsart, dann entscheiden Sie selbst, ob Sie nach jedem einzelnen Punkt Einspruch erheben oder abwarten, um das gesamte Paket zu verhandeln.

Falls Sie in einem größeren Team verhandeln, sollte der Einspruch immer vom Entscheidungsträger beziehungsweise dem Verhandlungsführer kommen. Natürlich können die Mitglieder des Teams körpersprachlich oder durch ein paar unterstützende Worte (»Das ist mit Sicherheit weit über unserem Budget.«) ihre Ablehnung des Vorschlags zum Ausdruck bringen.

Warum Sie Pausen machen sollen

Es gibt so viele gute Gründe, eine kurze Unterbrechung einzulegen, trotzdem unterschätzen viele Verhandelnde den immensen Vorteil, den sie vom Vertagen oder vom Pausenmachen in einer Verhandlung haben. Oft wollen die Parteien schnell fertig werden, dann wird schon mal vorschnell eine

Entscheidung getroffen und im Nachhinein ärgern sich die Parteien, weil Sie sich ohne Nachzudenken zu einem Ergebnis haben drängen lassen.

TIPP

»Der Morgen ist klüger als der Abend« lautet ein russisches Sprichwort.

Im Allgemeinen sind es die folgenden Gründe, die uns daran hindern, eine Pause zu machen:

- Die Gegenseite könnte uns für schwach halten.
- Es ist ungewöhnlich: »Man macht so etwas nicht!« Oder: »Sonst macht ja auch keiner eine Pause!«
- Wilde Diskussionen finden während der Pause im eigenen Team statt.
- Wir kommen aus dem »Fluss« und verlieren den Schwung.
- Die Gegenseite hat einen strategischen Vorteil, wie sie sich beraten kann.
- Wir verlieren Zeit und wollen doch möglichst schnell zum Abschluss kommen.

Doch es gibt auch genügend Gründe für mehr Unterbrechungen. Machen Sie Pausen – wann immer Sie eine Auszeit brauchen! Pausen dienen dazu:

- Druck zu reduzieren, sich zu beruhigen, Zeit zum Nachdenken zu gewinnen
- neue Information / neue Ideen hinzuzuziehen
- sich mit den Teammitgliedern zu beraten
- Vorgesetzte / Autoritäten zu informieren
- eine Sackgasse zu vermeiden
- das »letzte Angebot« der Gegenseite zu überdenken
- der Gegenseite Zeit zu geben, über ihr »letztes Angebot« nachzudenken

Die professionelle Gestaltung von Unterbrechungen

Fleur und Nele besuchen einen Lieferanten in Salzburg. Der bis dato unbekannte Lieferant hat ein interessantes Angebot online unterbreitet. Während der Vertragsverhandlung tauchen völlig unerwartet neue Informationen auf. Der österreichische Lieferant kennt, anders als behauptet, den deutschen Markt nicht. Fleur unterbricht Ihren Verhandlungspartner und bittet um eine Auszeit. Damit reagiert sie professionell und läuft nicht Gefahr sich unüberlegt auf eine Übereinkunft festzulegen.

Sagen Sie grundsätzlich, warum Sie eine Unterbrechung brauchen, dann versteht die Gegenseite Ihr Verhalten. Ein geschicktes Vorgehen ist es, wenn Sie die Pause als Vorteil für beide Seiten verkaufen (zum Beispiel so: »Dann haben wir beide Zeit, noch einmal in Betracht zu ziehen, ob ...«). Kündigen Sie den Wunsch nach einer kurzer Beratungszeit an. Ziehen Sie sich dann mit Kollegen in einen anderen Raum zurück und beraten Sie sich. Oder Sie überdenken alleine die neuen Aspekte. Als Rückzugsorte eignen sich notfalls sogar der Gang oder die Cafeteria; vielleicht gibt es auch ein anderes Büro oder einen kleinen Versammlungsraum, in den Sie sich zurückziehen können. Kündigen Sie an, wie viel Zeit Sie brauchen und wann es weitergeht.

Einfach ist es, wenn Sie virtuell verhandeln: Sie informieren Ihren Verhandlungspartner, wann er mit Ihrem Rückruf, Ihrer Antwort-Mail oder der Videokonferenz zu rechnen hat.

Wie Sie professionell Konzessionen machen

Niels ist der Jüngste von drei Kindern. Als Kind war er der Liebling der ganzen Familie und hatte schon früh begriffen, dass er vieles bekam, wenn er sich brav, ordentlich und nett verhielt. Niels passte sich, ohne es zu merken, mehr und mehr den Erwartungen seiner Eltern an. In seiner Familie und in der Schule kam er so gut zurecht. Heute ist Niels Anfang 30 und hat einen interessante Tätigkeit in der Luft- und Raumfahrtindustrie. Schon nach kurzer Zeit stellt er selber fest, dass er in Verhandlungen mit Kunden immer Zugeständnisse macht, obwohl die Konditionen zwischen ihm und seinem Abteilungsleiter vorher klar abgestimmt waren. Er merkt, dass er unter Druck gerät, wenn die Kunden zu verstehen geben, dass sie von seinem Angebot enttäuscht sind. Niels gerät in ein Dilemma – seine Nachgiebigkeit gefällt zwar den Kunden, seinem Chef allerdings nicht. »Die anderen Kollegen schaffen es ja auch härter zu verhandeln«, sagt der oft. Niels wird der Zusammenhang zwischen seiner familiären Herkunft und seinem Verhandlungsverhalten bewusst. Um zu gefallen, macht er zu schnell Zugeständnisse. So erhält er Anerkennung und Beachtung, wie er sie früher erhielt, wenn er »gefällig« war. Niels erkennt, dass er lernen muss, professionell Zugeständnisse zu machen, um seine Souveränität auch in schwierigen Situationen zu bewahren. Die Kunst, Konzessionen professionell zu machen, ist ein wichtiger Bestandteil einer gelungenen Verhandlungsführung. Verhandeln bedeutet, sich aufeinanderzuzubewegen. Starre Haltungen sind dabei genauso hinderlich, wie zu große Nachgiebigkeit. Deshalb folgende Empfehlungen:

- Lassen Sie sich selbst Raum für Zugeständnisse.
- Planen Sie Ihre Zugeständnisse.
- Lassen Sie die Gegenseite das erste Zugeständnis machen.
- Fragen Sie aktiv nach Zugeständnissen.
- Seien Sie nicht der Erste, der eine große Konzession macht. Erheben Sie Einspruch, wenn die Gegenseite Zugeständnisse einfordert.
- Stellen Sie zu jedem Zugeständnis eine Bedingung.
- Wenn Sie ein Zugeständnis erhalten, müssen Sie nicht automatisch auch eines geben. Tauschen Sie Zugeständnisse, die Ihnen wenig bedeuten gegen solche, die einen hohen Wert für Sie haben. Und: *vice versa*.
- Wenn Sie geben, geben Sie in kleinen Schritten.
- Lassen Sie Ihre Zugeständnisse kleiner und kleiner werden.
- Nutzen Sie die Macht der eingeschränkten Autorität (»Ich kann das heute hier nicht entscheiden.« Oder: »Unsere Firmenphilosophie sieht vor, dass wir dass erst intern klären.«).
- Wenn es ein Paketgeschäft ist, vergessen Sie nicht, dass nichts endgültig ist, bis nicht auch dem letzten Punkt zugestimmt wurde.

Wie Sie den richtigen Zeitpunkt für den Abschluss erkennen

Es gibt einen Zeitpunkt, an dem Sie spüren, es ist Zeit zum Ende zu kommen. Häufig hören wir dann in einer Verhandlung: »Das ist jetzt aber wirklich unser letztes Angebot.« Das ist der sogenannte *»final offer«*. Dieses letzte Angebot wird meist angekündigt mit »Mein letztes Wort ...« oder »Weiter kann ich nicht gehen« oder »Mein absolutes Limit ...«. Sie haben dann Positionen und Interessen ausgetauscht, Lösungen entwickelt und jetzt fehlt eigentlich nur noch der Handschlag. Aber wann genau ist der richtige Moment gekommen? Und wie schaffen Sie es, den »Sack« elegant zuzumachen?

Es stellt sich dabei die Frage, ob Sie ein letztes Angebot machen sollen. Achtung! Das kann gefährlich werden. Setzen Sie niemals ein letztes Angebot, bevor Sie nicht sicher sind, was Sie tun werden, wenn die Gegenseite es ablehnt. Für das letzte Angebot gelten in jedem Fall folgende Regeln:

- Wirken Sie glaubwürdig in Ihrer Körpersprache und den Formulierungen.
- Sagen Sie es langsam und bestimmt.
- Nehmen Sie direkten Blickkontakt auf.
- Zeigen Sie die Übereinstimmung mit Ihrem Team.
- Zeigen Sie die Endgültigkeit: Im Tonfall / durch ein Falten der Arme / durch Ruhigsein und Warten.

Wenn die Gegenseite das letzte Angebot abgibt, sollten Sie klären, ob es eine Alternative gibt oder ob es wirklich endgültig ist. In letzterem Fall ignorieren Sie die Endgültigkeit und erinnern Sie daran, was auf dem Spiel steht. Der richtige Zeitpunkt für den Abschluss ist gekommen, wenn die folgenden Gegebenheiten eingetreten sind:

- Das Interesse der Gegenseite ist hoch.
- Eine Zeitgrenze schreitet näher.
- Die Lücke ist nur noch minimal.
- Die Gegenseite beginnt Fragen zur Umsetzung zu stellen.
- Sie selbst haben alle möglichen Zugeständnisse gemacht.

Zu tun ist dann das Folgende:

- Machen Sie eine Pause, um über das letzte Angebot nachzudenken.
- Klären Sie notwendige Details, um böse Überraschungen zu vermeiden.
- Holen Sie das Einverständnis von allen Beteiligten ab.
- Halten Sie die Übereinkunft schriftlich fest.
- Schließen Sie die Unterlagen, stehen Sie auf und verabschieden Sie sich per Handschlag.

Sonderfall: Koalitionen bilden

Wenn Sie Ihr Ziel erreicht haben und ein versierter Face-to-face-Verhandelnder (Von-Person-zu-Person-Verhandelnder) sind, dann können Sie die nächste Stufe erklimmen und zu einem sattelfesten Mehr-Parteien-Verhandelnden *(multiparty negotiator)* werden. Um dorthin zu gelangen, bedarf es neben dem Wissen um die verschiedenen Rollen im Team zur Entlastung des Leiters zwei weitere Fähigkeiten:

- Verstehen der komplexeren Interaktion der Beteiligten
- Begreifen der Bedeutung der Koalitionsbildung

Je mehr Parteien an einer Verhandlung beteiligt sind, desto umständlicher wird die Kommunikation. Jeder Einzelne will gehört und verstanden werden. Die Interessen einzelner Parteien können ähnlich und gleichzeitig widersprüchlich sein, das heißt, der Verhandelnde weiß nicht, wie viel Informationen er freigeben darf. Kooperative und kompetitive Verhaltensweisen vermischen sich zusehends. Die Struktur der Verhandlung und die angewandte Methodik wird immer häufiger zum Thema selbst. »Wie wollen wir vorgehen? Wie wollen wir zur Entscheidung kommen?«, wird der Leiter der Verhandlung zu Beginn klären. Methoden werden vorgeschlagen, diskutiert und vielleicht auch mal wieder verworfen werden. Das alles kostet Zeit und Energie und hat mit dem Verhandlungsgegenstand selbst noch gar nichts zu tun.

Gemeinsamkeiten von Zwei-Parteien-Verhandlungen und Mehr-Parteien-Verhandlungen

Vergessen Sie nicht, dass Zwei-Parteien-Verhandlungen und Mehr-Parteien-Verhandlungen mehr Gemeinsamkeiten als Unterschiede haben. An beiden Verhandlungsarten sind Menschen beteiligt, die eine Übereinkunft erzielen wollen, mit der jeder der Teilnehmer zufrieden nach Hause gehen kann. Die Grundprinzipien des Verhandelns bestehen bei beiden Verhandlungsarten weiter. Die Atmosphäre der Verhandlung spielt nach wie vor eine große Rolle. Die Interessen aller beteiligten Parteien wollen gehört und verstanden werden und natürlich ist es auch bei Mehr-Parteien-Verhandlungen wichtig, dass Optionen entwickelt werden, die neue Lösungen aufzeigen. Auch umgekehrt zerstört es die konstruktive Atmosphäre, wenn in Mehr-Parteien-Verhandlungen an Positionen geklammert oder mit Tricks gearbeitet wird, welche einzelnen Parteien helfen, möglichst viel von dem zu verteilenden »Kuchen« zu ergattern. Und selbstverständlich existiert auch in Mehr-Parteien-Verhandlungen das Verhandlungsdilemma: Die beteiligten Parteien sind hin und her gerissen zwischen Kooperation und Konfrontation.

Das Gleichgewicht vieler Zwei-Parteien-Verhandlungen kann sich jedoch schnell verändern, wenn eine dritte Partei hinzukommt. Dies gilt auch, wenn diese Partei noch nicht von Anfang an mit im Spiel war. Die dritte Partei kann neutral sein und damit eine schlichtende Funktion einnehmen. Stellen Sie sich vor, Sie handeln mit Ihrem Lebenspartner einen Ehevertrag aus. Ein Rechtsanwalt kann in dieser Situation hilfreiche Tipps zur Gesetzgebung geben, ohne inhaltlich Stellung zu beziehen. In diesem Fall profitieren beide Parteien von der dritten Partei. Es kann allerdings genauso passieren, dass die dritte Partei dazu einlädt, sich mit ihr zu verbünden. So können sehr schnell Koalitionen entstehen, die das System aus der Balance bringen. Die Koalitionsverhandlungen nach Bundestagswahlen sind hierfür ein anschauliches Beispiel.

Wie werden Mehr-Parteien-Verhandlungen definiert?

Man spricht von einer Mehr-Parteien-Verhandlung, wenn mehr als zwei Parteien oder Fraktionen beteiligt sind. Dabei kann es sich um Organisationen, Verbände, Länder oder sonstige Interessengemeinschaften handeln. Insofern sprechen wir hier im Gegensatz zu bilateralen Verhandlungen von multilateralen Verhandlungen. Mehr-Parteien-Verhandlungen sind im Gegensatz zu Face-to-face-Verhandlungen von der Möglichkeit der Entstehung von Koalitionen, der Komplexität der sozialen Interaktion und einer kaleidoskopischen Struktur des Verhandlungsprozesses gekennzeichnet.

Ham and Eggs

Ein geschäftstüchtiges Huhn überzeugt ein an Gewinn interessiertes Schwein mit ihm ein Unternehmen zu gründen: *HEC – Ham & Egg Corporation.* »Ich liefere täglich frische Eier und du den Speck«, schlägt das

Huhn vor. Das Schwein findet die Idee gut und willigt ein. Kurz vor der Vertragsunterzeichnung zieht das Schwein seine Zustimmung zurück …

Überprüfen Sie gut, ob das Angebot, das Ihnen gemacht wird, auch wirklich zu Ihrem Vorteil ist. Bündnisse dürfen niemandem schaden – weder den Beteiligten selbst, noch dürfen sie zu Lasten Dritter gehen. Ansonsten bekommt das Bilden von Koalitionen schnell einen schlechten Beigeschmack.

Ein interessantes Phänomen der Mehr-Parteien-Verhandlungen ist, dass die Beteiligten oft Koalitionen bilden. Im Allgemeinen ist es der Zweck einer Koalition, eine strategische Allianz zu bilden, um damit offensiv gemeinsame Interessen zu verfolgen. Durch den Zusammenschluss werden oft scheinbar schwache Parteien unvorhergesehen gestärkt, indem sie sich untereinander oder mit einer starken Partei zusammenschließen und an deren Macht partizipieren oder umgekehrt. Das führt dazu, dass scheinbar starke Parteien durch ein Verschieben der Machtverhältnisse sich plötzlich einem Gegner gegenübersehen, der durch den Zusammenschluss mehr Macht besitzt und ein blockierendes Veto einlegen kann.

Zu unterschiedlichen Zeitpunkten der Verhandlung können Parteien sich sogar zu immer neuen Koalitionen zusammenschließen, je nachdem welcher Verhandlungsgegenstand diskutiert wird.

Bekannte Koalitionsstrategien

Es gibt zwei bekannte Koalitionsstrategien: die *»winning coalition«* und die *»blocking coalition«*. Bei Ersterer können bislang abseits stehende Gruppen als Verbündete in die Verhandlung miteinbezogen werden. So wie die alten Chinesen sich häufig mit einem fernen Feind verbündeten, um gemeinsam einen nahen Feind anzugreifen und auszuschalten. Bei der *»blocking coalition«* dagegen kann die andere Partei gespalten werden, um so Unterstützung hinsichtlich bestimmter Aspekte zu gewinnen oder die starke Partei aus sich selbst heraus zu schwächen.

Wie Koalitionen gebildet werden

Die Beobachtung zeigt, dass in den meisten Fällen einer der Beteiligten die Initiative ergreift und sich einem anderen Verhandelnden nähert, um ihn zur Kooperation zum Erreichen eines gemeinsamen Zieles zu ermutigen. Hierbei sind die Schlüsselfragen für jeden Verhandelnden zu beantworten, mit welcher Partei / welchen Parteien sich eine Koalition lohnt, in welchen Punkten mit wem kooperiert werden kann und in welcher Reihenfolge die Parteien und Themen angegangen werden. Die Entscheidung, mit wem und zu welchen Themen koaliert werden kann, treffen Verhandelnde nach sehr unterschiedlichen Kriterien:

- Ähnlichkeit bezüglich der Ziele oder Interessen
- gleiche Haltungen und Werte
- Vorerfahrungen mit Partnern aus Verhandlungen in der Vergangenheit
- Vertrauen und ähnliche Stellungen bezüglich Macht und Ressourcen

Sobald sich der Verhandelnde entschieden hat, mit wem und zu welchen Themen er Koalitionsgespräche aufnehmen will, wird er im nächsten Schritt eine genaue Reihenfolge der zu verhandelnden Punkte festlegen. Jeder erfolgreiche Zusammenschluss wird eine unmittelbare Auswirkung auf das gesamte System zeigen, denn offensichtliche Koalitionen auf der einen Seite ziehen den Drang zur Allianz auf der anderen Seite nach sich. Die bisher noch nicht alliierten Verhandlungsteilnehmer werden den Wunsch haben, sobald wie möglich wiederum ein Gleichgewicht herzustellen.

Die Art und Weise, in der ein potenzieller Koalitionspartner umworben wird, ist mit Sicherheit ausschlaggebend für den Erfolg. »Wird der andere sein Versprechen halten? Kann ich ihm / ihr wirklich vertrauen? Was werden andere von meiner Koalition halten? Welche langfristigen Auswirkungen zieht der Zusammenschluss nach sich?« – solche Fragen werden sich Ihre zukünftigen Partner stellen und Sie sollten die weitreichenden Auswirkungen dabei nicht aus den Augen verlieren.

Achten Sie unbedingt darauf, sich nicht mit den Schwachen zu verbünden. Die kleinen, machtlosen Partner werden Sie nicht wirklich stützen können. Im Gegenteil: Es kann Ihnen passieren, dass Ihre eigene Position durch den »Klotz« am Bein zusätzlich und unnötigerweise geschwächt wird. Wenn Ihr Koalitionspartner beim wichtigen Entscheider nicht anerkannt ist oder sogar als Spinner verschrieen ist, wird das Ihre eigene Position untergraben.

TIPP

Wie Sie Koalitionen auflösen können

Denken Sie als Verhandelnde auch darüber nach, wie Sie die Koalition, wenn sie denn dann besteht, managen werden und wie Sie sie unter Umständen wieder aufkündigen können. Das wird dann nötig sein, wenn die Koalition Ihren Interessen nicht mehr dient. Sie haben dann die Möglichkeit, neue Koalitionen zu bilden, indem Sie neue potenzielle Kooperationspartner ansprechen. Oder Sie ändern die Gründe, wegen derer mit Ihnen eine Allianz gebildet wurde, sodass es für den Koalitionspartner attraktiver wird, außerhalb der Koalition nach neuen Möglichkeiten zu suchen. Stellen Sie sich vor, Sie haben als Einkäufer eine Allianz mit einem Mitbewerber geschlossen, um bei einem Lieferanten bessere Konditionen zu erhalten. Ihr Druckmittel, den Verkaufspreis herunterzuhandeln, ist die Menge. Zieht sich Ihr Mitbewerber zurück, indem er die von ihm geplante Abnahmemenge drastisch reduziert, wird es für Sie nicht mehr interessant sein, in dieser Allianz aufzutreten. Sie werden vermutlich im nächsten Geschäftsjahr keinen Rabatt mehr vom Lieferanten erhalten, da die größere Abnahmemenge als Verhandlungsargument nicht mehr existent ist. Die Koalition ist somit für Sie uninteressant geworden.

Manchmal kann auch beobachtet werden, dass Misstrauen gesät wird, um den Partner aus der Koalition zu drängen – eine aus ethischen Gesichtspunkten zweifelhafte Vorgehensweise, die für Sie sehr gefährlich werden kann.

GRUPPENDENKEN *(»GROUPTHINK«)* NACH IRVING L. JANIS

EXKURS

Der Wissenschaftler Irving L. Janis veröffentlichte 1982 ein Thesenpapier zum Thema »*Groupthink. Psychological Studies of Policy Decisions and Fiascoes*«. Darin beschreibt er die gruppendynamischen Besonderheiten von Mehr-Parteien-Verhandlungen:

- Gruppen tendieren dazu, ihre eigenen Normen und Gehorsamkeitsregeln als Ausdruck ihrer Loyalität zu entwickeln. Gruppenmitglieder, die oppositionelle Haltungen einnehmen, gehen das Risiko ein, aus der Gruppe ausgeschlossen zu werden. Diejenigen, die ausgeschlossen sind, fühlen oft einen extrem großen Druck, wieder aufgenommen zu werden, um aus der unkomfortablen Isolation wieder herauszukommen.
- Weiterhin entwickeln Gruppen oft eine Rollenverteilung. Es gibt Anführer und Folgende. Wiederum andere übernehmen den Part der »Bremser«, die neue Vorschläge ablehnen und an Bewährtem festhalten, oder den Part der »Erneuerer«, die aktiv Innovationen anschieben.
- Ein weiteres Risiko besteht laut Janis im *»groupthink«*. Das Gruppendenken ist in Teams, die seit Langem zusammenarbeiten, beobachtbar. Neben einer reduzierten Effizienz fällt ein gestörtes Realitätsbewusstsein auf *(reduced reality testing)*. Die Gruppen fokussieren sich zu stark auf das Können innerhalb der eigenen Grenzen und dem Aufrechterhalten einer guten Atmosphäre und weniger auf kritisches Hinterfragen neuer Ansätze, Ideen und Lösungen. Als Symptome des *»groupthink«* beschreibt Janis eine Überschätzung des Könnens sowie der Macht der eigenen Gruppe und die Entwicklung herablassender Stereotype gegenüber vermeintlichen Gegnern. In einigen Fällen werden die Gruppen zunehmend extremer in ihren Urteilen.

Für den Verhandelnden ist es wichtig, sich mit dem Phänomen *»groupthink«* auseinanderzusetzen. Gleichzeitig sollte das Thema *»diversity«* innerhalb der Verhandlung thematisiert werden – es kann dazu beitragen, Gruppenkonflikte zu reduzieren. Unter *»diversity«* versteht man dabei die Unterschiedlichkeit der Verhandlungspartner hinsichtlich Kultur, Status, Geschlecht und Alter. Kluge Verhandelnde werden dafür sorgen, dass Toleranz und Offenheit hochgehalten werden. Die Vielfalt an Menschen und Meinungen sind bereichernde und nicht störende Elemente der Verhandlungsführung.

VERHANDLUNGSÜBUNG »MOZART FÜRS MILCHVIEH«

Ziel: Koalitionen bilden

Sie brauchen für diese Verhandlungsübung 40 Minuten Zeit und zwei motivierte Verhandlungspartner. Hierbei handelt es sich um eine Übung, die in abgewandelter Form auch am PON *(Program on Negotiation)* in Harvard mit Studenten und Excecutive-Teilnehmern durchgeführt wird.

PRAXIS-ÜBUNG

▶ DIE SITUATION

Sie sind offizieller Repräsentant des Deutschen Bauernverbands und reisen als Vertreter Ihrer Nation nach Brüssel. Dort treffen Sie auf die Leiter der Bauernverbände aus Spanien und aus Dänemark. Kurzfristig hat sich ergeben, dass die EU über einen Nachtragshaushalt in Höhe von 121 Millionen Euro verfügt, der für ein gemeinsames Drei-Nationen-Projekt zur Verfügung gestellt wird. Die förderungswürdige Idee lautet »Mozart fürs Milchvieh – Milch macht müde Kühe munter, denn klassische Musik fördert die Milchproduktion«.

Sie sind von Ihrer Regierung als Bevollmächtigter angewiesen worden, eine Drei-Parteien-Verhandlung zu führen. Sie haben die Befugnis, Entscheidungen zu treffen, und werden mit großer Wahrscheinlichkeit in genau dieser Konstellation nicht wieder aufeinandertreffen. Wenn Deutschland, Spanien und Dänemark sich einig darüber werden zu kooperieren, können Sie sich den Nachtragshaushalt teilen. Wie Sie die Anteile untereinander aufteilen, liegt ganz an Ihnen. Die EU braucht allerdings den genauen Euro-Betrag für die Statistik. Sollten Sie sich allerdings nicht über eine genaue Aufteilung und ein gemeinsames Projekt einig werden, wird der Nachtragshaushalt den baltischen Staaten für deren Agrarsubventionen zur Verfügung gestellt. Falls nur zwei Parteien sich einig werden, wird die Gesamtförderung natürlich geringer (siehe EU-Subventionstabelle). Auch hier muss der EU die genaue Aufteilung für die Überweisung mitgeteilt werden. Jede mögliche Aufteilung wird allerdings akzeptiert.

Deutschland alleine bekommt	0 Euro
Spanien alleine bekommt	0 Euro
Dänemark alleine bekommt	0 Euro

PRAXIS-
ÜBUNG

Nur Deutschland und Spanien zusammen bekommen	118 Millionen Euro
Nur Deutschland und Dänemark zusammen bekommen	84 Millionen Euro
Nur Spanien und Dänemark zusammen bekommen	50 Millionen Euro
Deutschland, Spanien und Dänemark zusammen bekommen	121 Millionen Euro

So können sich entweder alle drei Parteien einigen, das Kontingent zu dritteln oder zwei Parteien entscheiden sich, zusammenzuarbeiten und die dritte Partei zurückzulassen.

Da jeder der Beteiligten das erste Mal an einer solchen Verhandlung teilnimmt und die deutschen, spanischen und dänischen Milchbauern hohe Erwartungen an das Ergebnis stellen, wird jeder von ihnen versuchen, einen möglichst hohen Betrag für sein Land zu gewinnen. Die Zeiten in Brüssel sind eng getaktet. Sie haben genau 40 Minuten Zeit, ein Ergebnis zu erzielen. Sollten zwei der drei Beteiligten den Wunsch haben, ein Gespräch unter vier Augen zu führen, so können sie das für vier Minuten tun, in denen sie nicht von der dritten Partei unterbrochen werden. Wenn Sie sich auf ein Ergebnis geeinigt haben, so muss dieses Ergebnis mindestens fünf Minuten vor Ende feststehen, bevor die Verhandlung offiziell beendet wird. Zwei von drei Beteiligten können die Verhandlung schließen.

▶ REFLEXION

Diskutieren Sie anschließend Ihre Erfahrungen, überlegen Sie, was gut funktioniert hat und wo Sie noch besser werden können.

Wie kommt es bei der Mehr-Parteien-Verhandlung zur Entscheidung?

Können Sie sich noch an ein altes Kinderspielzeug erinnern – das Kaleidoskop? Sie blicken hinein und gebrochen durch etliche Spiegel entstehen ununterbrochen neue Muster aus bunten Glassteinchen. So wie diese Vielfalt der Muster von Kaleidoskopen ist die bunte, vielschichtige unvorhersehbare Struktur von Mehr-Parteien-Verhandlungen. Hier spielt die Methode des Entscheidens eine maßgebliche Rolle. Bei Zwei-Parteien-Verhandlungen ist es ganz eindeutig: Entweder die Parteien stimmen überein und kommen zu einem Ergebnis oder eben nicht. Ganz anders in Mehr-Parteien-Verhandlungen: Wenn mehrere Parteien miteinander verhandeln, hängt der Einfluss der einzelnen Partei stark von der Wahl der Entscheidungsmethode ab. Mögliche Regeln dabei sind:

- *die Mehrheitsregel*
  Der mögliche Entscheidungsbereich kann zwischen 50 Prozent plus eins bis hin zu 100 Prozent minus eins liegen.
- *die gewichtete Mehrheitsregel*
  Die Anzahl der Stimmen pro Partei hängt von bestimmten Faktoren ab, die allen Parteien bekannt sind und untereinander verglichen werden können.
- *die Mehrheitsregel plus Vetorecht*
  Die Parteien entscheiden nach dem Mehrheitsprinzip; einige Parteien haben darüber hinaus allerdings ein Vetorecht, das ihnen erlaubt Einspruch einzulegen. In diesem Fall wird zum Erreichen der Lösung sowohl die Mehrheit, als auch die Unterstützung der Vetoparteien benötigt.
- *die Konsensregel*
  Die Parteien sollen einstimmig zu einem Ergebnis kommen, akzeptieren allerdings eine große Mehrheit, sollte eine vollständige Übereinstimmung nicht möglich sein.
- *die Einstimmigkeitsregel*
  Die Parteien müssen alle einstimmig zustimmen; diese Entscheidungsregel ist ähnlich wie die, die auch in Zwei-Parteien-Verhandlungen genutzt wird.

- *die Kaldor-Hicks-Regel*
  Diese Regel vergleicht die Summe der totalen Gewinne mit der Summe der totalen Verluste. Eine Entscheidung wird nur dann gefällt, wenn die Gewinne der Gewinner mit den Verlusten der Verlierer ausgeglichen werden – theoretisch ein ethisch interessanter Ansatz. In der Praxis wird die Kompensation leider selten gegeben.

Welche Möglichkeiten gibt es jenseits von Einigkeit oder Uneinigkeit?

Die Praxis zeigt, dass es weit mehr Möglichkeiten gibt, als lediglich Einigkeit oder Uneinigkeit zu erzielen. Verhandelnde können auch:

- sich einer Zustimmung enthalten
- zwar zustimmen, aber ihre Bedenken bezüglich einzelner Aspekte aussprechen und diese festhalten lassen (Auflagen machen)
- nicht zustimmen, ohne die Umsetzung aktiv zu blockieren
- Nebenabsprachen treffen
- Teillösungen zustimmen

Drei wichtige Tipps für erfolgreiche Mehr-Parteien-Verhandlungen

- Teilen Sie komplexe Themen in kleinere Teilthemen. In intensiven Vorgesprächen können kleine Arbeitsgruppen gezielt an der Sache arbeiten.
- Führen Sie die Verhandlung weg vom Feilschen um Positionen hin zum sachgerechten Verhandeln nach dem Harvard-Prinzip.
- Behalten Sie den Überblick über die kaleidoskopischen Facetten Ihrer Verhandlung und lassen Sie sich beim Moderieren nicht die Zügel aus den Händen nehmen. Je mehr Parteien an Ihrer Verhandlung teilnehmen, desto wichtiger wird die Moderationstechnik der großen Gruppe.

AUFLÖSUNG DER SELF-ASSESSMENTS

SELF-ASSESSMENT

▶ SELF-ASSESSMENT 4.1

1. Niels wird überrumpelt. Er hat keine Idee, um welches Thema es geht.
   Idee: Vorher fragen!

2. Freundlich leitet Dr. Schuster das Gespräch ein. Niels weiß immer noch nicht, worum es geht. (»Herr van Reuven, wie gefällt es Ihnen denn bei uns? Sie sind ja jetzt schon seit zwei Monaten hier.«)
   Tipp: Sich auf den Small Talk einlassen und spätestens jetzt aktiv nach dem Anlass des Gesprächs fragen. Nur so kann eine zu starke Steuerung durch Dr. Schuster von Beginn an vermieden werden.

3. Der Vorgesetzte stellt eine Suggestivfrage, die Niels nur mit »Ja« beantworten kann. (»... Dann sind Sie sicher für eine besondere Herausforderung zu haben?«)
   Option: Niels kann bestätigen, dass er für Herausforderungen zu haben ist. (»Natürlich! Lassen Sie uns doch jetzt die Rahmenbedingungen verhandeln.«)

4. Dr. Schuster konfrontiert Niels mit vielen Fakten. Durch motivierende Glaubenssätze wie »Sie schaffen das!« oder »Da bin ich mir ganz sicher!« wird es Niels beinahe unmöglich gemacht, nein zu sagen.
   Empfehlung: Niels könnte sich Bedenkzeit erbitten!

5. Niels hat keine Gelegenheit, Einspruch zu erheben. Der Chef dominiert, indem er den Zeitpunkt bestimmt, an dem die Verhandlung beendet ist.
   Tipp: Folgetermin zur Klärung vereinbaren!

AUFLÖSUNG DER SELF ASSESSMENTS

SELF-ASSESS-MENT

▶ SELF-ASSESSMENT 4.2

Und das hat sich der gewiefte Verhandlungspartner dabei gedacht:

»Wir hoffen, dass ...«
☛ Wo Hoffnung ist, ist auch noch Spielraum!

»Mein erstes Angebot ist, ...«
☛ Schön, wie lautet denn das zweite Angebot?

»Wir überlegen, ob ...«
☛ Na, dann überlegen Sie mal, wenn Sie sich nicht sicher sind!

»Wir hätten uns gefreut, wenn ...«
☛ Tja, dann werden Sie sich wohl diesmal leider nicht freuen!

»Wir könnten Ihnen ... (zögern und in die Luft schauen) 65 anbieten.«
☛ Aha, der Blickkontakt fehlt, der Preis ist aus der Luft gegriffen, da fehlt wohl die Vorbereitung!

»Wir zahlen so zwischen 60 und 65.«
☛ Eine Spanne – klasse, da nehme ich doch das Ende, das für mich günstiger ist!

»Was halten Sie von ... 75?«
☛ Also, wenn Sie wirklich meine Meinung wissen wollen? Gar nichts!

»Ich weiß, das klingt hoch, aber ...«
☛ Hm, eine Entschuldigung? Wenn Sie schon wissen, dass es hoch klingt, dann machen Sie mir doch ein besseres Angebot!

ZUSAMMENFASSUNG: GRUNDLAGEN DER VERHANDLUNGSTAKTIK

ZUSAMMEN-FASSUNG

▶ Sieben Tipps zur Verhandlungstaktik

Die Beherrschung der Grundlagen der Verhandlungstechnik ist das Fundament einer guten Verhandlungsführung. Auch bei der Führerscheinprüfung gibt es einen Theorie- und einen Praxisteil. Der Theorieteil schafft Verständnis und Wissen, der Praxisteil trainiert das Tun. Konzentrieren Sie sich zukünftig im Praxisteil Ihrer Verhandlungen auf folgende sieben Punkte:

1. Starten Sie wie ein Profi, planen Sie Ihr Ziel.
2. Entscheiden Sie sich für eine Strategie, entwickeln Sie dann die Taktiken.
3. Vermeiden Sie es schwammig im Ausdruck zu sein. Drücken Sie sich präzise und verständlich aus.
4. Sie dürfen auch nein sagen. Erheben Sie gekonnt Einspruch.
5. Nutzen Sie die Kraft der Unterbrechungen. Machen Sie mehr Pausen.
6. Gehen Sie professionell beim »Konzessionen machen« vor.
7. Erkennen Sie den richtigen Zeitpunkt zum Abschluss.

▶ Der kaleidoskopische Aspekt

Mit der Zunahme der Informationen (mehr Fragestellungen, Probleme, Informationen, Fakten, Werte, Berichte – möglicherweise sogar von jedem einzelnen Verhandlungspartner) steigt die Komplexität der Inhalte. Wir sprechen hier vom kaleidoskopischen Aspekt. Entwickeln Sie deshalb die Verhandlungsgegenstände klar und erkennen Sie die Schlüsselfunktion der Tagesordnung. Bearbeiten Sie singuläre Themen in gemeinsam gebildeten Arbeitsgruppen mit dem Ziel der sauberen Recherche.

▶ Mehr-Parteien-Verhandlungen

Mit der steigenden Anzahl der Parteien nimmt die kommunikative Störanfälligkeit zu, deshalb benötigen Mehr-Parteien-Verhandlungen einen Prozessmanager. Als Verantwortlicher für die Steuerung plant dieser die Spielregeln für die Verhandlungsführung sowie die Kriterien für den Entscheidungsprozess. Der Moderator berücksichtigt die Besonderheiten des »*Groupthink*« und der Koalitionsbildung.

Bei Mehr-Parteien-Verhandlungen steigt die soziale Komplexität und mit der Größe der Gruppe verändert sich auch deren Dynamik. Es entsteht größerer Koordinationsaufwand, da jede Partei eine spezielle Haltung zu jeder Partei einnimmt. Oft wird ein stärker konkurrenzorientiertes Verhalten sichtbar. Die Beziehungen der Beteiligten untereinander sind durch die Historie vorbelastet, die der Moderator oft nicht kennt. Kluge Verhandelnde werden dafür sorgen, dass Toleranz und Offenheit hochgehalten werden. Die Vielfalt an Menschen und Meinungen sind bereichernde und nicht störende Elemente der Verhandlungsführung.

5. PSYCHOLOGIE DER BEEINFLUSSUNG

Die Zügel in der Hand behalten

Eine gute Vorbereitung ist ein wesentlicher Garant für einen Verhandlungserfolg. Ein mindestens ebenso mächtiges Instrument steht Ihnen allerdings zur Verfügung, wenn Sie die Prinzipien der Beeinflussungspsychologie kennen. Zum einen kann es Ihnen damit gelingen, die Verhandlung zu steuern und dafür zu sorgen, dass Sie Ihre eigenen Ziele bestmöglich und mit größter Überzeugungskraft vermitteln. Zum anderen ist es hilfreich, die Beeinflussungsprinzipien zu kennen, um nicht vom Verhandlungspartner manipuliert zu werden; nur wenn Sie diese Prinzipien kennen, werden Sie sie auch in der Verhandlung erkennen und abwehren können. Im folgenden Kapitel werden Sie das Werk und die Theorie des US-amerikanischen Sozialpsychologen Robert Cialdini *»Einfluss. Wie und warum sich Menschen überzeugen lassen«* (1987) kennenlernen. Das Buch wurde über eine Million Mal verkauft und in mehr als 20 Sprachen übersetzt. Es ist inzwischen ein Klassiker des Marketings und der Psychologie, der dem Leser zeigt, warum der Mensch so empfänglich für Überredungskünste ist. Cialdinis Theorie ist wissenschaftlich fundiert. Er hat an der Arizona State University einen Lehrstuhl für Persönlichkeitspsychologie und hat sich im Zuge dieser Lehrtätigkeit in den letzten 20 Jahren intensiv mit der Frage befasst, welche grundlegenden psychologischen Prinzipien am Werk sind, wenn Menschen andere Menschen erfolgreich überzeugen.

»Klick-surr-Reaktion«

Wir leben in einer sehr komplexen Umwelt. So komplex, dass wir nicht in allen Situationen genügend Zeit haben, gründlich darüber nachzudenken, was die richtige Strategie, was die richtige Entscheidung ist. Um uns in dieser schnelllebigen Zeit zurechtzufinden, haben wir uns angepasst. Auch in der Tierwelt gibt es ähnliche Beobachtungen. Tiere reagieren besonders auf Gefahrensituationen mit Automatismen. Das tun wir Menschen auch. In Gefahrensituationen ist das oft hilfreich, in Verhandlungen jedoch kann es sich oft als nachteilig für uns auswirken. Cialdini beschreibt dieses von einem Auslöser unbewusst gestartete und nicht mehr aufzuhaltende Verhalten als »Klick-surr-Reaktion« *(automatic responding)*.

In der Ethologie, der Wissenschaft, die das Verhalten der Tiere in ihrer natürlichen Umwelt erforscht, sprechen Forscher von fixen Handlungsmustern *(fixed action patterns)* und meinen damit die Beobachtung, dass Tiere oft durch einzelne Auslösemerkmale *(trigger features)* »angetriggert« werden und daraufhin ein unbewusstes Verhalten abspulen. Erstaunlicherweise ist das beim Menschen sehr ähnlich. Der Vorteil derartiger Faustregeln liegt in ihrer Effizienz und Ökonomie.

Auch in Entscheidungssituationen richten Menschen ihre Aufmerksamkeit häufig nur auf einen begrenzten Ausschnitt der vorliegenden Informationen und reagieren automatisch. Ziel sollte es jedoch sein, kontrolliert zu reagieren *(controlled responding)*. Das funktioniert aber nur, wenn wir verstehen, welche Mechanismen der Beeinflussungspsychologie zugrunde liegen.

Obwohl diese Prinzipien zur Manipulation ausgenützt werden können, sind sie an sich keineswegs nur gefährlich oder sogar schädlich, sondern besitzen einen großen Vorteil: Diese stammesgeschichtlich vorprogrammierten Verhaltenstendenzen sind universal, das heißt in jedem Menschen verankert. Bei entsprechenden Konstellationen sozialer Reize werden diese Verhalten mit recht hoher Wahrscheinlichkeit abgespult. Diese so vorgefertigten Verhaltensmuster sind, wie schon beschrieben, durchaus zweckmäßig, denn sie stellen ein abgekürztes Verfahren *(short cuts)* dar, das uns hilft, mit unserer komplexen Umwelt zurechtzukommen. Wir können schnell reagieren, ohne nachdenken zu müssen, und meistens ist das, was wir tun, da es ja auf universeller Erfahrung basiert, richtig. Wenn wir entscheiden, ob wir ein Angebot annehmen oder einer Aufforderung nachkommen wollen, orientieren wir uns unbewusst an folgenden sechs Faktoren:

1. *Reziprozität* (Wechselseitigkeit oder Vergeltung / Wunsch nach Ausgleich)
2. *Commitment und Konsistenz* (Beständigkeit oder Konsequenz im Verhalten)
3. *soziale Bewährtheit* (was andere vormachen, wird wohl richtig sein)
4. *Sympathie* (Sympathieträger haben es leichter)
5. *Autorität* (wer das Sagen hat, weiß, was richtig ist)
6. *Knappheit* (was rar ist, ist wertvoll)

Besonders wirksam sind diese Auslösemerkmale, wenn wir weder die Lust noch die Zeit, die Energie oder die kognitiven Ressourcen haben, eine komplette Analyse der Situation durchzuführen.

In unserer komplexen, schnelllebigen Welt sind wir oft auf Schnellverfahren und Faustregeln in der Entscheidungsfindung angewiesen. Wer die psychologischen Prinzipien der Einflussnahme beherzigt, erhöht deshalb seine Überzeugungskraft im zwischenmenschlichen Kontakt und im Durchsetzen seiner Ziele in Verhandlungen.

SELF-ASSESSMENT 5.1

SELF-ASSESSMENT

▶ FALLSTUDIE »DIE KAFFEEFAHRT«

Eines Tages flattert Nele und Niels ein Werbeprospekt ins Haus: Tagesausflug per Bus ins wunderschöne Chiemgau. Busfahrt, dreigängiges Mittagessen, Kaffee und Kuchen, Schifffahrt zur Herreninsel, inklusive Besichtigung des Schlosses, Verkaufsveranstaltung (Teilnahme freigestellt) – Preis pro Person (alles inklusive): 19,90 Euro.

Nele und Niels haben so etwas noch nie gemacht, aber jetzt, da Niels erst seit Kurzem in München lebt, das bayerische Umland wenig kennt und Nele ihm dauernd vom Reiz der wunderbaren Voralpenlandschaft vor-

SELF-ASSESSMENT

schwärmt, lässt er sich kurzerhand überreden. Als eingefleischte Liebhaber klassischer Musik wollen sie schon lange einmal den herrlichen Spiegelsaal – Austragungsort berühmter Konzerte – besuchen, und konkurrenzlos günstig ist das Angebot ja auch noch. Also schnell angemeldet.

Exakt drei Wochen später sitzen Nele und Niels im Reisebus und haben nun schon eine Stunde Autobahn hinter sich. In einer weiteren halben Stunde wolle man in Prien am Chiemsee sein, solange möge man, so der jung-dynamische Reiseleiter, doch noch die Fahrt durchs schöne Chiemgau genießen.

Beim Mittagessen in einem gutbürgerlichen Gasthaus – es gibt tatsächlich drei Gänge und Nele bezeichnet das Essen als »sehr anständig für den Preis« – sitzt unser junges Paar direkt neben Herrn Tischzieher, dem Reiseleiter. Von ihm ist Nele schon den ganzen Morgen äußerst angetan: gut aussehend (aber kein Schönling), adrett gekleidet, gute Manieren – und so ein gewinnendes Lächeln! »Von dem würde ich mich auch mal auf einen Cocktail einladen lassen«, sagt sie. Niels lächelt angesäuert und kann diese Begeisterung zunächst nicht recht nachvollziehen. Dies ändert sich jedoch schnell, als Herr Tischzieher sich beim Mittagessen als begeisterter Konzertbesucher der Chiemsee-Festspiele entpuppt. Schnell kommen die beiden über das Programm des kommenden Sommers ins Gespräch. Schließlich sagt der Reiseleiter augenzwinkernd: »Für Sie als Klassikfan hab ich nachher noch was ganz Besonderes!«

Der anschließende Inselrundgang und die Schlossbesichtigung fallen mit insgesamt einer Stunde etwas knapp aus, und einige Teilnehmer murren deshalb vernehmlich. Aber wenn man an einem Tag die Strecke von München nach Prien und wieder zurück schaffen will, muss man sich halt etwas ranhalten. Die reichhaltige – wenn auch mit zwei Kuchensorten nicht sehr abwechslungsreiche – Kaffeetafel beruhigt jedenfalls wieder alle Gemüter.

Wenig später steuert der Reisebus ein etwas außerhalb gelegenes Industriegebiet an und hält vor einer äußerlich schmucklosen Halle, in der alles für die zweistündige Verkaufsshow vorbereitet ist. Niels zögert kurz; er überlegt, ob er tatsächlich an so einer Show teilnehmen will. »Eigentlich ist das doch was für meine Oma«, raunt er Nele zu. Sorgfältig beobachtet er den Rest der Gruppe, aber niemand macht Anstalten »auszuscheren«, alle schlagen brav den Weg Richtung Halle ein. Da gibt sich auch Niels

SELF-ASSESSMENT

einen Ruck, hakt sich bei seiner Freundin Nele unter und geht der Menge hinterher. »Was soll man denn auch hier draußen sonst unternehmen, wo es im Umkreis von zwei Kilometern nichts als Fabrik- und Lagerhallen gibt?«, denkt sich Niels.

Die erste Dreiviertelstunde gestaltet ein Präsentationsprofi, der sich als Herr Treumann vorstellt – *fair trading* ist das Thema. Zunächst beißt niemand aus dem Publikum auf die angepriesenen Datteln, Fruchtsäfte und Gewürze an. Aber dann präsentiert Herr Treumann den Wein »*Patagonian Dream*«. Eine Rarität aus Uruguay (!), ein Spitzenwein von internationalem Format, der Ausbau erfolgt 24 Monate in Eichenholzfässern. Die Önologen-Fachzeitschrift »*Die Rebe*« hat diesen edlen Tropfen kürzlich zum »Wein des Jahres« gekürt. Da kaufen auf einmal drei begeisterte Damen und ein nicht minder begeisterter Herr. Darauf fasst auch Niels Mut und greift zu – nicht ohne seine Nele darauf hinzuweisen, dass ja schon das Mittagessen allein viel mehr wert gewesen sei als die 19,90 Euro Gesamtkosten, sodass man diesen »großzügigen Menschen doch auch nun etwas zu verdienen geben muss«. Und da er nun mal das Probierpaket mit zwölf Flaschen Wein in hochwertiger Holzschatulle erworben hat, kauft er auch gleich noch einen ultimativen Star-Korkenzieher. »Ein echtes Sammlerstück. Futuristisch im Look, verblüffend in der Anwendung. Die chrombeschichtete Zinklegierung macht diese Leverpull-Variante zum Erlebnis. Mit passendem Standfuß, Kapselabschneider und Weinverschluss. Zehn Jahre Garantie! Eine absolute Spezialentwicklung, gnädiger Herr, die Sie übrigens auch nur bei uns erwerben können«, so Herr Treumann, der den Abschluss des ersten Teils der Verkaufsveranstaltung gestaltet – mit weiteren Produkten, die »garantiert nur bei der Chiemsee-Fahrt angeboten werden«. Nele entscheidet sich nun noch für ein König-Ludwig-Poster.

Der zweite Teil gehört dann wieder ganz Herrn Tischzieher mit Waren aus der Rubrik »Schmankerln aus der Region«. Der Renner sind bayerische Spezialitäten in Dosen: Leberkäs, Weißwürste, Schweinebraten. Zu einigen Angeboten gibt es kleine Gratisproben, und diese Verkostungen scheinen die Kauflust enorm anzuregen. Mit der Zeit steigert sich die Gruppe in einen wahren Kaufrausch. Auch Nele und Niels haben schon zwei große Tüten neben ihren Stühlen stehen. Von den internationalen Spezialitäten finden der französische Champagner sowie der russische Kaviar den größten Absatz. Dem Argument, man solle sich doch jetzt noch mit Kaviar eindecken, solange es ihn noch gibt – die EU plane aus

SELF-ASSESSMENT

Artenschutzgründen ein Einfuhrverbot –, können sich auch Nele und Niels nicht entziehen und kaufen für 400 Euro Kaviar (als Weihnachtsgeschenke für die ganze Verwandtschaft). Herr Tischzieher verabschiedet sich, Niels zunickend, mit der Präsentation seiner »*DataVino*«, einer Software zur optimalen Weinkellerverwaltung mit integriertem Weinfachwissen für Microsoft Windows. Selbstredend, dass Niels sich eine der drei letzten CD-ROMs sichert.

Abends kommen Lena und Lars, zwei Freunde, auf einen Sprung vorbei und machen sich lustig über den Schund, den Niels und Nele sich haben andrehen lassen. Die reagieren entrüstet, Nele findet das König-Ludwig-Poster richtig schrill und beteuert, dass sie schon immer so eines haben wollte, und Niels öffnet gleich eine Flasche »*Patagonian Dream*« mit dem neuen Flaschenöffner.

▶ AUFGABE

Bitte untersuchen Sie die Fallstudie »Die Kaffeefahrt« daraufhin, inwiefern die sechs psychologischen Überzeugungsprinzipien hier zum Einsatz gekommen sind. Notieren Sie, was Ihnen auffällt, und vergleichen Sie Ihre Aufzeichnungen mit der Analyse am Ende des Kapitels.

Reziprozität – das Geheimnis von Geben und Nehmen

Nele und Niels waren bei einem Autohändler. Sie interessierten sich für einen neuen Wagen. Der freundliche Händler bot ihnen Getränke ihrer Wahl an. Nele nahm gerne einen frisch gebrühten Espresso, Niels ein Glas Wasser. Eigentlich hatten sie sich nur mal so umsehen wollen. Raus gingen sie mit einem Gutschein für eine Wochenendprobefahrt. Warum arbeiten Autoverkäufer so? Was können wir vom ersten Beeinflussungsprinzip – dem Reziprozitätsprinzip – für unsere Verhandlungen lernen?

Die Regel der Reziprozität – des Wunschs nach Ausgleich – besagt, dass Menschen bemüht sind, anderen zurückzugeben, was sie von ihnen bekommen haben. Sie möchten nicht geizig, undankbar und selbstsüchtig erscheinen. Wenn uns jemand einen Gefallen tut, wollen wir ihm auch einen tun. Diese Verpflichtung zur Gegenseitigkeit gibt es offenbar in allen Gesellschaften und Kulturen. Überall auf der Welt haben Menschen das Bedürfnis, sich für das zu revanchieren, was sie von jemand anderem erhalten haben. Hat uns jemand etwas Positives zukommen lassen, so fühlen wir uns verpflichtet, in Zukunft diesen Gefallen zu erwidern (Rückzahlungsverpflichtung).

Einer der Gründe, warum die Reziprozitätsregel so erfolgreich eingesetzt werden kann, um andere gefügig zu machen, ist ihre große Schlagkraft. Die Regel hat eine enorme »Power« und bewirkt oft, dass einem Wunsch stattgegeben wird, der, wenn kein Gefühl der Verpflichtung bestanden hätte, sicher abgeschlagen worden wäre. Nach Cialdini handelt es sich um einen einzigartigen Anpassungsmechanismus des Menschen, der überhaupt erst Arbeitsteilung und Warentausch zuließ. Das Gefühl zukünftiger Verpflichtung bedeutet, jemanden etwas in der Gewissheit geben zu können, dass es nicht verloren ist, da wir ja früher oder später mit einer Gegenleistung rechnen können.

Das Gratisstückchen oder »Wollen Sie mal probieren?«

Ein schönes Alltagsbeispiel für die Anwendung der Reziprozitätsregel kennen Sie sicherlich aus Ihrem Supermarkt. Sie stehen an der Käsetheke und die Verkäuferin bietet Ihnen ein kleines Probierstückchen vom »Appenzeller« an, der neu im Angebot ist. Diese Kostprobe soll – über die Mobilisierung wechselseitigen Verhaltens – zum Kauf eines größeren Käsestücks anreizen. Ganz nach dem Motto »Wie du mir, so ich dir« haben Sie sicherlich schon ab und zu zugegriffen.

Beim Verhandeln gelten dabei die folgenden Charakteristika der Reziprozitätsregel:

- Dankesschuld wider Willen
- unausgewogene Dankesschuld
- Neuverhandeln nach Zurückweisung
- Kontrastprinzip

Dankesschuld wider Willen

Höchst interessant ist, dass das Prinzip auch dann wirkt, wenn der Gefallen ungebeten erfolgt. Denn die Regel erfordert nicht, dass wir um das gebeten haben müssen, was wir bekommen, um uns zu einer Gegenleistung verpflichtet zu fühlen. Uns zunächst fremde Verhandlungspartner können dadurch, dass sie uns vorab einen Gefallen tun, ihre Chancen erhöhen, dass wir in eine ihrer Forderungen einwilligen. Untersuchungen zeigen, dass sogar geringfügige Aufmerksamkeiten wie Kaffee und Kekse zur Verhandlung, sauber vorbereitete Unterlagen, die dem anderen als Service zur Verfügung gestellt werden oder ein kleiner USB-Stick mit der Firmenpräsentation, der dann natürlich behalten werden kann, diese Wirkung erzielen.

Aus eigener Erfahrung kennen Sie vielleicht folgende Situationen: Kurz vor Weihnachten finden Sie in Ihrem Briefkasten unverlangt zugeschickte, von Kindern gezeichnete Weihnachtskarten, die selbstverständlich kostenlos sind – falls Sie eine kleine Geldspende entrichten möchten, liegt praktischerweise ein Zahlschein bei. Oder Sie sind von Lieferanten schon mal zum Essen eingeladen worden, haben ungefragt Gutscheine für einen Besuch des Oktoberfests oder ein kleines Modell des Produktes, über das Sie gerade verhandeln, geschenkt bekommen? Vielleicht schreiben Sie auch gerade mit dem schicken Kugelschreiber, den Ihnen Ihr Kunde zu Weihnachten geschenkt hat.

Unausgewogene Dankesschuld

Eine erste kleine Gefälligkeit kann ein Gefühl hervorrufen, zu einer deutlich aufwendigeren Erwiderung verpflichtet zu sein. Verhandlungspartner, die nehmen ohne zu geben, werden als unsympathisch empfunden. Und als »Schmarotzer« oder «Schnorrer« wollen wir nicht bei anderen in Erinnerung bleiben. Daher werden wir schon als Kinder darauf getrimmt, offen stehende Verpflichtungen als Belastung zu empfinden. Ein interessantes Beispiel hierzu stammt von einer Grundschullehrerin, die von den Ergebnissen eines Grammatiktests einer vierten Klasse berichtet. Es wurde nach der Zukunftsform von »ich gebe« gefragt. Erstaunlicherweise hat einer ihrer Schüler mit »ich nehme« geantwortet – grammatikalisch zwar falsch, sozialpsychologisch aber durchaus gewitzt. Aus dem unangenehmen Gefühl heraus, dem anderen verpflichtet zu sein, erwächst oft eine Tendenz zu einer Überkompensation in der Erwiderung der Gefälligkeit.

Beim Verhandeln kann es passieren, dass Ihr Gegenüber mehrmals darauf hinweist, wie aufwendig die Anreise an Ihren entlegenen Standort gewesen sei, lächelnd betont er aber, dass er es natürlich gerne getan habe. Wenn er dann noch anfügt, dass er sicher sei, dass Sie heute schnell zu einem guten Ergebnis kommen werden, erzeugt er subtil ein schlechtes Gewissen bei Ihnen, das Sie vielleicht unbewusst ausgleichen werden durch ein ordentliches Zugeständnis auf der inhaltlichen Seite.

Neuverhandeln nach Zurückweisung

Eine wichtige Rolle spielt die Taktik des Neuverhandelns nach Zurückweisung. Sie sieht folgendermaßen aus: Beginnen Sie mit einer sehr großen Bitte, die höchstwahrscheinlich abgewiesen wird, formulieren Sie dann die eigentliche und kleinere Bitte, die Ihnen dann erfüllt wird. Virtuos wird diese Technik übrigens schon von kleinen Kindern angewandt, um die be-

gehrte und begrenzte Ressource Schokolade zu ergattern: »Gut, die ganze Tafel will ich ja gar nicht, nur einen Riegel ... bitte!« Stellen Sie sich vor, Sie führen eine Gehaltsverhandlung mit Ihrem Vorgesetzten. Wenn Sie nun also mit einer sehr hohen Forderung starten, von der Sie wissen, dass sie vermutlich abgelehnt wird, wird Ihre zweite Forderung nach einer Fortbildung – Ihr eigentliches Ziel – mit großer Wahrscheinlichkeit genehmigt. Die sozialpsychologische Erklärung für diesen Mechanismus lautet: Forderungen, die unannehmbar sind, beeinträchtigen die Kooperation, sodass nach Verfahren gesucht wird, die dann unmittelbar im nächsten Schritt das wechselseitige Entgegenkommen, also den Kompromiss, begünstigen. Eine klassische Taktik hierfür, die oft zum Erfolg führt, ist die beliebte »*good-guy-bad-guy*-Methode«. Hier erhebt der »*bad guy*« eine extreme Forderung, während im zweiten Schritt der sympathische »*good guy*« die Kompromissbereitschaft signalisiert.

Kontrastprinzip

Wenn Sie also in einer Verhandlungssituation eine hohe Forderung stellen, die mit Sicherheit abgelehnt wird, haben Sie mit einer nachgeschobenen moderaten Forderung (der ursprünglich beabsichtigten) größere Erfolgsaussichten, weil die zweite Forderung bereits als Zugeständnis wirkt. Zusätzlich zur Konzessionsregel wirkt hier auch noch das Kontrastprinzip: Das kleinere Anliegen scheint im Vergleich zum größeren noch kleiner. Nehmen Sie mal an, Sie sind Verkäufer von Fernsehgeräten mit Flachbildschirmen. Ein Kunde betritt Ihren Laden und sieht sich suchend um. Für welches Modell würden Sie zuerst die Werbetrommel rühren? Für das 300-Euro-Modell oder für das 3000-Euro-Modell? Vielleicht entscheiden Sie sich für die übliche »*trading-up*-Strategie«. Das bedeutet, dass Sie mit dem 300-Euro-Fernseher beginnen und hoffen, dass Ihr Kunde Zusatzfeatures benötigt und Sie ihn hochhandeln können. Laut des Neuverhandelns nach Zurückweisungstaktik ist das der falsche Ansatz. Starten Sie mit dem teuersten Modell und bieten Sie dann die günstigeren an. Hier wirken dann das Kontrastprinzip und das Reziprozitätsprinzip zusammen. Die Untersuchung, auf die Cialdini sich in seinem Buch bezieht, zeigt, dass der Durchschnittspreis der verkauften Geräte bei diesem sogenannten »*selling-down*-Ansatz« beinahe doppelt so hoch ist.

Schutz vor Manipulation durch das Reziprozitätsprinzip

Natürlich werden Sie ganz spontan denken, dass die beste Verteidigung gegen Manipulation durch das Reziprozitätsprinzip darin besteht, keine Gefälligkeiten mehr anzunehmen. Augenscheinlich scheint das die einfachste Lösung zu sein. Tatsächlich würden Sie sich aber schlecht fühlen und auch Ihr Verhandlungspartner würde irritiert sein, wenn Sie systematisch alle Angebote verweigern. Stattdessen sollten Sie eine Gefälligkeit einfach annehmen und dieses Angebot als das, was es ist, sehen. Nämlich entweder eine Nettigkeit ohne Hintergedanken – und dann dürfen Sie sich ruhig auch verpflichtet fühlen, zukünftig etwas zurückzugeben. Oder Sie erkennen die angebotene Gefälligkeit als »Ausbeutungsversuch« und können sie als Trick umdefinieren. Durch diese Neudefinition werden Sie nicht mehr das Bedürfnis verspüren, mit einem Zugeständnis Ihrerseits zu reagieren.

Commitment und Konsistenz – die Power der inneren Überzeugung

Wie kommt es, dass so viele Menschen zu den »*Weight Watchers*« gehen, wenn sie abnehmen wollen, und sich dort sogar vor der Gruppe wiegen lassen und öffentlich Ihr Gewicht preisgeben? Ganz einfach: Das liegt daran, dass Vorhaben häufiger umgesetzt werden, wenn sie öffentlich gemacht werden. Genau das steckt hinter dem zweiten Beeinflussungsprinzip von Cialdini, dem Konsistenzprinzip.

Commitment bedeutet Selbstverpflichtung

Die meisten Menschen haben das starke Bedürfnis, in Worten, Überzeugungen und Taten konsistent – widerspruchsfrei – zu sein. Das gilt sich selbst gegenüber und auch anderen gegenüber. Denn wir würden vor uns selbst und vor dem Verhandlungspartner unser Gesicht verlieren, wenn wir andauernd unsere Meinung wechselten. Wer sich einmal auf etwas festgelegt hat, fühlt sich auch daran gebunden.

Die psychologische Regel lautet hier: Sobald wir eine Entscheidung getroffen haben, nehmen wir alle möglichen Zwänge in Kauf, um uns entsprechend dieser Verpflichtung zu verhalten. Es gibt einen Zwang nach innen und einen Zwang nach außen. Der Zwang nach innen wird gespeist von unseren eigenen Einstellungen und Werten. Der Zwang nach außen erfordert von uns, ein für andere beobachtbares Verhalten zu zeigen, das für den Verhandlungspartner unsere Konsequenz sichtbar macht. Man spricht in der Psychologie auch von der sogenannten kognitiven Dissonanz. Wir streben als Menschen eine Übereinstimmung von Denken und Handeln an. Ist diese Übereinstimmung nicht vorhanden, reagiert der Mensch irritiert. Und versucht so schnell wie möglich die Übereinstimmung wieder herzustellen. Wer sich also immer beständig und konsequent verhält, hat den Vorteil, dass er ein positives Bild gegenüber sich selbst und in der Öffentlichkeit abgibt – und damit sein offizielles Ansehen und das eigene Selbstwertgefühl steigert. Einmal eingegangene Verpflichtungen haben in der Regel einen bedeutsamen Einfluss auf das zukünftige Handeln, und sie können darüber hinaus auch bewirken, dass sich die inneren Einstellungen ändern. Die Wahrscheinlichkeit, dass Verhandlungspartner sich konsequent verhalten, also ihr zukünftiges Verhalten an einer einmal eingegangenen Verpflichtung ausrichten, ist für den Verhandelnden sehr wichtig.

Überzeugungsprofis versuchen, Leute dazu zu bringen, erst einmal eine Position einzunehmen, die dann mit einem Verhalten konsistent ist, das sie später von ihnen erbeten werden. Bringen Sie Ihren Kunden also dazu, etwas über Ihr Produkt und seinen Nutzen zu sagen. Die Bindung an die eigene Aussage macht es für ihn schwer, den Kauf ohne innere Widerstände abzulehnen.

Die vier Einflussfaktoren der Konsistenz

Sobald wir eine Entscheidung treffen oder eine Position vertreten, entstehen intrapsychische Kräfte, die uns dazu drängen, uns konsistent mit dieser Festlegung zu verhalten. Wir überzeugen uns einfach selbst davon, die richtige Entscheidung getroffen zu haben, und fühlen uns dadurch wohler mit ihr. Viele Psychologen betrachten das Streben nach Konsistenz als das zentrale psychische Motiv.

Tatsächlich ist das Bestreben, konsistent zu sein – und nach außen hin zu erscheinen – auch die Grundlage für eine äußerst wirkungsvolle Technik der Einflussnahme. Hierbei gibt es einen Druck von außen, der uns treibt, das positive Bild, das andere von uns haben, zu erhalten. So versuchen manche, den Porsche vor der Haustür auch dann noch zu halten, wenn sie sich ihn finanziell gar nicht mehr leisten können. Von innen besteht Konsistenzdruck, da vorhandene Selbstbilder die Tendenz haben, sich lange zu halten. Vor allem, wenn Einstellungen mit hohem Aufwand erworben wurden, ist es schwer, von ihnen abzulassen.

Ihr Ziel sollte es also sein, dass Ihr Gegenüber sich möglichst früh und möglichst intensiv verpflichtet. Dazu gibt es vier Faktoren, die das Prinzip der Konsistenz stärken:

- Ihr Verhandlungspartner sollte die Verpflichtung aktiv handelnd eingegangen sein. Denn Menschen schließen von ihrem eigenen Verhalten auf ihre Gefühle, Haltungen und Werte – auch dies ist eine sozialpsychologische Erkenntnis.
- Ihr Verhandlungspartner sollte die Verpflichtung in der Öffentlichkeit abgegeben haben. Sobald Sie für andere öffentlich beobachtbar einen Standpunkt beziehen, entsteht der innere Antrieb, diesen beizubehalten, um konsequent zu erscheinen.
- Die Verpflichtung sollte für Ihren Verhandlungspartner mit Mühen und Anstrengungen verbunden sein – denn es gibt sozialpsychologisch die Tendenz, den Aufwand zu rechtfertigen, den man in eine Sache investiert hat *(justification of effort)*.
- Ihr Verhandlungspartner sollte die Verpflichtung freiwillig und ohne äußere Rechtfertigung wie Belohnung oder Druck eingegangen sein, denn insbesondere Handlungen aus eigenem Antrieb bringen Menschen dazu, ihr Selbstbild entsprechend der Handlung zu ändern und dann weitere Handlungen anzuschließen, die diesem Selbstbild entsprechen.

Ein Beispiel für die missbräuchliche Anwendung des Konsistenzprinzips ist ein bekannter Autoverkäufertrick. Lesen Sie in der folgenden Case Study, was Niels beim Autokauf erlebt hat.

CASE STUDY: *THROW THE LOW BALL*

CASE STUDY

Niels hat die letzten Monate gespart und beschließt, sich von seinem ersten Weihnachtsgeld und einem Zuschuss seiner Großmutter ein neues Auto zu kaufen. Er recherchiert im Internet, findet ein extrem günstiges Angebot eines Re-Imports: ein kleiner 1er-BMW, schwarz, mit Klimaanlage und Navigationssystem. Er schickt nach reiflicher Überlegung die Bestellung ab. Kurz darauf erhält er einen Telefonanruf von einem sehr freundlichen Verkäufer, der ihm zu seiner guten Wahl gratuliert. Am Abend erzählt Niels im Freundeskreis davon und erntet Wohlwollen und ein klein wenig Neid, was seine Brust kaum merklich vor Stolz schwellen lässt. Am nächsten Morgen sitzt Niels an seinem Schreibtisch, das Telefon klingelt, er erkennt an der Nummer, dass es sich um das Autohaus handelt. Am anderen Ende der Leitung ist sein Autoverkäufer: »Entschuldigen Sie vielmals, Herr van Reuven, leider habe ich gerade eine Rückmeldung vom Werk erhalten, dass Ihr Fahrzeug in der von Ihnen gewünschten Motorisierung nicht lieferbar ist. Was ich Ihnen allerdings anbieten kann, und damit haben Sie dann auch gleich einen leistungsstärkeren Motor, ist das nächsthöhere Modell mit 130 PS. Der Aufpreis liegt lediglich bei 800 Euro. Wir können selbstverständlich zum gewünschten Termin liefern.« Niels schluckt und sagt dann, dass er das Angebot so annimmt (dann wird der nächste Urlaub mit Nele wohl nur eine Woche, statt zwei Wochen dauern, denkt er noch).

▶ ANALYSE

Rein statistisch gesehen ist es so, dass bei Anwendung dieses Tricks ein großer Teil der Kunden das Auto bei diesem Verkäufer in der nächsthöheren Motorisierung erwirbt, also nicht vom Vertrag zurücktritt. Erklärbar ist dies durch das Konsistenzprinzip: Der Kunde hat nun einmal für sich dem Kauf zugestimmt, vielleicht hat er auch schon im Freundeskreis davon berichtet. Und so bleibt er auch unter veränderten Bedingungen seiner einmal getroffenen Entscheidung treu, zum Teil, weil es so bequem ist, zum Teil, um vor sich selbst und eventuell anderen das Gesicht zu wahren. Diese Technik wird als *»throw the low Ball«* bezeichnet. Mit einem Lockangebot wird der Kunde geködert, dann wird nachjustiert.

Niels hätte auch nach der nächstniedrigeren Motorisierung fragen oder sich bei einem anderen Anbieter umsehen können.

Schutz vor Manipulation durch das Konsistenzprinzip

Lernen Sie in sich hineinzuspüren, um die Bemühungen des Verhandlungspartners, Sie zu konsistentem Verhalten zu bewegen, rechtzeitig zu erkennen. Fragen Sie sich: »Würde ich mit dem, was ich jetzt weiß, das Gleiche wieder tun, wenn ich die Zeit zurückdrehen könnte?« Die allererste Gefühlsregung, die Sie im Anschluss an diese Frage spüren, ist oft sehr aufschlussreich. Gerade bei Manipulation, also dem Versuch der Gegenseite, uns unbewusst zu Entscheidungen zu drängen, ist es wichtig, auf die Intuition zu vertrauen. In der Psychologie von Carl Gustav Jung ist die Intuition eine von vier psychologischen Grundfunktionen, die eine Wahrnehmung zukünftiger Entwicklungen mit all ihren Optionen und Potenzialen ermöglicht. Sie wird meist als instinktives Erfassen oder als gefühlsmäßige Ahnung wahrgenommen. Im Kapitel 12 über Körpersprache werden Sie mehr über Intuition erfahren.

Soziale Bewährtheit – von Vormachern und Nachahmern

Wir orientieren uns an unseren Mitmenschen. Wenn zum Beispiel Menschen, die gern lesen, ein neues Buch suchen, gehen sie in die Bücherei und schauen zuerst auf die Bestsellerlisten. Denn was viele gut finden, muss doch auch gut sein. Ob das immer so ist, erfahren Sie, wenn Sie lesen, was Cialdini unter dem dritten Beeinflussungsprinzip – der sozialen Bewährtheit – versteht. Nach diesem Prinzip kommt jemand einer Bitte oder Aufforderung nach, weil er erfahren hat, dass viele vor ihm gleich gehandelt haben. Denn die meisten Menschen sind Nachahmer und keine Vormacher. Wir orientieren uns daran, was andere, die wir beobachten können, tun und sagen. Dies trifft besonders für Situationen und Themen zu, die neu, ungewohnt oder besonders komplex sind.

Das Prinzip der sozialen Bewährtheit besagt also, dass wir uns bei der Entscheidung, ob etwas richtig ist, häufig daran orientieren, was andere für richtig halten. Demnach betrachten wir ein Verhalten in einer gegebenen Situation in dem Maß als richtig, in dem wir dieses Verhalten bei anderen beobachten. Mode ist hier eines der besten Beispiele. Es ist klar, dass wir uns im Geschäftsleben angemessen kleiden – so wie es der Business-Knigge vorsieht. Stellen Sie sich vor, Sie haben bei Ihrer Hausbank einen Termin für eine Beratung vereinbart, weil Sie Geld für Ihre Altersvorsorge anlegen wollen. Die Bankangestellte unterbreitet Ihnen daraufhin Kaugummi kauend, in Jogginghosen, bauchfreiem Top, Flipflops und mit einem Piercing in der Augenbraue ein Angebot. Hätten Sie ein gutes Gefühl, Ihr Geld dieser Bank anzuvertrauen? Ein weiters Beispiel ist dieses: Barkeeper legen am Anfang des Abends gerne ein paar Geldscheine in ihr Trinkgeldglas. Dadurch soll der Eindruck erweckt werden, ein Scheinchen zu geben, sei ein angemessenes Verhalten in diesem Lokal. Auch die Werbung argumentiert gern damit, dass ein Produkt die höchsten Zuwachsraten hat oder das meistverkaufte ist.

Starke Nachahmungseffekte können dabei sowohl bei Kindern als auch bei Erwachsenen beobachtet werden – und zwar auf so unterschiedlichen Gebieten wie Kaufentscheidungen, Konsumfreudigkeit und der Überzeugung eines Produkts. Unter zwei Bedingungen ist dieses Prinzip besonders einflussreich: Wenn Unsicherheit im Spiel ist oder die Kraft der Referenz wirkt.

Wenn also Verhandelnde unsicher sind oder die Situation mehrdeutig ist, ist die Wahrscheinlichkeit größer, dass sie ihre Aufmerksamkeit auf die Handlungen anderer richten und deren Verhalten als das richtige ansehen. Stellen Sie sich vor, Sie wollen sich eine neue Digitalkamera kaufen. Sie wissen wenig von Kameras, gehen in ein großes Elektrofachgeschäft und sehen gleich am Eingang des Geschäftes einen großen Stapel Kameras aufgebaut – vom Boden bis in Greifhöhe und daneben einen Aufsteller, auf dem in großen Buchstaben steht »Europas meistgekaufte Spiegelreflexkamera, Testsieger in vier Fotomagazinen«. Vielleicht handeln Sie so wie viele Menschen und denken sich, was viele kaufen, muss auch gut sein, und greifen zu. Der Vorteil des Prinzips der sozialen Bewährtheit liegt auch hier wieder darin, dass wir in unserer komplexen Umwelt eine Orientierungshilfe finden und davon ausgehen, dass andere recherchiert und verglichen haben und wir uns auf die Meinung der anderen verlassen können. In den meisten Fällen sind diese Annahmen auch richtig. Eine Falle kann es dann werden, wenn das bewusst als Beeinflussungsprinzip genutzt wird.

Die zweite Bedingung lautet: Man neigt eher dazu, es jemandem gleich zu tun, der einem ähnlich ist. Arbeiten Sie beispielsweise im Verkauf, so benutzen Sie Aussagen von Referenzgebern, die Ihrem Kunden ähnlich sind. Stellen Sie sich vor, Sie suchen einen neuen Zahnarzt. Was werden Sie tun? Das Telefonbuch aufschlagen und willkürlich einen herausgreifen, der vielleicht bei Ihnen in der Nähe ist? Nein, vermutlich werden Sie sich im Familien- und Freundeskreis, also unter Menschen, die Ihnen ähnlich sind, umhören und Empfehlungen einholen, um im Anschluss auf deren Rat hin einen Zahnarzt auszuwählen.

Fünf professionelle Arten soziale Bewährtheit zu untermauern

Es gibt verschiedene Arten, professionell die eigene Kompetenz zu unterstreichen. Üblicherweise werden folgende fünf Instrumente in Verhandlungen eingesetzt:

- *Referenzen* – Qualifizierende Beurteilung oder Empfehlungsschreiben vorheriger Aufträge / Kunden benutzt der Verhandelnde zum Aufbau von Vertrauen. »Wir sind bereits für folgende Kunden tätig …«
- *Erfahrungen* – Im Einzelfall werden bestimmte Erlebnisse und Vorerfahrungen zum Besten gegeben: in Form von selbst erlebten und damit selbst wahrgenommenen Ereignissen oder allgemein – und dann im Sinne von »Lebenserfahrung« – in Form der Gesamtheit aller Erlebnisse, die ein Verhandelnder jemals gehabt hat. »Ich habe selbst vier Jahre in China gelebt und dort viel mit Chinesen verhandelt.«
- *Empirie* – In der Wissenschaft spielt Empirie eine wichtige Rolle. Denn für wissenschaftliche Aussagen ist gefordert, dass sie auf der Grundlage systematischer und objektiver Beobachtungen zustande kommen, wozu beispielsweise methodisch streng kontrollierte Messungen oder Experimente gehören können.
- *Empfehlungen* – Sie sind eine meistens unverbindliche, in der Regel verbale Hilfe, die ein Ratgeber oder »Mentor« anbietet. Ein

Ratschlag ist üblicherweise keine direkte Lösung eines Problems, sondern zeigt den ersten Schritt zur Lösung auf. Er macht deutlich, wie auch schon andere die Situation geklärt haben.
- *Benchmarks* – Sie sind ein systematischer und kontinuierlicher Prozess des qualitativen und quantitativen Vergleichens von Produkten, Dienstleistungen und Prozessen im eigenen Unternehmen.

Schutz vor Manipulation durch das Prinzip der sozialen Bewährtheit

Um Ihre Anfälligkeit gegenüber sozialer Bewährtheit zu reduzieren, empfiehlt es sich, Referenzen, Erfahrungen, Empirie, Empfehlungen und Benchmarks auf ihren Wahrheitsgehalt zu hinterfragen und kritisch zu überprüfen, ohne sich blenden zu lassen. Nehmen Sie sich zum Überprüfen genügend Zeit. Vergessen Sie nicht: Sie dürfen auch als Einzelner immer nein zu einem Angebot sagen. Nur weil alle anderen von etwas überzeugt sind, muss es noch nicht richtig sein. Sie werden bloß mit mehr Widerstand zu rechnen haben.

Sympathie – Gewinn durch innere und äußere Attraktivität

Menschen haben eine höhere Bereitschaft, sich von jemandem überzeugen zu lassen, den sie kennen und sympathisch finden. Genau dieses Wissen steckt hinter dem vierten Beeinflussungsprinzip von Cialdini.

Die Sozialpsychologie spricht in diesem Zusammenhang von der »Sympathieregel«. In Verhandlungen machen wir uns dieses Prinzip oft in Form von Small Talk zunutze. In der Eröffnungsphase der Verhandlung versucht der professionell Verhandelnde erst einmal, gemeinsame Themen und Anknüpfungspunkte mit dem Verhandlungspartner zu finden. »Ach, Sie haben auch drei Söhne, wie alt sind denn die Ihrigen?« Oder: »Ich komme immer wieder gerne zu Ihnen nach Berlin. Die Stadt fasziniert mich schon

lange.« Oder: »Wir kennen uns noch nicht, ich soll Sie von Ihrem guten Bekannten Herrn von Tobensteck grüßen. Wir spielen zusammen Tennis.«

Erfolgreiche Menschen wirken darauf hin, dass sie mit positiven Dingen assoziiert werden. Mit ehrlichem Lob und Anerkennung fördern sie in aller Regel die Sympathie und damit auch die Bereitschaft anderer Menschen, sich überzeugen zu lassen. Sie erhöhen durch wiederholte Kontakte die Vertrautheit. Häufig bleiben sie mit kleinen Aufmerksamkeiten am Ball.

Für den Verhandelnden ist es nun interessant zu erfahren, welche Faktoren es denn genau sind, die Sympathie und Zuneigung hervorrufen. Cialdini nennt in seinem Buch fünf Aspekte:

- äußere Attraktivität
- Ähnlichkeit
- Komplimente
- Kooperation
- Positivität

Äußere Attraktivität

Ein gut aussehender Verhandelnder genießt Vorschusslorbeeren. Er wirkt sympathischer, es fällt ihm leichter zu überzeugen, er erhält öfter Hilfe. Von »Manipulatoren« werden diese Stereotype weidlich ausgenutzt. So erhalten gut aussehende Politiker mehr Stimmen. Körperliche Attraktivität scheint einen »Halo-Effekt« nach sich zu ziehen, d.h., der positive Eindruck wird auf andere Persönlichkeitseigenschaften übertragen. So hat die Forschung gezeigt, dass wir gut aussehenden Menschen automatisch positive Eigenschaften wie Begabung, Freundlichkeit, Ehrlichkeit und Intelligenz zuschreiben. Das gilt sowohl für die Werbung als auch für die Politik, die Rechtsprechung, für Bewerbungssituationen und natürlich für Verhandlungen.

Ähnlichkeit

Neben der Attraktivität ist die Ähnlichkeit einer der wichtigsten Sympathieträger. Waren Sie schon einmal in der Türkei? In Istanbul? Erinnern Sie sich an die orientalischen Düfte, die geschäftige Betriebsamkeit der Basare und die orientalische Musik? Kupfer- und Keramikarbeiten sind beliebte Mitbringsel. Im Großen Basar ist Handeln oberstes Gebot. Vielleicht haben Sie eines der kleinen Geschäfte betreten, eine Vase in die Hand genommen und der freundliche Verkäufer fragte Sie als Erstes: »Where are you from?« Sie antworteten: »I'm from Germany. From Cologne.« Und der Verkäufer sprach weiter mit Ihnen auf Deutsch: »Ah, aus Köln. In Köln habe ich 20 Jahre gearbeitet ...«, und wenn Sie statt aus Köln, aus Hamburg oder Stuttgart kommen, dann hatte er mindestens einen Bruder oder Onkel, der dort gearbeitet oder gelebt hat.

Wir mögen Menschen, mit denen wir Gemeinsamkeiten haben oder die uns ähnlich sind, wobei sich diese Ähnlichkeit auf Haltungen, Charaktereigenschaften, die Herkunft oder unseren Lebensstil beziehen kann. So ergab zum Beispiel die Untersuchung von Verkaufsunterlagen von Versicherungsunternehmen, dass Kunden eher geneigt waren, eine Versicherung abzuschließen, wenn zwischen ihnen und dem Vertreter Ähnlichkeit hinsichtlich Alter, Religion, politischer Einstellung und Tabakkonsum bestand. Wie nutzen Sie nun dieses Wissen in Verhandlungen?

PRAXIS-ÜBUNG

Sammeln Sie fünf Fragen, die Sie Ihrem Verhandlungspartner bei der nächsten Verhandlung stellen werden, um Gemeinsamkeiten herauszufinden.

1. ______________________________

2. ______________________________

3. ______________________________

4. ______________________________

5. ______________________________

Sammeln Sie fünf Themen, bei denen Sie Gemeinsamkeiten sehen oder vermuten und die Sie selbst einbringen können. Das können Small-Talk-Themen sein, private Interessen oder berufliche Anknüpfungspunkte.

1. ______________________________

2. ______________________________

3. ______________________________

4. ______________________________

5. ______________________________

Komplimente

Die Mitteilung, dass uns jemand sympathisch findet, kann ein erstaunlich wirksames Mittel sein, Gegenliebe und Bereitschaft zur Einwilligung zu erzielen. Menschen lieben es geradezu, wenn ihnen geschmeichelt wird. Selbst wenn wir den Versuch erkennen und den Schwerenöter entlarven, neigen wir unbewusst dazu, dem Lob zu glauben und denjenigen zu mögen, der es spendet.

CASE STUDY: KAI KÖNIG KAPERT KAP HOORN

CASE STUDY

Seit drei Wochen ist Niels in Berlin. Er arbeitet beinahe rund um die Uhr. Jetzt muss nur noch der Bau des Messestandes geklärt werden, dann wird es wieder etwas ruhiger. Niels betritt das Büro des Messebauers »König« in Berlin. Er möchte ein Angebot diskutieren und über einen Preisnachlass verhandeln.

NIELS: »Hey, das ist doch eine Seekarte von Kap Hoorn! Sind Sie Segler?«

KAI KÖNIG (MESSEBAUER): »Ja, ich habe mir letztes Jahr zu meinem 40. Geburtstag einen Traum erfüllt und bin einmal ums Kap gesegelt! War eine tolle Zeit. In zwei Wochen einmal rund herum von Chile nach Argentinien. Segeln Sie auch?«

NIELS: »Ja, ich komme aus Hamburg und bin am Wasser groß geworden. Mein Vater hatte ein Segelboot an der Ostsee, da haben wir viele Urlaube verbracht. Segeln liegt mir quasi im Blut. Aber Kap Hoorn – Respekt! Das ist auch von mir ein ganz großer Traum.«

▶ ANALYSE

Die Verhandlung beginnt in gelöster Atmosphäre. Das gemeinsame Interesse am Segeln und die Bewunderung, die Niels für die seglerische Herausforderung glaubhaft unterstrichen hat, schaffen eine konstruktive Verhandlungsbasis. Am Ende einigen sich Niels und der Messebauer auf eine abgespeckte Version des Messestandes.

Kooperation

Vertrautheit beeinflusst Sympathie. Sympathie beeinflusst Vertrautheit. Diese Wechselseitigkeit ist allerdings eng mit der Art und Weise der Erfahrungen, die man gemacht hat, verknüpft. Erziele ich mit einem Verhandlungspartner positive Ergebnisse, werde ich ihm von Mal zu Mal mehr vertrauen. Bin ich unzufrieden mit dem Ergebnis, werde ich ihn unsympathischer finden und weniger vertrauen. Profis der Beeinflussungspsychologie werden deshalb immer darauf achten, dass ein Ergebnis erzielt wird, mit dem beide Parteien zufrieden sind. Natürlich werden sie das auch zum

Ausdruck bringen. »Wir wollen an einem Ergebnis zum beiderseitigen Nutzen arbeiten.« Oder: »Wir ziehen doch beide an einem Strang.« Oder: »Ich werde mal mit dem Chef reden, was noch wegen des Preises machbar ist.«

Ein gutes Beispiel für die professionelle Ausbeutung der Kooperationsregel ist die »Tupperware-Party«. Diese inzwischen oft kopierte Distributionsmethode einer Verkaufsveranstaltung im privaten Umfeld ist im hier betrachteten Kontext besonders interessant, weil neben Sympathie auch noch weitere »Waffen der Beeinflussung« eingesetzt werden. Die meist weiblichen Interessentinnen bekommen kleine Geschenke (Reziprozität) und fühlen sich verpflichtet, ebenfalls etwas zu kaufen, wenn die Freundinnen zugreifen. Auch das Knappheitsprinzip greift oft und gerne, wenn beispielsweise die Anzahl der Produkte und auch der Zeitraum begrenzt sind. Was die Kooperation anbelangt, sind wir am ehesten bereit, Bitten von den Leuten nachzukommen, die wir kennen und mögen. Diese Regel wird nun von völlig fremden Leuten dazu benutzt, uns zu etwas zu verleiten. Bei solch einer Party kauft man zum Beispiel die Waren der Firma Tupperware von einer – befreundeten – Gastgeberin, die an den Einnahmen beteiligt ist. Auf diese Weise werden Anziehungskraft, Wärme, Sicherheit und Verbundenheit von Freundschaften in die Verkaufssituation eingebracht. Der Grad der freundschaftlichen Verbundenheit ist hier doppelt so ausschlaggebend für den Kauf eines Artikels wie die Vorliebe für das Produkt selbst. Die Sympathie für den Gastgeber ist ein Aspekt, der in vielen Fällen zur Kooperation stimuliert.

Positivität

Überbringen Sie nicht auch lieber positive als negative Nachrichten? Dann geht es Ihnen wie den allermeisten Menschen. Das ist auch so, wenn wir nicht selbst für den Inhalt der Nachricht verantwortlich sind. Erklärbar ist dies durch das Pawlow'sche Prinzip der »klassischen Konditionierung«. Eine Person wird allein aufgrund ihrer räumlichen und zeitlichen Nähe zu einem gewissen Ereignis mit diesem verknüpft. So kann etwa der Betreiber eines Callcenters, der seine Mitarbeiter zu einem Kundenorientierungsseminar geschickt hat, von der positiven Ausstrahlung einer Trainerin schwärmen, die mit ihrem Elan und ihrem sprühenden Charme selbst

Teilnehmer, die das Seminar nicht freiwillig besuchen wollten, in den Bann zog. Die Kundenzufriedenheit des Callcenters verbesserte sich schließlich messbar um 20 Prozent. Das lag daran, dass die Trainerin kleine Kärtchen mit lachenden Gesichtern verteilt und die Teilnehmer gebeten hatte, diese Karten neben Ihren Telefonarbeitsplatz zu hängen. So wurden die Mitarbeiter des Callcenters jeden Tag daran erinnert, die Vorhaben umzusetzen, die sie sich im Training vorgenommen hatten. Der Anker des Kärtchens war mit dem positiven Erleben des Trainings verknüpft worden.

PRAXIS-ÜBUNG

Sammeln Sie jeweils drei Punkte zu den beiden folgenden Fragen.

Wie können Sie Positivität in Ihren Verhandlungen bewusst einsetzen?

1. ______________________________

2. ______________________________

3. ______________________________

Was sind positiv besetzte Aspekte, die Sie gezielt als Anker nutzen können?

1. ______________________________

2. ______________________________

3. ______________________________

Wie Sie es vermeiden, in die Sympathiefalle zu tappen

Wenn Sie sich in der Helikopter-Perspektive bewegen und die Verhandlungssituation für sich analysieren, dann achten Sie auf Ihr Gefühl. Ist Ihnen der Verhandlungspartner schneller und intensiver als gewöhnlich sympathisch geworden? In diesem Fall sollte bei Ihnen zukünftig ein Warnlämpchen angehen. Trennen Sie dann den Verhandlungspartner von dem

Verhandlungsgegenstand und fragen Sie sich, ob Sie sich auf die Übereinkunft wirklich einlassen wollen.

Autorität – vom Schein und Sein des Expertentums

Das fünfte Beeinflussungsprinzip von Cialdini ist das Autoritätsprinzip. Wie es funktioniert und wie es in Verhandlungen eingesetzt wird, erfahren Sie im folgenden Teilkapitel. Kennen Sie den Begriff »graue Eminenz«? Gemeint sind damit Experten im Hintergrund, die meist die Fäden ziehen, indem sie Ratschläge geben und Meinungen bilden. Sie haben beispielsweise Autorität.

> *»Unter Autorität versteht man das Ansehen und die Macht einer Person. Durch dieses Ansehen und die Macht nimmt die Person Einfluss auf andere Personen. Autorität kann man erlangen aufgrund von Wissen und Leistungen oder man kann Autorität auch aufgrund eines Amtes erlangen und ausüben.«* WISSENSCHAFTLICHER RAT DER DUDENREDAKTION

Durch Sozialisationsmechanismen lernen wir von klein auf, uns Autoritäten unterzuordnen und zu fügen. Auch wenn die »Frau Mutter« und der »Herr Vater« heute durch unzählige Koseformen ersetzt wurden, sind wir doch prägenden Einflüssen von Autoritäten in Kindheit, Schule und während der Ausbildung ausgesetzt. Denn oft ist es sinnvoll, den Direktiven echter Autorität zu folgen, da diese über mehr Wissen, Erfahrung und Macht verfügen. Aus diesen Gründen kann gedankenlose Autoritätshörigkeit auch als Möglichkeit dienen, sich das Entscheiden zu vereinfachen. Als kleine Kinder stellen wir fest, dass es von Vorteil ist, dem Rat einer Autorität zu folgen, denn diese Autoritätsperson weiß, was richtig und falsch ist, beschützt uns, lehrt uns Neues und entscheidet sogar über Belohnung und Bestrafung. Der Erwachsene überträgt die gleichen Mechanismen dann auf hierarchisch übergeordnete Personen. Das können Vorgesetzte, die Geschäftsleitung, Richter, Ärzte und so weiter sein. Wie wenig kritisch Menschen sind, wenn Sie von Autoritätspersonen angewiesen werden, Dinge zu tun, zeigt das Milgram-Experiment.

DAS MILGRAM-EXPERIMENT

EXKURS

Das Milgram-Experiment ist ein erstmals 1961 in New Haven durchgeführtes psychologisches Experiment, das von dem Psychologen Stanley Milgram entwickelt wurde, um die Bereitschaft durchschnittlicher Personen zu testen, autoritären Anweisungen auch dann Folge zu leisten, wenn sie in direktem Widerspruch zu ihrem Gewissen stehen. Das Milgram-Experiment sollte ursprünglich dazu dienen, Verbrechen aus der Zeit des Nationalsozialismus sozialpsychologisch zu erklären. Dazu wollte man die »*Germans are different*«-These prüfen, die davon ausging, dass die Deutschen einen besonders obrigkeitshörigen Charakter haben. Der ganze Ablauf des Experiments war wie ein Theaterstück inszeniert, bei dem alle, außer den Probanden, eingeweiht waren. Der Versuch bestand darin, dass der »Lehrer« (Proband) dem »Schüler« (Schauspieler) bei Fehlern in der Zusammensetzung von Wortpaaren jeweils einen elektrischen Schlag versetzen sollte. Dabei wurde die Spannung nach jedem Fehler um 15 Volt erhöht. Überwacht wurde der Versuch von »Wissenschaftlern« (ebenfalls Schauspieler) – in diesem Falle den Autoritätspersonen. In Wirklichkeit erlebte der »Schüler« keine elektrischen Schläge, sondern reagierte nach einem vorher bestimmten Schema, abhängig von der eingestellten Spannung. Das Ergebnis des ersten Experimentes war derart überraschend, dass Milgram über 20 Varianten mit jeweils abweichenden Parametern durchführte. 65 Prozent der Versuchspersonen waren bereit, den »Schüler« mit einem elektrischen Schlag mit maximal 450 Volt zu »bestrafen«; allerdings empfanden viele einen starken Gewissenskonflikt. Solange der Versuchsleiter sie anwies weiterzumachen und die Unbedenklichkeit betonte, half es auch nichts, wenn die »Opfer« Schmerzensschreie ausstießen und die »Lehrer« anflehten aufzuhören. Das Experiment wurde vielfach als Beleg dafür verstanden, dass fast jeder Mensch unter bestimmten Bedingungen bereit ist, nicht seinem Gewissen zu folgen, sondern einer Autorität.

Quelle: Wikipedia

Halbgott in Weiß

Man denke nur an die fast schon blinden Gehorsam erzeugende Autorität der Medizin und ihrer Vertreter, der Ärzte. Nicht zufällig bedient sich die Werbung der Autorität von Ärzten, indem sie zum Beispiel Schauspieler engagiert, die in der Rolle eines Arztes ein Produkt anpreisen. Erinnern Sie sich an die Werbung mit der »Zahnarztfrau«? Sie trat im weißen Kittel auf, lieh sich so die Autorität ihres »Göttergatten« und animierte uns als Konsumenten mit gewinnendem Lächeln zum Kauf von Zahnpasta. Ähnliche Autorität haben auch Flugkapitäne, die den Begriff der »Captainitis« prägten der in diesem Zusammenhang bedeutet, dass Kopiloten selbst äußerst fragwürdige Anweisungen und fahrlässige Entscheidungen der Kapitäne nicht infrage stellen, was in schwerwiegenden Fällen bis zum Absturz der Maschinen führen kann. Autorität wird in unserer Gesellschaft sehr stark durch Symbole vermittelt, wobei Titel und Kleidung eine herausgehobene Bedeutung haben. Die automatische Autoritätshörigkeit geht mit einer Tendenz einher, auf bloße Symbole zu reagieren, anstatt auf eigentliche Autorität. Klassische Symbole sind Titel, Kleidung, Autos. Denken Sie nur an Uniformen und die durch sie hervorgerufene Gehorsamstendenz.

Sammeln Sie drei Antworten zur folgenden Frage.

Welche Symbole benutzen Autoritäten in Verhandlungen, um Ihren Status zu unterstreichen?

1. ______________________________

2. ______________________________

3. ______________________________

PRAXIS-ÜBUNG

Verhandeln ohne Autorität

Erstaunlicherweise sind Verhandelnde ohne Autorität durchaus erfolgreich. Oft sind es Spezialisten, die Vorverhandlungen führen, Sondierungsgespräche initiieren, ohne dabei Zugeständnisse zu machen. Interessant ist, dass sie meistens zurückkommen und doch eine erste Richtung, erste Eckpunkte, erste Einschränkungen ausgehandelt haben. Sie wissen, wie sehr die Gegenseite an einer Übereinkunft interessiert ist. Im Anschluss erfolgt dann die »*escalating-authority*-Strategie«, bei der die eigentliche Verhandlung auf einer höheren Ebene geführt wird.

TIPP

Sind Sie selbst mit einem Verhandelnden ohne Autorität konfrontiert, schlagen Sie ihn mit seinen Waffen: Auch Sie können ab sofort nichts entscheiden ohne Ihren Vorgesetzten.

Verhandeln mit limitierter Autorität

Hier unterscheiden wir zwischen vier guten Wegen der limitierten Autorität:

- organisatorische Limitierungen
- strukturelle Limitierungen
- finanzielle Limitierungen
- legale / rechtliche Limitierungen

Limitierte Autorität ist eine Quelle der Stärke in Ihrer Verhandlung. Sie können sagen: »Ich kann Ihnen hier nicht entgegenkommen, da es nicht unserer Unternehmenspolitik entspricht.« Oder: »Wir haben kein Budget dafür eingeplant.« Jede einzelne der vier Arten von Limitierungen macht es der Gegenseite schwieriger, Ihnen Konzessionen abzuringen.

TIPP

Werden Sie selbst mit limitierter Autorität konfrontiert, signalisieren Sie Ihr Verständnis und fragen Sie, was passieren muss, damit eine Ausnahme gemacht werden kann oder wie der Entscheidungsträger eingebunden werden kann.

Verhandeln mit voller Autorität

Aus strategischen Gesichtspunkten ist das Verhandeln ohne oder mit limitierter Autorität oft der geschicktere Weg. Woran das liegt? Besonders, wenn Sie für sich selbst verhandeln, sind Sie oft emotional zu stark involviert, weil das Auto oder Haus, die Anstellung oder der Mitarbeiter für Sie persönlich sehr wichtig sind. In diesen Situationen ist es weit schwieriger Distanz zu wahren. Menschen neigen dazu, zu schnell zu fordern oder Zugeständnisse zu machen. Auch wenn es natürlich vorteilhaft ist, selbst die Entscheidung zu treffen, wissen Sie doch auch immer, dass Sie die volle Verantwortung dafür tragen.

Besonders in Situationen, in denen Sie die volle Autorität haben, achten Sie auf genügend Bedenkzeit.

TIPP

Wie Sie herausfinden, wie viel Autorität Ihr Verhandlungspartner hat

Es gibt mehrere Möglichkeiten, herauszufinden, wie viel Autorität der Verhandlungspartner hat:

- Fragen Sie direkt nach.
- Finden Sie die Grenzen heraus, bis zu denen das Entscheidungsmandat Ihres Gegenübers geht.
- Machen Sie sich mit der Unternehmenskultur vertraut (flache Strukturen = viel Entscheidungsmacht; viele Ebenen = wenig Entscheidungsmacht).
- Versuchen Sie vom Vorgesetzten der Gegenseite zu erfahren, ab wann dieser die Verantwortung übernimmt.

Klären Sie im Vorfeld außerdem den Zeitpunkt, bis zu dem die endgültige Entscheidung getroffen sein soll: »Wie viel Zeit wollen wir uns nehmen, um zu einem Ergebnis zu kommen?« Wenn Sie Vorerfahrungen haben, verweisen Sie auf diese: »Beim letzten Mal habe ich sechs Monate mit Ihrem Einkäufer verhandelt, um dann festzustellen, dass er die Entscheidung nicht treffen darf. Das möchte ich nicht noch einmal. Mit wem kann ich diesmal verhandeln, damit wir schneller zu einem Ergebnis kommen?«

Diese Empfehlungen zum Umgang mit Autorität helfen in vielen Situationen. Sie stoßen dann an Grenzen, wenn die Gegenseite Autorität gezielt einsetzt, um kompetitiv zu verhandeln. In diesem Fall ist es wichtig, dass Sie Ihre BATNA kennen (beste Alternative zum zu erreichenden Verhandlungsergebnis) und sich im Zweifelsfall für die BATNA entscheiden und eine Verhandlung abbrechen (siehe Kapitel 2).

Knappheit – Mangelware ist Qualitätsware

Als bei Volkswagen Ende 2007 / Anfang 2008 der Tiguan auf den Markt kam und die Nachfrage angeheizt wurde durch die Werbeträger Heidi Klum im schwarzen und Seal im weißen Wagen, waren bald monatelange Lieferzeiten die Folge. Und die Kunden suchten sich nicht etwa eine Alternative. Nein, sie warteten bis zu acht Monaten auf ihre Fahrzeuge. Ein schönes Beispiel für das Knappheitsprinzip, welches das letzte der sechs Beeinflussungsprinzipien ist. Und natürlich kann auch das Knappheitsprinzip beim Verhandeln genutzt werden.

In jedem Menschen steckt ein natürlicher kleiner Ökonom. Dem Knappheitsprinzip zufolge messen wir Dingen oder Gelegenheiten einen höheren Wert bei, die weniger erreichbar sind. Das Prinzip speist sich aus zwei Quellen. Zum einen sind Dinge, die schwer zu bekommen sind, auch tatsächlich meist wertvoller. Die Knappheit wird damit zum Indikator für Qualität. Zum anderen erleben wir die Unerreichbarkeit einer Sache als Einschränkung unserer Freiheit – und streben Freiheit in der Folge umso stärker an.

Sozialpsychologen wissen, dass viele Menschen die Schwäche haben, etwas gerade dann zu wollen, wenn es kaum noch zu haben ist. Fast jeder ist anfällig für dieses Prinzip. Es besagt, dass uns Möglichkeiten umso wertvoller erscheinen, je weniger erreichbar sie sind – egal ob es sich um die (kleine) Menge oder die (eng begrenzte) Zeit handelt, in der etwas zu haben ist. Das gilt auch für Informationen: Sie sind umso begehrter und überzeugender je exklusiver sie erscheinen. Der Fachbegriff hierfür ist »Reaktanz«. Offenbar ist unser Interesse an einer Sache, die knapp ist, dann noch größer, wenn wir mit anderen um sie konkurrieren müssen.

LITERARISCHES BEISPIEL FÜR REAKTANTES VERHALTEN

EXKURS

Ein berühmtes Beispiel in der Literaturgeschichte stellt eine Episode der Figur des Tom Sawyer dar. Die Figur stellt allerlei Streiche an. Der Junge, der bei seiner Tante Polly wohnt, versetzt sie so immer wieder in Angst und Schrecken. Zur Strafe bekommt er immer wieder leidige Arbeiten aufgebrummt, die ihn zu Anstand und Ordnung erziehen sollen. Eines Tages wird er – an einem wunderschönen Sommertag – dazu verdonnert, den hauseigenen Zaun zu streichen.

Als der erste Freund bei Tom vorbeischlendert, bleibt der Spott natürlich nicht aus. Doch unser Held lässt sich nicht beeindrucken. »Wer will denn schwimmen, wenn er die Chance bekommt, einen Zaun zu streichen«, sagt er und vertieft sich mit allem nur möglichen Enthusiasmus in die Arbeit, trägt hier einen Pinselstrich auf, beäugt dort eine noch nicht perfekt getünchte Stelle. Sein Freund Ben ist ungläubig – und wird neugierig. Ob er vielleicht nicht auch mal ein wenig pinseln dürfe? Tom Sawyer guckt skeptisch: Könne Ben das denn überhaupt gut genug? Seine Tante Polly sei sehr kritisch in solchen Dingen ... Ben wird nervös. Er habe einen Apfel, den er Tom schenken könne! Tom windet sich ein wenig, schließlich willigt er ein. Am Ende des Tages hat er mehrere seiner Freunde davon überzeugt, dass sie nichts lieber wollen, als diesen einen Zaun zu streichen.

Er hat seinem Freund eine Option der Freizeitgestaltung schmackhaft gemacht, auf die er nicht im Traum verfallen wäre – wenn sie nicht so schwer zu erreichen gewesen wäre. Erst dadurch, dass Tom auf seine kritische Tante verwies und damit unterschwellig andeutete, nur die Besten würden eine solche Aufgabe bewerkstelligen, konnte er Ben überzeugen. Mehr noch, der Freund zahlte sogar dafür, die Arbeit zu tun. Den Zaun zu streichen, erscheint nun als etwas ganz Besonderes – und die Tatsache, dass Tante Polly nicht jeden diese Arbeit tun lässt, macht die Möglichkeit nur noch attraktiver. Die Handlung des Zaunstreichens war plötzlich eine exklusive Option.

Quelle: Wikipedia

Wo ist das Knappheitsprinzip beim Verhandeln beobachtbar?

In drei Varianten ist das Knappheitsprinzip besonders in Verhandlungen wirksam. Erstens, wenn es zu einem Übergang von Überfluss zu Knappheit kommt, zweitens, wenn der Zeitraum der Verfügbarkeit begrenzt wird, und drittens, wenn um knappe Ressourcen Konkurrenz besteht.

- *die künstliche Verknappung*
  Die Taktik der kleinen Menge ist eine gängige Methode im Verkauf, um die Lust der Käufer anzustacheln. So läuft beispielsweise im Shoppingkanal des Privatfernsehens ein Zähler mit, der rückwärts zählt, wie viele der Töpfe noch zu haben sind »Noch zehn, noch neun, noch acht, ...« und suggeriert damit »Greifen Sie zu, solange der Vorrat reicht«.
- *die Taktik der begrenzten Frist*
  Die klassische Anwendung in Verhandlungen sieht so aus, dass ein begrenzter Zeitraum dem Verhandlungspartner signalisiert, dass man das Angebot bis zu einem bestimmten Zeitpunkt aufrechterhält und anschließend auf seine BATNA zurückgreift. »Wenn Sie sich nicht bis zum nächsten Sonntag entschieden haben, dann stellen wir das Angebot wieder ins Netz.«
- *die Taktik der verschärften Konkurrenz*
  Durch die Taktik der verschärften Konkurrenz zeigt der Verhandelnde seinem Gegenüber äußerst deutlich seine BATNA. Besonders bei beschränkten Ressourcen, schwächt das psychologisch aufs Massivste die Verhandlungsposition und die Psyche des Verhandlungspartners.

CASE STUDY: »SAG NIEMALS NIE!«

CASE STUDY

Niels möchte seinen alten VW Golf verkaufen. Er formuliert geschickt eine Zeitungsanzeige, die das Interesse der möglichen Käufer wecken soll. Da er gut im Formulieren von Anzeigentexten ist und einen fairen Preis veranschlagt hat, rufen am nächsten Wochenende eine ganze Reihe von Interessenten an. Mit allen Interessenten, die sich den Golf ansehen wollen, vereinbart Niels einen Termin und zwar stets zur gleichen Zeit. Für Sonntagnachmittag um 14.00 Uhr haben dann sechs potenzielle Käufer zugesagt. Dieser kleine Trick, allen den gleichen Termin zu geben, ebnet den Weg für alles Weitere: Es entsteht eine von Konkurrenz um eine begrenzte Ressource aufgeheizte Atmosphäre. Es läuft, wie es meistens läuft. Der erste Interessent kommt, schaut und mäkelt: »Diesen Preis bekommen Sie für diese alte Karre nie!« Damit legt er das typische Autokäuferverhalten an den Tag. Verweist auf Macken und Mängel und will

CASE STUDY

mit diesem Argument den Preis drücken. Psychologisch ändert sich die Situation, als der zweite Interessent vorfährt. Niels bittet ihn freundlich auf der anderen Straßenseite noch ein paar Minuten zu warten. Auf einmal ist nur noch ein Wagen für zwei Kunden verfügbar. Der erste Interessent reagiert, wie Niels es sich wünscht, und pocht auf sein Recht, es sich als Erster überlegen zu dürfen, ob er den Wagen kaufen will. Niels kann zusehen, wie sich die Lockerheit im Auftreten des ersten Kunden verflüchtigt und nervöse rote Flecken in seinem Gesicht auftauchen. Der Kunde weiß, wenn er sich nicht innerhalb der nächsten Minuten für den Golf entscheidet, ist seine Chance unwiderruflich vertan, und die Neuankömmlinge, inzwischen schon vier, die auf der anderen Seite auf der Lauer liegen, werden den Golf kaufen. Innerhalb von einer halben Stunde ist das Fahrzeug verkauft. Der zweite Interessent bekommt den Zuschlag. Er verhandelt keinen Nachlass und Niels ist sehr zufrieden.

▶ ANALYSE

Am Abend versucht er mit Nele die Situation zu analysieren: Die meisten der Interessenten begingen einen Fehler. Die von Niels arrangierte Situation rief ein gesteigertes Interesse an seinem Golf hervor. Das lag nicht daran, dass das Angebot besonders günstig war. Der Druck, der durch den Wettbewerb einer knappen Ressource entstanden war, ließ sie überstürzt reagieren.

Schutz vor Manipulation durch das Knappheitsprinzip

Wenn Sie in Verhandlungen bemerken, dass Sie körperlich übermäßig erregt sind, dann treten Sie auf die Bremse und fragen sich ganz nüchtern: »Warum will ich diese Sache unbedingt haben?« Klären Sie, ob Sie den Verhandlungsgegenstand nur besitzen wollen oder ob Sie ihn wirklich brauchen. Außerdem gilt, wie schon so oft, je besser Sie vorbereitet sind, desto besser wissen Sie, was Ihnen die Sache wert ist, und Sie werden sich nicht hinreißen lassen, aus Gier oder Unüberlegtheit Entscheidungen zu treffen, die Sie später bereuen werden.

AUFLÖSUNG SELF ASSESSMENT 5.1

SELF-ASSESSMENT

Lesen Sie jetzt die »Kaffeefahrt« zum zweiten Mal und vergleichen Sie die Analyse *(kursive Begriffe im Text)* mit Ihren Aufzeichnungen.

... Beim Mittagessen in einem gutbürgerlichen Gasthaus – es gibt tatsächlich drei Gänge und Nele bezeichnet das Essen als »sehr anständig für den Preis« *(Reziprozität)* – sitzt unser junges Paar direkt neben Herrn Tischzieher, dem Reiseleiter. Von ihm ist Nele schon den ganzen Morgen äußerst angetan: gut aussehend (aber kein Schönling), adrett gekleidet, gute Manieren – und so ein gewinnendes Lächeln *(Sympathie)*! »Von dem würde ich mich auch mal auf einen Cocktail einladen lassen«, sagt sie. Niels lächelt angesäuert und kann diese Begeisterung zunächst nicht recht nachvollziehen. Dies ändert sich jedoch schnell, als Herr Tischzieher sich beim Mittagessen als begeisterter Konzertbesucher der Chiemsee-Festspiele entpuppt *(Sympathie/Ähnlichkeit)*. Schnell kommen die beiden über das Programm des kommenden Sommers ins Gespräch. Schließlich sagt der Reiseleiter augenzwinkernd: »Für Sie als Klassikfan hab ich nachher noch was ganz Besonderes!«

Der anschließende Inselrundgang und die Schlossbesichtigung *(Reziprozität)* fallen mit insgesamt einer Stunde etwas knapp aus, und einige Teilnehmer murren deshalb vernehmlich. Aber wenn man an einem Tag die Strecke von München nach Prien und wieder zurück schaffen will, muss man sich halt etwas ranhalten. Die reichhaltige – wenn auch mit zwei Kuchensorten nicht sehr abwechslungsreiche – Kaffeetafel *(Reziprozität)* beruhigt jedenfalls wieder alle Gemüter.

Wenig später steuert der Reisebus ein etwas außerhalb gelegenes Industriegebiet an und hält vor einer äußerlich schmucklosen Halle, in der alles für die zweistündige Verkaufsshow vorbereitet ist. Niels zögert kurz; er überlegt, ob er tatsächlich an so einer Show teilnehmen will. »Eigentlich ist das doch was für meine Oma«, raunt er Nele zu. Sorgfältig beobachtet er den Rest der Gruppe, aber niemand macht Anstalten »auszuscheren«, alle schlagen brav den Weg Richtung Halle ein *(soziale Bewährtheit)*. Da gibt sich auch Niels einen Ruck, hakt sich bei seiner Freundin Nele unter und geht der Menge hinterher. »Was soll man denn auch hier draußen sonst unternehmen, wo es im Umkreis von zwei Kilometern nichts als Fabrik- und Lagerhallen gibt?«, denkt sich Niels.

SELF-ASSESSMENT

Die erste Dreiviertelstunde gestaltet ein Präsentationsprofi, der sich als Herr Treumann vorstellt – *fair trading* ist das Thema *(Sympathie/Kooperation)*. Zunächst beißt niemand aus dem Publikum auf die angepriesenen Datteln, Fruchtsäfte und Gewürze an. Aber dann präsentiert Herr Treumann den Wein »*Patagonian Dream*«. Eine Rarität *(Knappheit)* aus Uruguay (!), ein Spitzenwein von internationalem Format, der Ausbau erfolgt 24 Monate in Eichenholzfässern. Die Önologen-Fachzeitschrift »*Die Rebe*« hat diesen edlen Tropfen kürzlich zum »Wein des Jahres« gekürt *(soziale Bewährtheit)*. Da kaufen auf einmal drei begeisterte Damen und ein nicht minder begeisterter Herr *(soziale Bewährtheit)*. Darauf fasst auch Niels Mut und greift zu – nicht ohne seine Nele darauf hinzuweisen, dass ja schon das Mittagessen allein viel mehr wert gewesen sei als die 19,90 Euro Gesamtkosten, sodass man diesen »großzügigen Menschen doch auch nun etwas zu verdienen geben muss *(Reziprozität)*«. Und da er nun mal das Probierpaket mit zwölf Flaschen Wein in hochwertiger Holzschatulle erworben hat, kauft er auch gleich noch einen ultimativen Star-Korkenzieher. »Ein echtes Sammlerstück. Futuristisch im Look, verblüffend in der Anwendung. Die chrombeschichtete Zinklegierung macht diese Leverpull-Variante zum Erlebnis. Mit passendem Standfuß, Kapselabschneider und Weinverschluss. Zehn Jahre Garantie! Eine absolute Spezialentwicklung, gnädiger Herr, die Sie übrigens auch nur bei uns erwerben können *(Reziprozität)*«, so Herr Treumann, der den Abschluss des ersten Teils der Verkaufsveranstaltung gestaltet – mit weiteren Produkten, die »garantiert nur bei der Chiemsee-Fahrt angeboten werden *(Reziprozität)*«. Nele entscheidet sich nun noch für ein König-Ludwig-Poster.

Der zweite Teil gehört dann wieder ganz Herrn Tischzieher mit Waren aus der Rubrik »Schmankerln aus der Region *(soziale Bewährtheit)*«. Der Renner sind bayerische Spezialitäten in Dosen: Leberkäs, Weißwürste, Schweinebraten. Zu einigen Angeboten gibt es kleine Gratisproben *(Reziprozität)*, und diese Verkostungen scheinen die Kauflust enorm anzuregen. Mit der Zeit steigert sich die Gruppe in einen wahren Kaufrausch *(Knappheit/soziale Bewährtheit)*. Auch Nele und Niels haben schon zwei große Tüten neben ihren Stühlen stehen. Von den internationalen Spezialitäten finden der französische Champagner sowie der russische Kaviar den größten Absatz. Dem Argument, man solle sich doch jetzt noch mit Kaviar eindecken, solange es ihn noch gibt – die EU plane aus Artenschutzgründen ein Einfuhrverbot *(Knappheit)* –, können sich auch Nele und Niels nicht entziehen und kaufen für 400 Euro Kaviar (als Weihnachts-

SELF-ASSESS-MENT

geschenke für die ganze Verwandtschaft). Herr Tischzieher verabschiedet sich, Niels zunickend, mit der Präsentation seiner »*DataVino*«, einer Software zur optimalen Weinkellerverwaltung mit integriertem Weinfachwissen für Microsoft Windows *(Autorität)*. Selbstredend, dass Niels sich eine der drei letzten CD-ROMs sichert.

Abends kommen Lena und Lars, zwei Freunde, auf einen Sprung vorbei und machen sich lustig über den Schund, den Niels und Nele sich haben andrehen lassen. Die reagieren entrüstet, Nele findet das König-Ludwig-Poster richtig schrill und beteuert, dass sie schon immer so eines haben wollte, und Niels öffnet gleich eine Flasche »*Patagonian Dream*« mit dem neuen Flaschenöffner *(Commitment und Konsistenz)*.

ZUSAMMENFASSUNG: PSYCHOLOGIE DER BEEINFLUSSUNG

ZUSAMMEN-FASSUNG

Zur Durchsetzung Ihrer Interessen bringt die Anwendung der Beeinflussungsprinzipien nach Robert Cialdini wesentliche Vorteile. Diese kleinen »manipulativen Teufel« wirken indirekter als der grobe Einsatz von Machtmitteln. Sie können jemanden beeinflussen, ohne dass es Ihrem Verhandlungspartner als Beeinflussung erscheint. Oft neigt Ihr Gegenüber dazu, seine Einwilligung als das Ergebnis natürlicher Kräfte zu sehen und weniger als die Verwirklichung der Pläne einer Person, die von der Einwilligung profitiert.

▶ **Reziprozität – das Geheimnis von Geben und Nehmen**

Kleine Geschenke erhalten die Freundschaft! Überlegen Sie, wie Sie beim Verhandeln in Vorleistung gehen können. Es zahlt sich aus. Wenn nicht gleich, dann später.

▶ **Commitment und Konsistenz – die Power der inneren Überzeugung**

Bewegen Sie Ihren Verhandlungspartner dazu, möglichst viel für die gemeinsame Idee/das gemeinsame Projekt zu tun. Je mehr Personen darüber Bescheid wissen, je höher die Investition in Zeit und Geld, desto größer ist die Wahrscheinlichkeit des Verhandlungserfolges.

- **Soziale Bewährtheit – von Vormachern und Nachahmern**

  Vergessen Sie nicht auf Referenzen zu verweisen und gewinnen Sie möglichst viel Support von anderen. Gemeinsam sind Sie stärker.

- **Sympathie – Gewinn durch äußere und innere Attraktivität**

  Kleine Komplimente hört jeder gerne, und mit ein wenig Vorbereitung finden Sie glaubwürdige Gemeinsamkeiten. Probieren Sie es aus.

- **Autorität – vom Schein und Sein des Expertentums**

  Gewinnen Sie eine Autoritätsperson für Ihr Vorhaben. Unterstreichen Sie Ihre eigene Kompetenz, wo es notwendig ist.

- **Knappheit – Mangelware ist Qualitätsware**

  Vergessen Sie nicht, was knapp ist, das ist wertvoll. Wenn Sie immer alles zu jedem Zeitpunkt anbieten können, kann es auch mal reizlos für die Gegenseite werden.

6. KOMPETITIVES VERHANDELN ZUM DURCHSETZEN DER EIGENEN ZIELE

Es gibt Situationen, da wollen wir das Bestmögliche für uns herausholen. Wie es der Gegenseite dabei geht, interessiert uns wenig – vor allem, wenn wir den Verhandlungspartner nicht wiedersehen werden. Welche Merkmale der harte Verhandlungsstil hat, den wir hier als kompetitiven Stil bezeichnen, werden Sie im folgenden Kapitel erfahren.

SELF ASSESSMENT 6.1

SELF-ASSESS-MENT

Als Projektmanager hat Niels auch Verantwortung für ein Budget übertragen bekommen. Aus diesem Budget soll er nun neue PCs für sein Team beschaffen. Er ist ein wenig aufgeregt, weil es für ihn die erste Verhandlung dieser Art ist und er einen guten Deal machen will. Er weiß, dass sein Vorgesetzter auf das Ergebnis schauen wird. Er ruft die »Getme PCs GmbH« an und spricht mit deren Vertriebsleiter.

NIELS: »Guten Tag, Herr Loucanto. Vor mir liegt Ihr Angebot. Wir hatten neue Rechner und neue Flachbildschirme angefragt. Von der technischen Ausstattung gefällt uns Ihr Angebot sehr gut. Jetzt müssen wir uns nur noch über den Preis einig werden. Sie wissen ja, dass wir ein großes Unternehmen der Luft- und Raumfahrt sind. Wenn Sie uns einen guten Preis machen, stelle ich gerne den Kontakt zu unserer Einkaufsabteilung her.«

SELF-ASSESS-MENT

Herr Loucanto (zeigt sich interessiert): »Das freut mich. Natürlich haben wir beim Preis noch Spielraum, wenn Sie uns einen Großauftrag verschaffen, bekommen Sie natürlich Rabatt. Wie viele PCs und wie viele Flachbildschirme brauchen Sie denn insgesamt?«

Niels (überlegt): »Also bei uns in Ottobrunn sitzen 350 Mitarbeiter. Unser Einkaufsleiter hat mir gestern beim Mittagessen erzählt, dass wir planen, alle PCs auszutauschen.

Herr Loucanto (freudig überrascht): »Also 350 Stück. Sie haben sich ja für das angebotene Modell entschieden – Rechner und Bildschirm zusammen für 1600 Euro. Lassen Sie mich das kurz überschlagen ... Bei 350 Stück kann ich Ihnen 20 Prozent Ermäßigung geben. Das sind dann 1280 Euro pro Paket. Sie sehen, wir wollen Sie gerne als Kunden gewinnen.«

Niels (forsch): »Prima, das freut mich. Wann können Sie liefern?«

Herr Loucato (eifrig): »Wenn Sie mir die Auftragsbestätigung mailen, dann bestelle ich sofort und Sie haben die PCs inklusive Bildschirme in fünf Tagen.«

Niels (freudig): »Das klingt ja wunderbar. Dann statten wir jetzt erst mal unsere Abteilung hier damit aus. Wir brauchen 15 Stück. Wenn dann alles gut klappt, erhalten Sie den Großauftrag.«

Herr Loucato (empört): »Wie, jetzt doch nur 15 Stück!? Also der große Nachlass war jetzt nur auf die 350 Stück bezogen. Wenn Sie nur die 15 Stück brauchen, dann wären das ...«

Niels (unterbricht Herrn Loucanto): »Wenn Sie uns jetzt nicht entgegenkommen wollen, dann ist das wirklich keine gute Basis für eine zukünftige Zusammenarbeit.«

▶ FRAGE

Was sind Niels Erfolgsfaktoren?

Was ist geschickt und wo liegt das Risiko?

Lesen Sie am Ende des Kapitels die Auflösung.

Was ist kompetitives Verhandeln?

Kompetitives Verhandeln ist die Art des Verhandelns, die man landläufig unter hartem Verhandeln versteht. Das Wort »kompetitiv« beschreibt der Duden folgendermaßen: *1 [allg.] auf Wettkampf beruhend, 2 [biol.] sich gegenseitig verdrängend oder behindernd [zu lat. competitor »Mitbewerber«].* Es gibt im Prinzip so viele Taktiken und Methoden des harten Verhandelns, wie es Sachverhalte und Charaktere gibt. Schillernde Persönlichkeiten, dubiose Geschichten und kaum zu glaubende Fälle bieten Stoff für unzählige Kamingespräche, Kriminalgeschichten, Hollywoodfilme und Literatur mit Titeln wie *»Satanische Verhandlungskunst und wie man sich dagegen wehrt«.* Kompetitive Verhandlungen haben eines gemeinsam: Der andere wird nicht als Partner, sondern als Gegner gesehen – und diesen Gegner gilt es zu besiegen. Der Einzelne will seine Interessen um jeden Preis durchsetzen, unter Umständen auch auf Kosten des Gegners. Vier grundlegende Vorgehensweisen lassen sich hier unterscheiden:

- *Strategie des berechenbar harten Verhaltens*
  Wer auf einen Gegner trifft, der diese Strategie anwendet, wird damit rechnen müssen, dass der andere grundsätzlich »dagegen« ist, mit Abbruch droht, gezielt provoziert, durch Fachausdrücke und Fremdwörter einschüchtert und dominant auftritt. In der Regel eilt der Ruf dieser Art den Verhandelnden schon voraus: »Da musst du aufpassen, das ist ein ganz harter Hund!«
- *Strategie des unberechenbar harten Verhaltens*
  Im Gegensatz dazu kann die Verhaltensweise des unberechenbar hart Verhandelnden nicht vorhergesagt werden. Es kann Ihnen passieren, dass Sie dann vollkommen von einer Situation überrascht werden. Diese Verhandelnden werden plötzlich Tatsachen bestreiten, mit Bluffs arbeiten, Unwahrheiten behaupten, gezielt täuschen, Verunsicherung erzeugen und Verwirrung schaffen.
- *Strategie des scheinbar positiven / neutralen Verhaltens*
  Bei dieser Strategie finden wir den anderen sympathisch und erst nach der Verhandlung fällt uns auf, dass wir über den Tisch gezogen worden sind. »Der Wolf im Schafspelz« ist gefährlich und manipuliert subtil, denn er wiegt seinen Gegner in Sicherheit, indem er ihn einlullt und die Schmeicheltaktik oder Mitleidsschiene einsetzt.

- *offensichtlich illegale Strategien*
  Auch das gibt es leider: Bestechung, Korruption, Erpressung und unzulässige Preisabsprachen. Achtung, machen Sie keine Geschäfte jenseits der Legalität! Sie zahlen einen zu hohen Preis dafür. »Die anderen machen es doch auch so« oder »Das ist halt in diesen Kulturkreisen so« wird später vom Staatsanwalt nicht als Erklärung akzeptiert.

Vorteile des kompetitiven Verhandelns

Wenn es ein Markenzeichen der Spezies *Homo sapiens* gibt, dann sind es zwei hoch entwickelte Fähigkeiten des Menschen: die Fähigkeit sich durchzusetzen und die Fähigkeit zur Kooperation. Bei allen Primaten gibt es Stärkere und Schwächere; der Einzelne versucht sich gegenüber seinem Artgenossen einen Vorsprung zu verschaffen. Wie schon Charles Darwin bekannt machte, überleben die Arten, denen es am Besten gelingt, sich anzupassen; es existiert ein »*Survival of the Fittest*«. Was uns beim Beobachten von Schimpansen, Gorillas und anderen Primaten amüsiert: Das Gruppenleben ist geprägt durch Geselligkeit, Kooperation und wechselseitige Unterstützung, aber auch durch Intrigen und Konflikte. Das Leben in sozialen Verbänden erzwingt Absprachen, Kompromisse, Austausch und Gegenleistung, ebenso aber auch Rangkämpfe und Führung. So gesehen wird der andere nicht immer nur als Partner gesehen, sondern auch als Konkurrent betrachtet. Und da wird getrickst, überlistet und betrogen, um das Ziel zu erreichen und den unliebsamen Gegner zu verdrängen und zu vernichten.

Auch der moderne Mensch kommt immer wieder in Situationen, in denen er besser als sein Verhandlungspartner abschneiden will oder muss. Wenn Sie beispielsweise eine Immobilie erwerben, dann wollen Sie für sich den günstigsten Preis erzielen – eine längerfristige Kooperation mit dem Makler wird Sie in den seltensten Fällen interessieren. Hier ist kompetitives Verhandeln gefragt – und von Vorteil. Je mehr Strategien und Tricks der Einzelne kennt, sich auf Kosten des anderen durchzusetzen, desto besser wird das Ergebnis zu seinen Gunsten ausfallen. Der Vorteil für den Verhandelnden liegt beim kompetitiven Verhandeln darin, dass er besser als der andere sein kann, dass er mehr bekommen kann.

Nachteile des kompetitiven Verhandelns

In der Verhandlung selbst tritt beim kompetitiven Verhandeln schnell eine Verhärtung der Positionen ein. Damit einher geht ein Gefühl der Ungerechtigkeit. Warum sollen wir jemandem entgegenkommen, der uns unfair behandelt? Wir haben ein gutes Gedächtnis. Sobald wir mehr als einmal mit der gleichen Person am Verhandlungstisch sitzen, erinnern wir uns, wie wir behandelt worden sind. Wer uns nicht fair begegnet ist, wird nicht damit rechnen können, zukünftig Kooperation zu erwarten. Die Bereitschaft, jemandem entgegenzukommen, der uns einmal über den Tisch gezogen hat, sinkt rapide. Als Verlierer werden wir zudem unsere Erfahrungen weitertragen. Negatives Empfehlungsmarketing stellt einen großen Schaden dar.

Aber hart Verhandeln ist nicht gleich hart Verhandeln. Es gibt verschiedene Spielarten. Im Folgenden konzentrieren wir uns auf die bekanntesten Stile des kompetitiven Verhandelns: Die Komplexitätsmethode und die Hartnäckigkeitsmethode. Sie werden sehen, welchen Vorteil der Verhandelnde hat, wenn er die Methode in gemäßigten Sinne anwendet und wie wichtig es für Sie als Verhandelnden ist, die Techniken zu kennen, um diese gegebenenfalls zu erkennen und abzuwehren. Vorher aber erfahren Sie noch etwas über Verhandlungsreue und die zehn Regeln des kompetitiven Verhandelns.

Verhandlungsreue

Fleur und ihr Mann sind im Reisebüro. Sie planen ihren Sommerurlaub. Die beiden haben sich für eine AIDA-Kreuzfahrt entschieden. Die Angestellte im Reisebüro merkt, dass sich das Paar auch nach Abschluss des Vertrages nicht so ganz sicher ist, ob die Entscheidung gut war, da der Preis doch recht hoch ist. »Ein wunderbares Objekt, für das Sie sich entschieden haben«, versichert die Reisebürokauffrau. »Ich bin mir sicher, dass Sie die richtige Entscheidung getroffen haben. Sie werden viel Freude auf der AIDA haben. Alle meine Kunden schwärmen noch jahrelang von dieser traumhaften Schiffsreise, die Sie zu den schönsten Zielen des Mittelmeers führt.«

Berücksichtigen Sie bei allen Verhandlungen – egal welcher Methode Sie folgen – auf alle Fälle die »Verhandlungsreue«. Es gibt Situationen, da sind Verhandelnde sich selbst nicht so sicher, ob die Entscheidung, die sie getroffen haben, richtig ist. Verhandlungsprofis äußern sich nach Abschluss der Verhandlung deshalb nur lobend über den Verhandlungserfolg der Gegenseite. So fühlt sich die Gegenseite in ihrer Übereinkunft bestätigt.

Zehn Regeln des kompetitiven Verhandelns

Hinter dem kompetitiven Verhandeln stecken gewisse Regelmäßigkeiten. Die eine oder andere haben Sie vielleicht schon selbst erlebt.

1. Lassen Sie grundsätzlich die Gegenseite das erste Angebot machen!

Erst das zweite Angebot legt den Bereich fest, innerhalb dessen sich der Verhandlungsspielraum bewegt, und diesen Spielraum sollte nicht die Gegenseite festlegen, sondern Sie selbst. Dabei gibt es eine Ausnahme: Wenn Sie feststellen, dass die Gegenseite keine Ahnung oder keinen Plan hat, dann können Sie sofort den Preis bestimmen, um so einen Anker zu etablieren. So haben Sie die Steuerung des Verhandlungsprozesses in Ihren Händen. Jeder Händler auf dem Basar geht genauso vor.

2. Bezweifeln Sie sofort die Angemessenheit des Angebots!

Geben Sie Ihrem Gegenüber laut und deutlich unter Einsatz Ihrer Körpersprache zu verstehen, dass das Angebot viel zu hoch oder niedrig ist. Nur so signalisieren Sie, dass es nur dann zu einem Ergebnis kommen wird, wenn die Gegenseite sich noch weit bewegen wird. Hier haben *»Drama Queens«* und laute »Polterer« zum Schrecken aller »Vernünftigen« und »Zurückhaltenden« mit viel Geschrei und viel Genuss ihre Bühne.

3. Versuchen Sie Ihr Gegenüber mit konkreten Zahlen zu beeindrucken!

Wenn die Gegenseite beispielsweise 300 000 Euro anbietet, dann sollten Sie Ihre Unterlagen heranziehen, blättern, einen Moment überlegen, vielleicht ein paar einfache Rechnungen auf Ihrem Block oder der Rechenmaschine vornehmen und dann mit Blick auf Ihr Gegenüber eine Summe von 352793 Euro fordern. So vermitteln Sie Ihrem Gegenüber einen fundierten, an Fakten orientierten Eindruck. Sie signalisieren, dass aufgrund von Rahmenbedingungen nur wenig Spielraum vorhanden ist. Hätten Sie 350 000 Euro gefordert, dann wäre das ein Signal gewesen, sich vermutlich irgendwo in der Mitte zu treffen.

4. Nutzen Sie den Verhandlungstanz: Preiskonzessionen werden in immer kleineren Schritten vorgenommen!

Bei Preisverhandlungen ist es wichtig, dass die Konzessionen von Schritt zu Schritt immer kleiner werden. Damit erhält die Gegenseite den Eindruck, dass Sie an Ihrem Limit angekommen sind und auf den Abschluss der Verhandlung hinsteuern. Achtung, der Verhandlungstanz hat im Geschäftsleben ein schlechtes Image. Übertrieben eingesetzt wirkt er extrem unseriös.

Stellen Sie sich vor, Sie verkaufen auf einem Flohmarkt ein Hirschgeweih. Es gibt einen interessierten Käufer, dem Sie das gute Stück für 100 Euro anbieten. Im ersten Schritt gehen Sie auf 90 Euro runter. Der zweite Schritt sollte dann bei 83 Euro liegen, Ihr viertes Angebot bei 77 Euro, das fünfte bei 72, das sechste bei 68 Euro und das siebente finale Angebot sollte 65 Euro lauten. Wenn Sie bei 65 Euro angekommen sind, dann weiß der Käufer, dass Sie Ihr Limit bald erreicht haben. Wenn Sie im zweiten Schritt von 90 Euro und auf 80 Euro gegangen wären, dann hätte Ihr Gegenüber geglaubt, dass Ihre Sprünge weiter in Zehnerschritten gehen. Sie hätten bis zum Schluss das Gefühl vermittelt, dass weiterer Verhandlungsspielraum besteht.

Grafisch dargestellt sieht der Verhandlungstanz folgendermaßen aus:

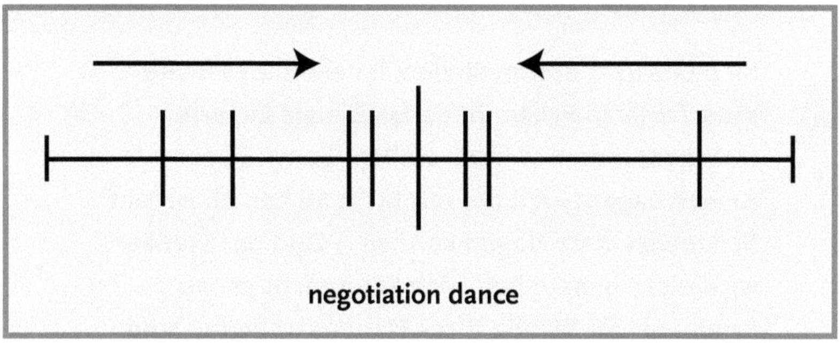

5. Stellen Sie sich bewusst dumm!

Können Sie sich noch an den Fernsehstar »Columbo«, dargestellt von Peter Falk, erinnern? Er ist ein brillantes Beispiel dafür, wie jemand, der sich bewusst dumm stellt, gegenüber der Gegenseite einen Vorteil hat. Inspektor Frank Columbo ermittelt für die Polizei von Los Angeles in Mordfällen, die sich meist in Kreisen der gehobenen Gesellschaft abspielen, oft unter Prominenten. Die Verdächtigen unterschätzen den Inspektor regelmäßig. Columbo wirkt schusselig, naiv und lullt damit den Hauptverdächtigen von Beginn der Ermittlungen an ein, um ihn in Sicherheit zu wiegen, bis er ihn schließlich als Mörder entlarvt. Inspektor Columbo ist immer klüger, als er wirkt. Wenn er geht, kommt er immer noch einmal zurück, weil er dann doch noch eine Frage hat. Neben seiner Art ist vor allem sein immer gleicher Trenchcoat berühmt, der von Anfang an alt aussieht und es im Laufe der Serie auch wird, da Falk tatsächlich immer denselben trägt. Erst 1992 ist der Mantel ausgewechselt worden. Auch das Auto, das Columbo fährt, ist uralt und gelegentlich reparaturbedürftig, wenn nicht kurz vor dem Auseinanderfallen. Er verhält sich so, als sei er absolut hilflos; das führt ganz oft dazu, dass die Kriminellen versuchen, ihm bei der Aufklärung seiner Fälle zu helfen. Ganz ohne Gewalt und Drohungen überführt er die Täter mit geschickt platzierten Fragen und detaillierter Recherche, wobei sich die Verbrecher dank seiner scheinbar trotteligen Art fälschlicherweise meist in Sicherheit wiegen. Am Ende einer jeden Folge jedenfalls ist der Fall für Inspektor Columbo gelöst.

Also stellen Sie sich in Verhandlungen ruhig auch mal bewusst dumm!

TIPP

Sich bewusst dumm stellen, ist allerdings keine gute Taktik in Fällen, in denen Sie als Experte wahrgenommen werden wollen. So wird kein Anwalt sagen: »Ich bin mir nicht sicher, ob wir auf Schadensersatz klagen können.« Und der Statiker wird nicht behaupten: »Ich kann nicht genau sagen, ob die Wände Ihres Hauses tragfähig sind oder nicht.« Mit Sicherheit werden solche Aussagen Ihre Glaubwürdigkeit und Ihren Ruf beeinträchtigen.

6. Teilen Sie große Summen in kleinere Einheiten auf!

Falls Sie glauben, die Gegenseite könnte von der Höhe des Angebots schockiert sein, dann splitten Sie den großen Betrag in mehrere kleine Einheiten.

Gut beobachten kann man diese Vorgehensweise bei Immobilienmaklern, die statt des gesamten Grundstückspreises gerne den Quadratmeterpreis aufführen, oder bei Banken, die die Zinssätze aufzeigen, ohne die Gesamtsumme im Bankgespräch sofort zu nennen. Auch Versicherungsvertreter sprechen gerne von Monatsbeiträgen für Ihre Kranken- oder Autoversicherung statt von Jahresbeiträgen, um so einen Schock, der durch zu hohe Preise ausgelöst werden könnte, zu vermeiden.

7. Nutzen Sie die Macht des geschriebenen Wortes und geben Sie schriftliche Angebote ab!

Erstaunlicherweise werden Preisangebote, die schriftlich eingereicht werden, sehr viel seltener verhandelt, als Angebote, die mündlich gemacht werden. Bei schriftlichen Angeboten wird der Preis oft als »gesetzt« angesehen.

Das Prinzip der Schriftlichkeit hat sich vor allem bei Preisverhandlungen bewährt. In der Verhandlung wird hierdurch eine hohe Relevanz für die Festlegung von Teil- und Zwischenergebnissen erreicht. Ein Argument gewinnt besonders an Bedeutsamkeit, wenn es visualisiert wird.

8. Seien Sie diskret!

Je weniger Sie Ihr Interesse am »Objekt Ihrer Begierde« zum Ausdruck bringen, desto mehr stärken Sie damit Ihre Verhandlungsposition. Profis des kompetitiven Verhandelns sind daher zurückhaltend im Bekunden des eigenen Interesses und benutzen sogar ab und an die Taktik, bei anderen den Eindruck zu erwecken, sich nur informieren zu wollen, ohne ein konkretes Kaufinteresse zu haben.

9. Fragen Sie nach so vielen Konzessionen wie möglich – unabhängig von der reinen Preisverhandlung!

Der erfahrene kompetitiv Verhandelnde wird nicht nur mit einer extremen Eröffnungsposition bei der Preisverhandlung starten, sondern gleichzeitig versuchen, die Komplexität der Verhandlung zu steigern, indem er darüber hinaus zusätzliche Services oder Dienstleistungen anbietet und fordert. Dadurch können Sie als Verkäufer oder Käufer einen besseren Preis anbieten. Viele Verhandelnde sind beim kompetitiven Verhandeln viel zu sehr auf den Preis fokussiert und merken gar nicht, welche Vorteile derjenige für sich herausholt, der die Komplexität erhöht und mehr und mehr Extras verlangt oder bietet. Eine typische Taktik hierfür ist die »Salami-Taktik«. Scheibchenweise werden kleine Zugeständnisse gefordert. Ist ja nur ein ganz kleines Entgegenkommen, das nicht viel Wert ist, denkt sich die Gegenseite. Bis auf einmal ein richtig großes Stück daraus geworden ist. Interessanterweise lässt sich oft beobachten, dass die Wahrnehmung beim Preisverhandeln so stark eingeschränkt ist, dass oft weitere Möglichkeiten gar nicht gesehen werden.

10. Stellen Sie eine letzte nicht preisgebundene Forderung kurz vor dem Ende!

Bevor Sie am Ende dem Vorschlag der Gegenseite zustimmen, stellen Sie eine letzte, nicht preisbezogene, möglichst als Bitte formulierte Bedingung. Die Chance, dass Ihnen diese Bitte erfüllt wird, ist zu diesem Zeitpunkt sehr hoch.

Die Komplexitätsmethode

Der kompetitiv Verhandelnde nutzt die Komplexität von Verhandlungen, um seinen Erfolg zu maximieren. Da zu Beginn die Verhandlung oft auf eine Verhandlung um einen Geldbetrag reduziert scheint, muss die Komplexität wieder hergestellt oder notfalls sogar künstlich geschaffen werden. Der geschulte Verhandelnde baut so zusätzliche Positionen auf, die er im Kampf um Konzessionen als Tauschwährung einsetzen kann. In einem zweiten Schritt führt die erzeugte Komplexität zur Überforderung des gegnerischen Verhandlungsteilnehmers. Infolgedessen macht die Gegenseite bei den Tauschgeschäften große Zugeständnisse, ohne dies wirklich zu bemerken. Wer auf eine komplexe Verhandlung nicht vorbereitet ist, misst regelmäßig nur seiner eigenen Ausgangsvorstellung den Geldbetrag betreffend einen gesteigerten Wert zu und bewertet seinen Verhandlungserfolg danach, ob er seiner Ausgangsvorstellung nahe gekommen ist. Weil er durch die Komplexität der Verhandlung überfordert ist, lässt er sich übervorteilen. Die Komplexitätsmethode funktioniert wie folgt:

- *Erzeugen Sie Komplexität:* In einer Verhandlung geht es immer um mehr als einen Verhandlungsgegenstand (meist der Preis). Der geschulte Verhandelnde fügt zusätzliche Punkte hinzu, die er sich vorher überlegt hat. Dazu können auch Punkte gehören, auf die man eigentlich keinen Wert legt. Diese Forderung kann man später als »Konzession« aufgeben.
- *Gewinnen Sie durch Komplexität:* Ein unerfahrener Verhandelnder macht schnell Konzessionen im außerpreislichen Bereich, da er diese wertmäßig nicht einschätzen kann. Nutzen Sie das aus und

konzentrieren Sie sich auf außerpreisliche Konzessionen, die ihren »Preis« mehr als Wert sind.

- *Reduzieren Sie die Komplexität zum Schluss der Verhandlung:* Versuchen Sie in der letzten Verhandlungsphase erzielte Konzessionen in Nebengebieten gegen Preiskonzessionen einzutauschen. Sie können dabei nur gewinnen, da Sie diese Konzession immer wieder zurückziehen können (siehe Case Study).
- *Organisieren Sie Komplexität:* Wenn Sie mit einem komplexen Verhandlungsgegenstand konfrontiert werden, müssen Sie die Komplexität organisieren, um einer Übervorteilung zu entgehen. »Wenn ich Sie richtig verstehe, geht es Ihnen in unserer Verhandlung erstens um den Preis, zweitens um die Zahlungsbedingungen, drittens um die Schulungen und viertens um die Anlieferung. Richtig? Ok, wenn Sie einverstanden sind, lassen Sie uns mit dem Preis beginnen und die anderen Punkte danach abhandeln. Einverstanden? Prima. Dann machen Sie mir doch ein Angebot«. Schritt für Schritt arbeiten Sie die Verhandlung nun ab und vermischen nicht »Äpfel mit Birnen«. Die Verhandlung wird so transparent.

CASE STUDY: NICHTS LOS AM NASCHMARKT? VON WEGEN!

CASE STUDY

Nele und Fleur sind auf einer Konferenz in Wien, sie informieren sich dort über neue Technologien und Entwicklungen auf dem Markt. Da beide die Stadt noch nicht kennen, hängen Sie noch ein Wochenende dran. Am Samstagvormittag besuchen sie den Flohmarkt am Naschmarkt. Unter freiem Himmel bieten Händler Antiquitäten und Raritäten, Bücher, Schallplatten, Bilder, Geschirr und Schmuck an. Hier finden Sammler und Schnäppchenjäger sehr gut erhaltene Stücke, aber auch echten Ramsch. Die Sonne scheint, Nele und Fleur beobachten die Wiener beim Schachern und Feilschen. Bei einem halbprofessionellen Antiquitätenhändler entdeckt Nele einen wunderschönen alten Jugendstilspiegel. Es ist Liebe auf den ersten Blick. Sie sieht in schon über ihrem neuen Bett im Schlafzimmer hängen. Niels wird begeistert sein. Sie will schon darauf losstürzen, als sie von Fleur ausgebremst wird. »Langsam, Sweetheart«, raunt Fleur ihr ins Ohr. »Lass mich mal machen.« Am Spiegel klebt ein Schild, auf dem steht: 500 Euro. Als Fleur und Nele näher herantreten, holt der Händler den Spiegel gerne hervor.

Fleur: »Ein schönes Stück!«

Händler: »Ja, ein Einzelstück. Wiener Secession. Jugendstil, Anfang des 20. Jahrhunderts. So etwas ist heute wirklich selten. Das hat natürlich seinen Preis …«

Fleur: »Natürlich. Was soll er denn kosten?« (Sehr gut, denn der Verkäufer soll den ersten Preis nennen.)

Händler: »Also, ich bin der Leo und wer seid ihr? Ah, zwei Maderl aus München, ja das ist nicht so weit. Was wäre euch denn das gute Stück wert?« (Professionell – der Händler versucht eine persönliche Beziehung aufzubauen und den Spieß umzudrehen; er stellt eine Gegenfrage.)

Fleur: »Ja, schauen wir mal. Wenn Sie uns jetzt mal verraten, was Sie haben wollen?« (Gut – Fleur lässt sich nicht in die Ecke treiben und bleibt hartnäckig. Außerdem bleibt sie beim »Sie« und hält so Distanz.)

Händler: »Na, weil ihr es seid und weil ich heute so gut drauf bin 480 Euro. Aber das muss ich dafür wirklich haben!«

FLEUR: »Das ist definitiv zu viel. Aber der Kaufpreis ist nicht das einzige Problem: Wie ich sehe, muss das gute Stück doch noch einmal überarbeitet und neu gebeizt werden. Außerdem wohne ich 450 Kilometer weit weg in München und kann so einen großen Spiegel schlecht transportieren.« (Fleur steigert die Komplexität und fügt der Verhandlung zwei zusätzliche Elemente hinzu – Restaurierung und Transport.)

CASE STUDY

HÄNDLER: »Das sind kleinere Probleme. Die Restaurierung und – wenn Sie das wünschen – eine erneute Beizung kann ich in meiner Werkstatt schnell bewerkstelligen. Und mit meinem Lieferwagen bringe ich den Spiegel notfalls frei Haus nach München. Wollte eh mal wieder zum Oktoberfest fahren.« (Froh über einen offenbar ernsthaft interessierten Käufer, erkennt der Händler das Problem der Komplexität nur teilweise und konzentriert sich weiter nur auf seinen »Erfolgsfaktor«, den Kaufpreis. Fleur hat zwei Zugeständnisse umsonst erhalten.)

FLEUR: »Hm, das ist natürlich prima.« (Fleur verbucht dankbar die Konzessionen in den Nebenpunkten). »Der Preis ist natürlich trotzdem ein Problem. Wie weit könnten Sie mir denn da entgegenkommen?«

HÄNDLER: »Na, sagen wir mal 450.«

FLEUR: »Nein, dass kann ich mir nicht leisten. Schade, so 350 Euro hätte ich wohl bezahlen können.«

HÄNDLER: »400 Euro und der Spiegel gehört Ihnen.«

FLEUR: »Okay, 360 Euro, die Hälfte sofort, die andere Hälfte wenn Sie ihn nach München bringen.« (Fleur vergrößert die Komplexität erneut, indem sie »Zahlungsbedingungen« als Verhandlungsgegenstand einführt.)

HÄNDLER: »Bei mir gibt es eigentlich nur Barzahlung.« (Fixiert auf den Kaufpreis, akzeptiert der Händler ausnahmsweise auch eine Ratenzahlung.) »Schlagen wir den Knoten in der Mitte durch: 380 ist mein letztes Wort.« (Der Händler ist bei seinem letzten Angebot angekommen.)

FLEUR: »Und was ist mit meiner Ratenzahlung?«

HÄNDLER: »Na, meinetwegen, aber bis zur vollständigen Bezahlung bleibt der Spiegel mein Eigentum!«

FLEUR: »Okay, dann sind wir uns fast einig. Aber wissen Sie was: Ich nehme den Spiegel so wie er ist, Sie brauchen ihn nicht zu restaurieren. Aber dafür geben Sie mir den Rahmen, der da hinten steht, umsonst dazu. Einverstanden?« (Fleur versucht das Zugeständnis »Restaurierung« zurückzutauschen.)

CASE STUDY

HÄNDLER: »Ganz umsonst kann ich Ihnen den Rahmen nicht geben. Der kostet eigentlich 80 Euro. Aber wenn Sie auf die Restaurierung verzichten – okay, dann lasse ich Ihnen den Rahmen für 50 Euro.« (Der Händler beißt an.)

FLEUR: »Einverstanden. Und alles liefern Sie mir natürlich mit einer großen Flasche der besten Möbelpolitur.« (Ein letztes Mal steigert Fleur die Komplexität.)

HÄNDLER: »Na gut.« (Der Händler will es an den 10 Euro für die Möbelpolitur nicht scheitern lassen.) »Dann lassen Sie uns abrechnen.«

▶ ANALYSE

Der Händler hat seinen Zielpreis von 400 Euro gerade eben realisiert und ist relativ zufrieden. Tatsächlich hat er nur 370 Euro erlöst, wenn man den unmotivierten Preisnachlass für den Rahmen von 30 Euro berücksichtigt. Hinzu kommt ein aufwendiger Transport nach München und die Flasche Möbelpolitur. Wie hat Fleur das geschafft? Sie hat den Händler mit der Verkomplizierung des Verhandlungsgegenstandes überfordert. Der Händler konnte diese Nebenleistungen nicht in sein kompetitives Verhandlungsschema einordnen und hat diesen Fehler in seiner Verhandlungsführung teuer bezahlt. Wäre der Händler Fleur nicht entgegengekommen, hätte sie die Nebenleistung eingefordert. (»Ach, wenn Sie mir für den Verzicht auf die Restaurierung keinen Preisnachlass bei dem Rahmen geben wollen, dann nehme ich den Rahmen nicht und Sie restaurieren den Spiegel doch.«)

Nele kann es kaum glauben. »Fleur, du bist großartig. Wie hast du das nur hingekriegt? Ich hätte die 450 Euro gezahlt und hätte auch noch das Gefühl gehabt, einen guten Kauf gemacht zu haben.« Fleur freut sich und erzählt Nele von den zehn Regeln des kompetitiven Verhandelns (siehe oben).

Die Hartnäckigkeitsmethode

Eine besonders oft beobachtbare Vorgehensweise des kompetitiven Verhandlungsstils ist die sogenannte Hartnäckigkeitsmethode. Diese sieht so aus, dass permanent das stärkste Argument wiederholt wird und keine weiteren neuen Argumente verwendet werden. Sie wird deshalb auch als »Steter-Tropfen-höhlt-den-Stein-Methode« bezeichnet. Stellt die Gegenseite ein Argument dagegen, dann würdigen Sie es, in dem Sie feststellen, dass es richtig und berechtigt ist. Dann wiederholen Sie Ihr stärkstes Argument, eventuell mit anderen Worten.

Ein weit verbreiteter Irrtum liegt darin, dass Verhandelnde oftmals meinen, dass viele Argumente überzeugender seien als nur wenige Argumente. Deshalb besteht eine gute Chance, dass Ihr Gegenüber viele neue Argumente in den Ring wirft. Sie können damit rechnen, dass die Argumente von Runde zu Runde schwächer werden, da einem natürlich zuerst die stärksten Argumente einfallen. Wenn Sie jetzt konsequent bleiben und der Argumentation Ihres Gegenübers immer recht geben und selbst aber immer bei Ihrem stärksten Argument bleiben, dann steht bald dem schwächsten Argument des Gegners Ihr stärkstes gegenüber. Schritt für Schritt haben Sie so alle gegnerischen Argumente neutralisiert. Viele Verhandelnde berücksichtigen nicht, dass jedes schwächere Argument die Wirkung des vorher genannten stärkeren Arguments verwässert und zudem dem Gegenüber mehr und mehr Angriffsflächen bietet.

Boulware-Strategie

Ein bekannter Vertreter der Hartnäckigkeitsmethode war Lemuel Boulware, der ehemalige *Vice President* von GE *(General Electric Company)*. In Gehaltsverhandlungen nannte Lemuel Boulware generell das Gehalt, welches er für fair hielt und beharrte darauf. Seine Meinung lautete, dass das Feilschen um die Höhe das Gehaltes Spielereien seien und man lieber gleich seine konkrete Vorstellung von der Höhe des Gehaltes zum Besten geben sollte. Bis zum Schluss blieb er in Verhandlungen bei seinem ersten Angebot. Als Vertreter des harten Verhandelns in seiner Reinform ging er so in die Geschichte ein.

Wie erfolgreich Boulware mit seiner Vorgehensweise war, ist unbekannt. Jedoch wurde bestätigt, dass dieses Verhalten in allgemeinen Verhandlungen zu den höchsten Abbruchraten führt. Der Grund hierfür liegt auf der Hand: Die Hartnäckigkeit des Verhandlungsgegners und die Erkenntnis, dass man zwar selbst zu Eingeständnissen bereit ist, der Verhandlungspartner aber nicht, führt zu Frust und Verärgerung.

Brinkmanship – die extremste Form der Hartnäckigkeitsmethode

Der Begriff »*Brinkmanship*« kommt aus dem englischsprachigen Raum und bedeutet »Spiel mit dem Feuer« oder »Politik am Rande des Abgrunds«. *Brink* alleine bezeichnet den »Rand des Abgrunds«. In der Spieltheorie steht *Brinkmanship* für eine riskante Strategie bei Verhandlungen. Der Verhandelnde geht mit der Gegenseite zur Klärung einer Streitfrage sinnbildlich bis an den Rand einer Felsklippe, der Sturz in die Tiefe droht beiden Beteiligten und damit im übertragenen Sinne das »Aus«. Ziel ist es, dadurch den Gegenspieler zum Nachgeben zu zwingen, bevor am Ende beide in den Abgrund fallen. Heute können wir *Brinkmanship* beispielsweise in der Außenpolitik von Staaten oder bei Streiks von Arbeitnehmern beobachten.

Der Ausdruck »*Brinkmanship*« ist zur Zeit des Kalten Krieges zwischen den Vereinigten Staaten und der Sowjetunion entstanden. Der ehemaliger Außenminister der Vereinigten Staaten, John Foster Dulles, gilt als Begründer dieser Strategie. In einem Artikel für das *Life Magazine* beschrieb Dulles 1956 die Abschreckungspolitik der USA zur Erhaltung des Friedens mit den Worten: *»The ability to get to the verge without getting into the war is the necessary art. […], if you are scared to go to the brink you are lost.« (»Die Fähigkeit, bis an den Rand eines Krieges zu gehen, ohne in einen Krieg zu geraten, ist eine notwendige Kunst. […], wenn Sie Angst davor haben, bis an den Rand des Abgrunds zu gehen, sind Sie verloren.«)* Seitdem wurde der Ausdruck »*Brinkmanship*« als Synonym für diese Art von Strategie etabliert. Vor allem Thomas Crombie Schelling hat durch sein 1960 erschienenes Buch »*The Strategy of Conflict*« die Idee »*Brinkmanship*« umfassend geprägt.

THOMAS CROMBIE SCHELLING

Thomas Crombie Schelling studierte Ökonomie an der *University of California*, Berkeley, und promovierte 1951 an der *Harvard University*. In den 1940er- und den frühen 1950er-Jahren war er politisch aktiv. Er arbeitete am Marshall-Plan in Europa und im Weißen Haus. Seine erste Professur erhielt er an der Yale University. Danach wechselte er nach Harvard.

EXKURS

Mit seinem Buch »*The Strategy of Conflict*« legte er einen Grundstein für die Beobachtung von (nuklear-)strategischem Verhalten. Er sah Krieg als eine gewalttätige Form des Verhandelns an. Heute wird es als eines der 100 Bücher gewertet, die die westliche Welt seit 1945 am meisten beeinflusst haben. Während der Entstehung des Buches war er aktiver Stratege der *RAND Corporation,* einer Denkfabrik der *US Air Force.*

Im Jahre 2005 wurde Schelling zusammen mit Robert J. Aumann mit dem Nobelpreis für Wirtschaftswissenschaften für seine Arbeiten im Rahmen der spieltheoretischen Analyse ausgezeichnet. Die beiden hätten, so die Begründung der Akademie, durch spieltheoretische Analysen unser Verständnis von Konflikt und Kooperation maßgeblich vorangebracht.

Schelling, der in der Zeit des Kalten Krieges unter anderem mit Aspekten des atomaren Wettrüstens befasst war, versuchte auch auf diesem Gebiet zu zeigen, wie man seine Verhandlungsposition stärkt, indem man eine gewisse strategische Inflexibilität schafft. Resultat war die Doktrin des Kalten Krieges, die auf gegenseitige Abschreckung setzte – bei wechselseitig zugesicherter Zerstörung.

Diese Strategie brachte ein extremes Glaubwürdigkeitsproblem mit sich: Wie kann ein Land nun ernsthaft mit Sanktionen drohen, die in ihrer Folge den eigenen Untergang bedeuten würden? Die Wahrscheinlichkeit einer Eskalation bis hin zur gegenseitigen Vernichtung war in jeder Krisensituation gegenwärtig. Das Risiko der Einmündung in einen nuklearen Konflikt war der Schlüssel zum Verständnis der Dynamik von ausgeübtem Zwang. Nach Schelling sollten ihre Führer gelegentlich Drohungen ausstoßen, dass sie die eine oder andere Sache »dem Zufall überlassen« würden – ein gefährliches Spiel.

Der Vietnamkrieg zollte hohe Opfer. Es fielen mehr Bomben als im Zweiten Weltkrieg. 58000 US-amerikanische Soldaten starben, die Opfer auf Seiten der Vietnamesen betrugen bei niedrigen Opferschätzungen 1,5 Millionen.

Schelling hat im Anschluss kaum noch Literatur zum Thema Krieg verfasst. Er erkannte wohl die Grenzen seiner Theorien. Das Erbe seiner »Hardliner-Theorien« können wir heute noch im Irakkrieg beobachten.

Quelle: Wikipedia

Brinkmanship ist die Strategie der Drohung des Verhandelnden mit dem Risiko – nicht mit der Sicherheit – eines für beide Seiten schlechten und unerwünschten Ergebnisses (Desaster), wenn der Gegenspieler dem Verlangen des Drohenden nach Rückzug nicht nachkommt. *Brinkmanship* schafft absichtlich ein Risiko, das nicht vollständig kontrolliert werden kann. In der Ausübung wird das Risiko eines beiderseitigen Unglücks schrittweise über den gesamten Zeitablauf gesteigert. *Brinkmanship* ist also eine riskante Strategie, weil sie im Desaster für alle Beteiligten enden kann. Wegen des Risikos eines Fehlers – einer erfolglos bleibenden Drohung oder eines Missverständnisses – muss der *Brinkmanship*-Spieler die Drohung mit dem Desaster immer auf das absolut notwendige Minimum reduzieren.

Bei einer Drohung wird der Eintritt des »*Worst Case*« der Gegenseite nicht als mit Sicherheit eintretend angekündigt, sondern als mögliches Risiko in den Raum gestellt. Die Extremdrohung hätte keine Glaubwürdigkeit, weil deren tatsächliche Umsetzung wegen der drastischen Konsequenzen für die drohende Partei sehr unwahrscheinlich ist. *Brinkmanship* erfordert, dass kleine Schritte gemacht werden – die Strategie beginnt mit der abgeschwächten Drohung eines kleinen Risikos und diese wird im Zeitablauf dann Schritt um Schritt verstärkt. Die *Brinkmanship*-Strategie lässt dabei die Situation mit Absicht teilweise außer Kontrolle geraten, um dadurch einen für den Gegenspieler unerträglichen Zustand zu initiieren. Dazu ist ein kontrolliertes Abtreten der Kontrolle notwendig – ohne Kontrolle über das Ergebnis wird die Drohung glaubwürdig, aber gleichzeitig muss immer noch genügend Kontrolle behalten werden, damit das Risiko für das Desaster nicht tatsächlich zu groß wird.

Die Gefahr von *Brinkmanship* besteht in der kontinuierlichen Steigerung des Risikos eines beiderseitigen Schadens. Der Abgrund rückt immer näher, wodurch Grenzen ungewollt überschritten werden können und in der Folge unausweichlich der beiderseitige Schaden eintritt. Bei den Zügen und Gegenzügen der Beteiligten ist die Grenze zwischen Sicherheit und Gefahr in der Realität kein exakt bestimmbarer Punkt, sondern vergleichbar mit einem glatten Abhang, der nach unten immer steiler wird. Je länger die Strategie der Drohung mit dem Risiko eines Desasters beibehalten wird, umso mehr steigt die Gefahr, dass die Angelegenheit tatsächlich außer Kontrolle gerät und der beiderseitige Schaden tatsächlich eintritt. Irgendwann ist das Gefälle zu steil, sodass kein Halt mehr möglich und der Fall in die Tiefe die zerstörerische Konsequenz ist.

BRINKMANSHIP AM BEISPIEL DER KUBAKRISE

EXKURS

Die Kubakrise im Oktober 1962 ist ein Beispiel für die Anwendung der *Brinkmanship*-Strategie. Im Zuge des Kalten Krieges begann die UdSSR unter Führung ihres damaligen Regierungschefs Nikita Chruschtschow, Atomwaffen auf Kuba zu stationieren. Das wollten die Regierung der USA und ihr damaliger Präsident John F. Kennedy unbedingt verhindern. Daraufhin verhängte Kennedy eine Seeblockade gegen Kuba. Zur Lösung des Konflikts wanden die USA zum ersten Mal in der internationalen Politik gezielt *Brinkmanship* an: Kennedy droht Chruschtschow mit dem Risiko eines Atomkriegs, wenn die UdSSR ihre Atomwaffen nicht aus Kuba zurückziehen.

Im spieltheoretischen Konzept nach Thomas Schelling ist der angedrohte *Worst Case* der Atomkrieg. Ein absolutes Desaster für alle Beteiligten, ja für die ganze Welt. Die erste Runde der Verhandlungen wird bestimmt durch die verhängte Seeblockade. Wenn Chruschtschow die Atomwaffen daraufhin nicht aus Kuba zurückziehe, gehe der Wettstreit in die nächste Runde. Dann wäre Kennedy gezwungen, seine Drohung zu steigern. Die Situation geriete mehr und mehr außer Kontrolle und das Risiko des Atomkriegs stiege. Letztlich endete diese Posse des Kalten Krieges glücklicherweise bereits nach der ersten Runde mit dem Nachgeben Chruschtschows und dem Rückzug der Atomwaffen aus Kuba. Chruschtschow wollte keine weitere Eskalation der Situation riskieren.

Quelle: Wikipedia

Die große Kiste der »Dirty Tricks«

Auch mit Bluff, Poker oder falschen Versprechungen können Sie manchmal Ihr Ziel erreichen. Doch Vorsicht, das Ganze kann böse enden. Deshalb beachten Sie Folgendes:

- Bedenken Sie die langfristigen Konsequenzen! Ein Bluff kann eine wirksame Taktik sein, um in einer Verhandlung den anderen einzuschüchtern. Vergessen Sie dabei allerdings nicht die langfristigen Folgen. Handelt es sich wirklich um einen kurzfristiges Geschäft? Und ist es tatsächlich nur ein Einmalgeschäft? Dann werden Sie später nichts mehr miteinander zu tun haben und Ihnen die eventuellen negativen Folgen nicht schaden.

- Gehen Sie immer nur ein kalkuliertes Risiko ein! Wird Ihr Bluff durchschaut oder müssen Sie ihn sogar zurückziehen, dann verlieren Sie auf jeden Fall Ihr Gesicht und Ihre Glaubwürdigkeit. Aus diesem Grund sollten Sie bereit sein, auf Ihre BATNA zurückzugreifen.

CASE STUDY: BODO BLUFFT

CASE STUDY

Fleur hat ein ungutes Gefühl. Bodo hat sie um einen Termin gebeten. Er will über sein Gehalt verhandeln. Fleur weiß, dass Bodo ein erfahrener *Senior Product Manager* ist, seit zwölf Jahren im Unternehmen und sich ungerecht behandelt fühlt, weil er gerne ihre Aufgabe als Leiterin der Abteilung übernommen hätte. Bodo fährt seit Monaten mit angezogener Handbremse. Sie will ihn unbedingt im Team halten, da er über die besten Kenntnisse von Markt und Kunden verfügt.

Bodo: »Fleur, das ist jetzt das dritte Mal, dass wir darüber sprechen, wie unzufrieden ich mit meinem Gehalt bin. Wir werden hier immer weniger im Team. Meine Verantwortung und die Arbeitsbelastung steigen unaufhörlich. Ich habe zwei neue Kunden übernommen und den ganzen südamerikanischen Markt. Ich weiß, dass du mich schätzt, das freut mich auch. Das reicht bloß nicht.«

Fleur (holt Luft, um etwas zu sagen): ...

Bodo: »Moment, lass mich erst ausreden: Es ist mittlerweile so, dass mir keine andere Wahl bleibt, als zu kündigen, wenn mein Gehalt nicht endlich angeglichen wird.«

Fleur: »Oh, Bodo! Sag doch so was nicht. Du kannst nicht kündigen. Wir brauchen dich hier. Ohne dich ist der Laden aufgeschmissen. Wir sind doch ein Team, das wirklich etwas bewegt. Und so schlecht ist die Bezahlung hier auch nicht.«

CASE STUDY

Bodo (genervt): »Ja, ja, da hast du recht. Das reicht mir aber alleine nicht. Ein Headhunter hat mich angerufen. Ich habe ein äußerst lukratives Angebot von unserem Mitbewerber erhalten.«

Fleur: »Was soll das heißen, Bodo? Was meinst du mit lukrativ? Willst du mir drohen? Du kennst die Wettbewerbsklausel in deinem Arbeitsvertrag!?«

Bodo: »Ich werde dir jetzt nicht auf die Nase binden, um welches Unternehmen es sich handelt. Aber es sind 20000 Euro brutto mehr im Jahr. Also?«

Fleur: »20000 mehr? Das ist doch der Wahnsinn! So nicht Bodo – ich lasse mich doch nicht von dir erpressen. Du kennst die Situation im Unternehmen. Das ist utopisch. Setz mir nicht die Pistole auf die Brust!«

▶ AUFGABEN

1. Was ist Ihnen bei diesem Gespräch aufgefallen?

2. Welche Strategie hat Bodo?

3. Wie schätzen Sie Fleurs Reaktion ein?

CASE STUDY

4. Welche Möglichkeiten haben Fleur und Bodo, um aus der verfahrenen Situation herauszukommen?

___

___

___

▶ AUSWERTUNG

Zu 1.: Für beide Beteiligten ist die Situation kritisch. Sie nähern sich dem Abgrund. In diesem Sinne können wir hier von *Brinkmanship* sprechen. Beide Parteien stellen extreme Forderungen und signalisieren keine Kompromissbereitschaft. Ein Scheitern der Situation ist voraussehbar.

Zu 2.: Bodo geht erpresserisch vor, denn er spricht seine Kündigung nicht klar aus. Damit redet er sich in ein Ultimatum hinein. Wir wissen nicht, ob es sich um einen Bluff handelt oder Bodo tatsächlich ein Angebot bekommen hat. Sollte es sich um einen Bluff handeln, kann es für ihn ins Auge gehen. Denn dann muss Bodo kündigen. Gibt er doch nach, verliert er seine Glaubwürdigkeit.

Zu 3.: Fleur reagiert entrüstet. Sie lässt sich provozieren. Ihre Reaktion sieht so aus, dass sie in gleicher Art und Weise dagegen hält. Besser wäre es nachzufragen, welche Forderung Bodo konkret hat und was sie tun kann, um ihn zu halten.

Zu 4.: 20000 Euro sind ein großer Sprung in Bodos Gehaltsentwicklung. Fleur kann das aktuelle Gehaltsniveau im Unternehmen beziehungsweise der Branche insgesamt transparenter machen. Sie kann mit sachlichem Bedauern »Tut mir leid, dann kommen wir leider nicht zusammen« sagen und beobachten, was dann passiert. In vielen solcher Fälle dreht sich plötzlich der Wind, und Bodo wäre vielleicht bereit, wieder in den Verhandlungshafen zurückzukehren. Bodo kann klarer mit konkreten Leistungen für das Unternehmen argumentieren. Hat er wirklich ein neues Angebot, muss er für sich eine eindeutige Entscheidung treffen und diese mitteilen. In diesem Fall würden wir dann aber nicht von einer Verhandlung sprechen.

Bleiben Sie aufmerksam für Manipulationen und Tricks. Werden Sie misstrauisch, wenn jemand Ihnen zu schnell zu viel verspricht oder wenn sich Ihr Bauchgefühl meldet und Ihnen sagt: »Da stimmt was nicht!« Erfahrene Verhandlungspartner sind natürlich selbst auch gut geschult, was die große Kiste der *Dirty Tricks* betrifft.

TIPP

Der Bluff

Der Bluff beziehungsweise das Bluffen ist sehr gängig. Es bezeichnet ein Verhalten beim Kartenspiel, bei dem es darum geht, die Gegner zum eigenen Vorteil in die Irre zu führen. Bluffen ist weit verbreitet. Schon Kinder lernen in der Schule, »so zu tun, als ob«. Aus Agentenfilmen kennen Sie die unsauberen Kniffe der fiesen Ganoven. Da wird grundsätzlich nur mit Sonnenbrille verhandelt. Das Verhandlungsopfer wird gegen die Sonne gesetzt oder auf wackelige Stühle, während der *Big Boss* am dicken Schreibtisch thront. Im »echten« Leben müssen wir manchmal zweimal hinsehen, um den Trick als solchen zu entlarven. Nichtsdestotrotz gibt es die gleichen

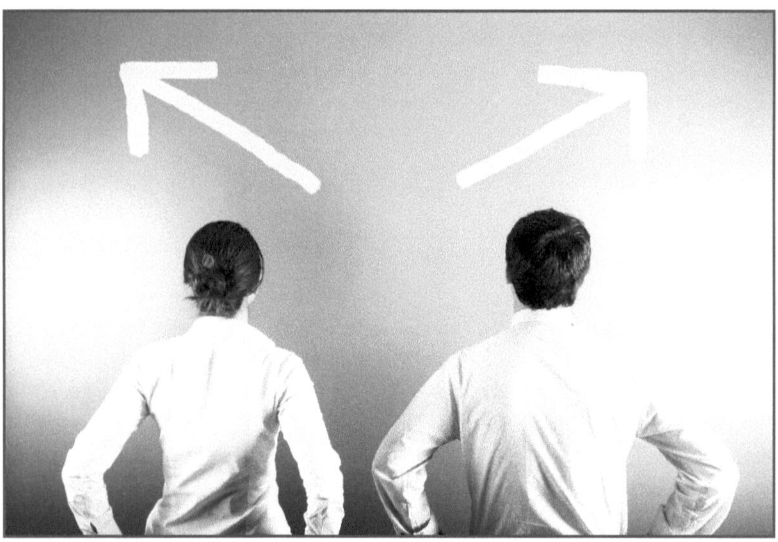

Spiele in Hunderten von Varianten. In der folgenden Tabelle finden Sie einen Überblick über die gängigsten Verhandlungstricks.

Natürlich gibt es auch die Tricks, die die Grenze der Legalität überschreiten, wie Bestechung oder Erpressung. Wer diese Techniken einsetzt, muss auch bereit sein, den Preis zu bezahlen, den das Auffliegen nach sich zieht. Illegale Vorgehensweisen enden schon mal vor dem Staatsanwalt und dann hinter schwedischen Gardinen. Kurzum – Finger weg davon!

Die Trickkiste	Wie Sie professionell reagieren
1. Trick: Salamitaktik Nach und nach werden kleine, scheinbar unwichtige Zugeständnisse abgerungen, die letztendlich ein »großes Stück Salami« ausmachen.	▪ kein Zugeständnis verschenken ▪ Konzession nur gegen Konzession tauschen
2. Trick: Zahlensalat Bei komplexen Verhandlungen wird mit vielen Zahlenvarianten jongliert; dadurch entsteht Verwirrung: »Woher kommt diese Zahl?«	▪ alle Zahlen auf einem Flipchart oder einem Papier visualisieren ▪ auf objektive Kriterien bestehen ▪ keinem fremden Protokollführer zustimmen
3. Trick: *good guy/bad guy* Die Gegenseite tritt mit verteilten Rollen auf. Der *good guy* unterstützt Ihre Ideen, der *bad guy* zeigt sein Missfallen dazu. Die daraus resultierende Irritation nutzt der *good guy*, um Ihnen Zugeständnisse abzuringen.	▪ mit dem *bad guy* höflich bleiben ▪ in Ihrer Sache konsequent bleiben ▪ den *good guy* benutzen, um Ihre eignen Interessen zu vertreten

Die Trickkiste	Wie Sie professionell reagieren
4. Wechsel des Verhandlungsführers Der neue Verhandlungsführer wird schon zugestandene Konzessionen zurückziehen, neu verhandeln oder nachverhandeln. Sie fangen also wieder von vorne an.	■ auf der letzten Vereinbarung bestehen (Schließlich haben beide Seiten sie beschlossen, das heißt, sie war für beide Seiten zufriedenstellend.)
5. Eingeschränkte Autorität »Das kann ich leider nicht entscheiden, das muss ich erst mit der Geschäftsleitung klären.«	■ im Vorfeld klären, wer das Entscheidungsmandat trägt (»Wer außer Ihnen ist verantwortlich für die Entscheidung?«)
6. Ruf nach höherer Autorität »Diesen Punkt werde ich nur mit Ihrem Management verhandeln!«	■ im Vorfeld klären, wer das Entscheidungsmandat trägt (»Ich habe die vollständige Entscheidungsbefugnis und bin für Sie der richtige Ansprechpartner.«)
7. Mitleidschiene »Wir arbeiten doch schon so lange zusammen. Ich brauche unbedingt Ihren Auftrag, sonst müssen wir Konkurs anmelden. Bitte helfen Sie uns!«	■ Beziehung zum Verhandlungspartner vom Verhandlungsgegenstand trennen ■ weich zur Person und hart in der Sache sein ■ helfen, wenn es sich um eine echte Notlage handelt
8. Mäkelmasche Kleine Schwachstellen werden herausgepickt und ausgewälzt. »Ihr Wagen hat eine viel zu hohe km-Leistung und außerdem kein Navi. Den kriegen Sie nie los.«	■ nicht vergessen, dass die Gegenseite das grobe Angebot kannte ■ an die eigene BATNA denken (beste Alternative im Vergleich mit dem zu erreichenden Verhandlungsergebnis)

Die Trickkiste	Wie Sie professionell reagieren
9. Schmeicheltaktik »Mit Ihnen habe ich immer besonders gerne Geschäfte abgeschlossen!« Komplimente, Anerkennung, Lob – wir alle hören es gerne, deshalb müssen wir noch lange keine Zugeständnisse beim Verhandlungsgegenstand machen.	▪ gut vorbereitet sein ▪ Beziehung zum Verhandlungspartner vom Verhandlungsgegenstand trennen ▪ weich zur Person und hart in der Sache sein
10. Künstlicher Zeitdruck »Wenn Sie bis Freitag beim Notar unterschreiben, kann ich Ihnen einen guten Preis machen!« Zeitdruck verhindert in der Regel gute Vorbereitung. Vorsicht!	▪ nach Zeitaufschub fragen (»Was muss denn passieren, damit wir erst in zwei Wochen zum Notar gehen können?«)
11. Verzögerungstaktik »Wir müssen erst noch warten, wie die Gespräche mit unseren Lieferanten laufen, dann können wir Ihnen einen genauen Preis machen.« Der Verhandelnde versucht für sich einen Zeitpuffer auszuhandeln. Sie wissen oft nicht warum.	▪ klären, ob es sich um einen Vorwand handelt (dann vergessen Sie das Geschäft, denn es ist ein oft nur feiger Versuch, nein zu sagen) oder um einen Einwand (dann finden Sie die Hintergründe heraus und vereinbaren Sie einen Zeitpunkt für die nächste Verhandlung)
12. Gut gebrüllt Löwe »Unser Mitbewerber investiert auch in den indischen Markt. Wir müssen dort jetzt auch Marktanteile machen.« Laute Behauptungen mit schwachem Beweis erzielen oft die Wirkung, dass wir die Behauptung ungeprüft für bare Münze annehmen.	▪ nach Referenzen, Quellen, Statistiken, validierten Studien fragen ▪ zur Überprüfung der Behauptung Unterbrechungen und Pausen nutzen, um Informationen einzuholen

AUFLÖSUNG SELF-ASSESSMENT 6.1

SELF-ASSESSMENT

Niels geht typisch für einen kompetitiv Verhandelnden vor:

- Er signalisiert sein Interesse und bringt schnell ins Spiel, dass es sich bei seiner Firma um ein großes Unternehmen handelt. Schnell spricht er auch von seinen guten Beziehungen zum Einkaufsleiter.
- Er lockt den Lieferanten mit einer großen Stückzahl. Der Auftrag soll zudem zeitnah erfolgen.
- Der Lieferant kommt ihm großzügig entgegen, was Niels dankend annimmt und den Deal festklopft, indem er nach konkreten Lieferbedingungen fragt.
- Jetzt erst, nachdem der Auftrag quasi schon eingetütet ist, lässt Niels die Katze aus dem Sack, dass er nur 15 PCs bestellen will.
- Als Herr Loucanto beim Angebot zurückrudern will, setzt Niels Herrn Loucanto unter Druck, indem er auf das Zurückziehen des möglichen Großauftrags verweist.
- Das Risiko für Niels besteht darin, dass Herr Loucanto sein Angebot zurückzieht, weil er das Gefühl hat, unfair behandelt worden zu sein.
- Vermutlich wird Herr Loucanto bei zukünftigen Verhandlungen vorsichtig sein, keine schnellen Rabatte vergeben oder versuchen, auf ähnlich trickreiche Art sein vorschnelles Entgegenkommen für sich zurückzuholen.

ZUSAMMENFASSUNG: KOMPETITIVES VERHANDELN ZUM DURCHSETZEN DER EIGENEN ZIELE

ZUSAMMEN-FASSUNG

▶ **Was ist kompetitives Verhandeln?**

Unter kompetitivem Verhandeln versteht man das sogenannte harte Verhandeln. Hart in der Sache und hart zur Person. Wir unterscheiden hierbei vier grundlegende Vorgehensweisen:

- Strategie des berechenbar negativen Verhaltens
- Strategie des unberechenbar negativen Verhaltens
- Strategie des scheinbar positiven / neutralen Verhaltens
- offensichtlich illegale Strategien

▶ **Welchen Vorteil hat kompetitives Verhandeln?**

Es bietet dem Einzelnen den größtmöglichen Erfolg.

▶ **Welchen Nachteil hat das kompetitive Verhandeln?**

»Man sieht sich immer zweimal im Leben!« Die Gegenseite hat ein gutes Gedächtnis und vergisst nicht, wenn sie schlecht behandelt wurde. Niemand ist gerne Verlierer.

▶ **Wie lauten die zehn Regeln des kompetitiven Verhandelns?**

1. Lassen Sie grundsätzlich die Gegenseite das erste Angebot machen!
2. Bezweifeln Sie sofort die Angemessenheit des Angebots!
3. Versuchen Sie Ihr Gegenüber mit konkreten Zahlen zu beeindrucken!
4. Nutzen Sie den Verhandlungstanz: Preiskonzessionen werden in immer kleineren Schritten vorgenommen!
5. Stellen Sie sich bewusst dumm!
6. Teilen Sie große Summen in kleinere Einheiten auf!
7. Nutzen Sie die Macht des geschriebenen Wortes und geben Sie schriftliche Angebote ab!
8. Seien Sie diskret!
9. Fragen Sie nach so vielen Konzessionen wie möglich – unabhängig

von der reinen Preisverhandlung! Stellen Sie eine letzte Forderung kurz vor dem Ende!

10. Stellen Sie eine letzte nicht preisgebundene Forderung kurz vor dem Ende!

▶ Welches sind die zwei bekannten Stile des kompetitiven Verhandelns?

Die bekanntesten Stile des harten Verhandelns sind die Komplexitätsmethode und die Hartnäckigkeitsmethode. *Brinkmanship* gilt als die extremste Form des harten Verhandelns.

▶ Was muss beim harten Verhandeln beachtet werden?

Denken Sie an die langfristigen Konsequenzen und gehen Sie immer nur ein kalkuliertes Risiko ein. Bevor Sie mit Tricks arbeiten, überlegen Sie wie als Alternative der offene, direkte Weg aussähe?

7. HARVARD-KONZEPT I – *GETTING TO YES*

Kooperatives Verhandeln nach dem Harvard-Konzept

John Harvard, der Gründer der *Harvard University*, entspannt mit aufgeschlagenem Buch in seinem Sessel sitzend – so zeigt ihn die Bronzestatue vor der berühmten Universität. Golden glänzt der Schuh, denn Tausende von Studierenden haben ihn vor Prüfungen gerieben. Das gilt noch heute als Glücksbringer – auch wenn neueste Nachrichten von der »Havarie in Harvard« sprechen, denn selbst die reichste Universität der Welt hat sich verspekuliert. Der Investmentfonds »*Harvard Management Company*« war in guten Zeiten mal 36,9 Milliarden schwer – durch die Finanzkrise hat er jedoch bereits 22 Prozent verloren. Dennoch sind nach wie vor Forschung und Lehre aus Harvard weltweit anerkannt. Unter dem Dach der *Harvard University* finden sich zwölf akademische Einheiten. Einer der Bereiche ist die *Harvard Law School*, die juristische Fakultät. Dort wiederum gibt es einen Teilbereich, das PON *(Program on Negotiation)*, das sich mit Verhandlungsführung beschäftigt. Seit der Gründung im Jahr 1980 wird dort die Interdisziplinarität der *Harvard University* genutzt, um verschiedene Bereiche unter dem Gesichtspunkt der Verhandlungsführung zusammenzuführen. Diese Disziplinen sind Jura, Psychologie, die Bereiche Wirtschaft, Politik und Öffentlichkeitsarbeit sowie internationale Beziehungen. Von Anfang an war es das Ziel, innovative Einflüsse in die traditionellen Disziplinen des PON einfließen zu lassen. Seit einigen Jahren wird dort zweimal im

Jahr einigen wenigen erfahrenen Verhandlungstrainern die Gelegenheit gegeben, an einer besonderen Weiterbildung teilzuhaben. In dem Curriculum für Lehrende »*Teaching Negotiation in the Organization*« wird die Frage geklärt, warum sich das »Offene Verhandeln nach dem Harvard-Konzept« in der Praxis durchsetzt. Dazu gibt es folgende Antworten:

- Kaum ein anderes Konzept ist gleichzeitig so einfach und umfassend. Es schließt viele andere bekannte und erfolgreich erprobte Ansätze und Theorien ein.
- Das Harvard-Konzept ist ein globales Konzept. Ob in den USA, in Deutschland, in China oder Russland, es hat sich in allen Kulturen unabhängig von den jeweiligen Umständen in der Praxis bewährt.
- Als universitäres Konzept ist es validiert und wird bis heute am »*Program on Negotiation*« weiterentwickelt.
- Es ist letztlich im Interesse aller Beteiligten einer Verhandlung, die Regeln eines Gewinn-Gewinn-Konzeptes anzuwenden. Kompetitiv verhandeln ist anstrengender, kostet mehr Energie und erzeugt Verlierer.
- Die Faustregeln des Harvard-Konzeptes bieten sowohl Stabilität als auch Bewegungsfreiheit.

SELF ASSESSMENT 7.1

SELF-ASSESS-MENT

Um ein erstes Gespür dafür zu erhalten, was sich hinter dem kooperativen Verhandeln verbirgt, nehmen Sie sich zwei Minuten Zeit und füllen Sie den Fragebogen aus.

▶ TEST »BIN ICH EIN KOOPERATIV VERHANDELNDER?«

Kriterium	+	o	–
Bin ich für mich authentisch?	☐	☐	☐
Vertrete ich eine Haltung?	☐	☐	☐
Bin ich vorbehaltlos konstruktiv?	☐	☐	☐
Beachte ich Win-win-Strategien?	☐	☐	☐
Setze ich mir realistische Verhandlungsziele?	☐	☐	☐
Kenne ich meine Interessen?	☐	☐	☐
Bin ich offen für Alternativen?	☐	☐	☐
Kann ich Person und Sache getrennt verhandeln?	☐	☐	☐
Fällt es mir leicht, mich in den anderen hineinzuversetzen?	☐	☐	☐
Akzeptiere ich überzeugende Argumente des anderen?	☐	☐	☐

Bin ich bereit, objektive Kriterien als Maßstab zu akzeptieren?	☐	☐	☐
Nehme ich den Gesprächspartner richtig wahr?	☐	☐	☐
Kann ich aktiv zuhören?	☐	☐	☐
Kann ich Gesprächskonflikte kooperativ lösen?	☐	☐	☐
Gehe ich couragiert mit schwierigen Gesprächssituationen um?	☐	☐	☐
Vermag ich in der Sache konsequent zu verhandeln?	☐	☐	☐
Verhandle ich Schritt für Schritt?	☐	☐	☐

SELF-ASSESSMENT

▶ AUFLÖSUNG SELF-ASSESSMENT

Haben Sie alle Fragen mit einem »+« beantwortet, dürfen Sie dieses Kapitel überspringen. Wenn nicht, dann finden Sie hier viele wertvolle Informationen.

Warum miteinander statt gegeneinander?

Ganz häufig meinen Menschen, Verhandeln bedeute, »der Gewinner« zu sein oder »mehr zu haben als der andere«. Dass es noch eine weitere Möglichkeit gibt, zeigt das folgende Gleichnis.

EXKURS

DIE GESCHICHTE VOM GRIECHISCHEN SUPPENLÖFFEL

Ein junger griechischer Dichter geht in der Abenddämmerung spazieren. Während er so wandelt, trifft er seinen großen Meister, der ihn einlädt, ihn bei einem Spaziergang zu begleiten. Der Meister erzählt: »Während meiner Wanderjahre kam ich durch viele Orte. Eines Tages trug der Wind mir Klagelaute entgegen. Sie klangen ganz schauerlich. Ich ging weiter und kam zu einer großen Ebene. In der Mitte dieser Ebene stand ein großer Tisch. Auf dem Tisch ruhte ein Bottich mit dampfender Suppe. Rund um den Bottich standen Menschen, in ihren Händen hielten sie lange Suppenlöffel. Jeder Suppenlöffel war so lang, wie der jeweilige Mensch groß war. Die Menschen waren sehr, sehr hungrig. Sie versuchten die Suppe zu löffeln, was ihnen nicht gelang, denn mit den langen Löffeln erreichten sie ihre Münder nicht. Sie waren so sehr mit sich beschäftigt, dass sie keine Notiz von mir nahmen. Also ging ich weiter. Einige Tage später erreichte ich die nächste Ebene. Gelächter und Scherze schallten mir entgegen. Obgleich ich das gleiche Szenario vorfand, der Tisch, der Bottich und die langen Löffel in Händen der Menschen, so war doch die Stimmung eine ganz andere.« »Was war denn anders?«, fragte der Schüler. »Die Menschen fütterten sich gegenseitig.«

Die Allegorie des oben stehenden Exkurses bringt es auf den Punkt: Miteinander statt gegeneinander und Kooperation sind neue Perspektiven. Besonders beim Verhandeln neigen wir dazu, intuitiv zu sein. Wir verhandeln so, wie wir es von Kindheit an gelernt haben. Dass es noch andere und bessere Wege gibt, wissen wir oft nicht. Hier setzt das Harvard-Konzept an und bietet die professionelle Antwort.

Das Harvard-Konzept besteht aus fünf Prinzipien, die Schritt für Schritt durch den Verhandlungsprozess führen. Im Folgenden werden Sie die einzelnen Prinzipien kennenlernen. Die fünf Schritte bauen aufeinander auf. Das bedeutet: Sie können wie bei einer Treppe, nur eine Stufe nach der anderen nehmen. Die fünf Prinzipien des Harvard-Konzeptes sind:

- die Beziehung zum Verhandlungspartner von dem Verhandlungsgegenstand trennen, weich zur Person und hart in der Sache sein

Die konsequente Anwendung einer Gewinn-Gewinn-Strategie bietet einen systematischen Übergang …		
von:		zu:
Feilschen um Positionen	⟶	Eingehen auf Interessen
»Dein Problem ist Dein Problem«	⟶	»Dein Problem geht auch mich etwas an«
»Ich beherrsche den anderen«	⟶	»Wir beherrschen den Prozess«
Beziehung als Druckmittel	⟶	Beziehung als eigenständiges Interesse
Konzessionen führen zu Konsens	⟶	Kreativität führt zu neuen Optionen
Guter »Deal« oder gute Beziehung	⟶	Guter »Deal« und gute Beziehung
Was der eine gewinnt, verliert der andere (»Nullsummenspiel«)	⟶	Beide gewinnen (»Spiel mit variabler Menge«)
Gesetz des Stärkeren	⟶	Faire Lösungen

- die Interessen, Motive und Beweggründe beider Seiten berücksichtigen, statt auf Standpunkten zu beharren
- gemeinsam mögliche Lösungen für beidseitigen Gewinn entwickeln, erst später bewerten und entscheiden
- beim Bewerten auf faire Standards und Verfahren achten, die die Entscheidung nachvollziehbar machen
- sich für oder gegen ein Verhandlungsergebnis entscheiden durch einen Vergleich mit den Alternativen, die man hat

Prinzip 1 des Harvard-Konzeptes

Trennen Sie die Beziehung zum Verhandlungspartner vom Verhandlungsgegenstand! Seien Sie weich zur Person und hart in der Sache! Die Vermischung von Sachproblemen mit Beziehungsproblemen schadet der Beziehung und lähmt den Fortschritt in der Sache. Eine funktionierende Beziehung ist dabei Voraussetzung für eine effiziente Bearbeitung von Sachproblemen.

Deshalb gelten die folgenden Empfehlungen:

- Erkennen Sie Beziehungsprobleme und behandeln Sie diese von den Sachproblemen getrennt.
- Überprüfen Sie Ihre Beziehung zum Verhandlungspartner auf wechselseitiges Vertrauen, wechselseitige Akzeptanz und funktionierende Kommunikation.
- Bearbeiten Sie zuerst die Beziehungsprobleme, bevor Sie mit den Sachproblemen beginnen.
- Bauen Sie wechselseitiges Vertrauen auf, indem Sie sich selbst immer und unabhängig vom Verhalten des Verhandlungspartners vertrauenswürdig verhalten.

Das klingt in der Theorie ganz gut, aber Sie werden sich vielleicht fragen, wie Sie das in der Praxis hinbekommen? Diese Frage ist berechtigt. Wie schaffen Sie es, als Verhandelnder zwischen der Beziehung zum Verhandlungspartner und dem Verhandlungsgegenstand zu unterscheiden? Hierzu folgende Tipps:

- Versetzen Sie sich in die Lage des Verhandlungspartners.
- Leiten Sie die Absichten der Gegenseite nicht von Ihren eigenen Befürchtungen ab.
- Bleiben Sie nicht an der Klärung der Schuldfrage hängen.
- Arbeiten Sie zusammen an Lösungen und liefern Sie keine fertigen Ergebnisse.
- Beide Seiten wollen gewinnen, achten Sie deshalb auf gesichtswahrende Lösungen.

Menschen neigen beim Verhandeln dazu, sehr auf sich selbst fokussiert zu sein. Fleur erzählt Nele eine kleine Anekdote: »Gestern kam mein Sohn Moritz nach Hause. Er geht jetzt in die dritte Klasse. Er erzählte mir ganz stolz von einem Wettrennen auf dem Schulhof. Er wäre Zweiter geworden und sein größter Konkurrent Paul aus der vierten Klasse Vorletzter. Ich gratulierte ihm und fragte, wie viele Jungs denn an dem Wettlauf teilgenommen hätten. Seine Antwort lautete: ›Ich und Paul.‹ Sozialpsychologisch nehmen wir die Welt immer zuerst aus unserer eigenen Perspektive wahr. Gerade beim Verhandeln jedoch ist es professionell, auf Distanz zu uns selbst zu gehen und uns in die Perspektive des Verhandlungspartners zu versetzen. ›Um deinen Feind zu kennen, musst du einen Tag in seinen Mokassins laufen‹, sagt ein altes Indianersprichwort.«

Wie Sie weich zur Person und hart in der Sache sein können

Gehen Sie professionell mit Emotionen um:

- Vergessen Sie nicht, auch Ihr Gegenüber hat mit Emotionen zu kämpfen! Verhandlungspartner sind zu allererst einmal Menschen.
- Dazu müssen Sie Emotionen überhaupt erkennen und verstehen und zwar die Emotionen beider Seiten. Vergessen Sie nicht, Ihre Emotionen zu artikulieren, und akzeptieren Sie die Emotionen der Gegenseite.
- Vermeiden Sie öffentliche Gegenreaktionen. Bei einem Gefühlsausbruch Emotionen frei zu lassen, kann zu emotionalen Gegenreaktionen bis zum lauten Streit führen. Geben Sie als Regel an, dass immer nur einer sich aufregen darf. Sehen Sie es als Zeichen der Professionalität an, wenn es Ihnen gelingt, Ihre Gefühle nach außen zu kontrollieren.
- Erlauben Sie dem anderen Dampf abzulassen, ohne sich davon provozieren zu lassen. Danach kann oft rationaler miteinander gesprochen werden. Hierbei ist es das Beste, wenn Sie ruhig zuhören und die Attacke nicht kommentieren, sondern eher auffordern weiterzusprechen.
- Symbolische Gesten, wie zum Beispiel eine Entschuldigung, erzielen große Wirkung. Insbesondere wenn es gerade mal nicht

so gut läuft: Laden Sie den Verhandlungspartner zum Beispiel zum Essen ein oder schenken Sie ihm einen Eintritt für einen Messebesuch.

Kommunizieren Sie professionell:

- Hören Sie aktiv zu, unterbrechen Sie den Gesprächspartner nicht.
- Stellen Sie Klärungsfragen, damit Ihnen nichts Wichtiges entgeht.
- Fassen Sie zusammen, was Sie verstanden haben, und lassen Sie sich bestätigen, dass dies richtig ist.
- Sprechen Sie über sich, damit der andere nachvollziehen kann, was Ihnen wichtig ist, und greifen Sie den anderen nicht an.
- Lassen Sie Heiterkeit und Gelassenheit Ihre Meister sein.

Wie tragikomisch es enden kann, wenn einzelne Gesprächspartner unbedingt Recht haben wollen, nur bei sich bleiben und sich nicht auf die Gegenseite einstellen, zeigt die Abschrift eines Funkgesprächs, das tatsächlich im Oktober 1995 zwischen einem US-Marinefahrzeug und kanadischen Behörden vor der Küste Neufundlands stattgefunden hat. Es wurde am 10.10.1995 vom *Chief of Naval Operations* veröffentlicht.

US-AMERIKANER: »Bitte ändern Sie Ihren Kurs 15 Grad nach Norden, um eine Kollision zu vermeiden.«

KANADIER: »Ich empfehle, Sie ändern IHREN Kurs 15 Grad nach Süden, um eine Kollision zu vermeiden.«

US-AMERIKANER: »Dies ist der Kapitän eines Schiffs der US-Marine. Ich sage noch einmal: Ändern Sie Ihren Kurs.«

KANADIER: »Nein. Ich sage noch einmal: Sie ändern Ihren Kurs.«

US-AMERIKANER: »DIES IST DER FLUGZEUGTRÄGER ›USS LINCOLN‹; DAS ZWEITGRÖSSTE SCHIFF IN DER ATLANTIKFLOTTE DER VEREINIGTEN STAATEN. WIR WERDEN VON DREI ZERSTÖRERN, DREI KREUZERN UND MEHREREN HILFSSCHIFFEN BEGLEITET. ICH VERLANGE, DASS SIE IHREN KURS 15 GRAD NACH NORDEN, DAS IST EINS FÜNF GRAD NACH NORDEN, ÄNDERN, ODER ES WERDEN GEGENMASSNAHMEN ERGRIFFEN, UM DIE SICHERHEIT DIESES SCHIFFES ZU GEWÄHRLEISTEN.«

KANADIER: »Dies ist ein Leuchtturm. Sie sind dran.«

Wie dagegen schon vor dem Beginn einer Verhandlung eine tragfähige Beziehung zum Verhandlungspartner aufgebaut werden kann, zeigt die folgende Geschichte:

Der dritte US-amerikanische Präsident, Thomas Jefferson, bevorzugte eine ganz eigene Verhandlungstaktik. Er lud seinen Gegenspieler zunächst in seine große Privatbibliothek ein und bot ihm an, sich in Ruhe umzusehen und sich ein Buch auszuleihen. Der Besucher fühlte sich dadurch geschmeichelt, immerhin setzte der US-amerikanische Präsident so viel Vertrauen in ihn, ihm Einblick in seine Büchersammlung zu gewähren und ihm sogar ein Buch auszuleihen. Gleichzeitig bekam Jefferson die Gelegenheit, herauszufinden, für was sich sein Gegenüber interessiert. Außerdem stand der andere in der unausgesprochenen Verpflichtung, nun Jefferson einen Gefallen zu tun.

Um den Verhandlungspartner anzuregen, seine Wahrnehmung zu ändern, kann es außerdem hilfreich sein, etwas zu tun, was dessen bisherigen Erfahrungen widerspricht. Da dies unerwartet für den Verhandlungspartner geschieht, sollte der Effekt sogar umso stärker sein – wie das folgende Beispiel zeigt:

Zwei Wochen nach einer Auseinandersetzung mit Bodo über seinen Wunsch nach mehr Gehalt sitzt Fleur mit Nele in der Kantine. »Weißt du was«, erzählt sie, »ich hatte heute ein weiteres Gespräch mit Bodo. Stell dir vor. Ich dachte, er käme, um jetzt seine Kündigung mit mir zu besprechen. Und was passiert? Der Kerl bringt doch glatt eine Tüte mit Butterbrezeln mit! Ich war ganz schön platt vor Überraschung!«

BARACK OBAMA SUCHT EINEN NEUEN DIALOG MIT DER ISLAMISCHEN WELT

EXKURS

US-Präsident Barack Obama nutzte eine Rede vor dem türkischen Parlament für deutliche Signale der Annäherung an die islamische Welt. »Die USA sind nicht in einem Krieg mit dem Islam«, sagte Obama am Montag, den 6. April 2009 in Ankara. Vielmehr setze er sich für eine tiefere Partnerschaft mit den Muslimen ein. Diese Gemeinsamkeit sei auch wichtig im Kampf gegen Extremisten und Terroristen, die die ganze Welt bedrohten. Statt sich wie ein Widersacher zu verhalten, setzt Obama auf Friedenssignale.

Obama hat übrigens drei Jahre Rechtswissenschaft an der *Harvard Law School* studiert (wie auch seine Frau Michelle und auch schon sein Vater Barack Obama Senior). Als erster Afroamerikaner wurde Barack Obama dort zum Präsidenten der Fachzeitschrift *Harvard Law Review* gewählt. 1991 machte Obama seinen Abschluss mit der Gesamtbewertung *magna cum laude*. Wenn Sie Obama im Fernsehen beobachten und seine Politik betrachten, werden sie ununterbrochen auf das Ideengut der Harvard-Methode stoßen.

CASE STUDY: FALL ETATKÜRZUNG – KLAPPE, DIE ERSTE

CASE STUDY

Nele ist schon den ganzen Morgen aufgeregt, sie wird Fleur heute zum ersten Mal bei einer schwierigen Verhandlung vertreten. Aufgrund der verschlechterten finanziellen Situation ihres Unternehmens hatte die Geschäftsleitung gebeten, bei einer Reihe von Etatvorschlägen, die der innerbetrieblichen Verbesserung der Kommunikation und Motivation dienen sollten, eine Kürzung vorzunehmen. Die Geschäftsleitung möchte, dass die Summe der Etatkosten von 330000 Euro auf 130000 Euro reduziert wird.

An der bevorstehenden Besprechung nehmen je zwei Vertreter der Abteilung Produktmanagement, Entwicklung und Produktion teil. Ziel der Besprechung ist es, die gewünschte Etatkürzung unter fairer Berücksichtigung der Interessen aller Beteiligten herbeizuführen.

Nele, als stellvertretende Leiterin des Produktmanagements, ist daran gelegen, möglichst viele von ihren Etatwünschen durchzusetzen. Das wird allerdings im Hinblick auf die starken Kürzungen nicht leicht werden, da auch die anderen Abteilungen sicherlich um ihren Etatanteil kämpfen werden. Eines ist jedoch klar: Wenn sich die Abteilungen nicht einigen, wird die Etatkürzung von der Geschäftsleitung »verordnet« werden. Sicherlich eine schlechte Lösung, zumal völlig offen ist, wer bei dieser Entscheidung den Kürzeren zieht. Alle Beteiligten sind entsprechend angespannt, denn sie wissen, dass das Gespräch schwierig werden wird.

CASE STUDY

Am Tag vorher setzt Fleur sich mit Nele zusammen und gibt ihr ein paar Tipps: »Nimm nicht sofort Platz, sondern lege deine Tasche erst einmal dorthin, wo du sitzen willst und gehe etwas umher. Halte Small Talk, das hilft, das Eis zu brechen. Sprich über das aktuelle Zeitgeschehen, deine Urlaubspläne und unseren letzten gemeinsamen Besuch auf dem Oktoberfest. Bleib in Bewegung, versuche möglichst viele Anwesende zu begrüßen und mit ihnen ins Gespräch zu kommen. Achte auf deine Haltung beim Stehen und Sitzen. Vermeide es, unnötig angespannt und steif zu sein. Es darf auch ruhig mal gelacht werden, das entspannt Euch alle. Vermeide es, in festen Gruppen zusammenzustehen. In einer Gruppe von fünf oder mehr Leuten ist es äußerst ärgerlich, wenn zwei Wort führen, während der Rest »im Abseits« steht. Achte darauf, auch Stephan und Roberto aus der Forschung und Entwicklung mit einzubeziehen.«

▶ ANALYSE

Fleur stimmt ihre Stellvertreterin darauf ein, von Beginn an zwischen der Person und dem Verhandlungsgegenstand zu unterscheiden. Die Technik, die sie Nele empfiehlt, heißt »Rapport aufbauen«.

Rapport aufbauen

In der Kommunikation versteht man unter Rapport einen guten empathischen Kontakt, der durch Spiegelung erzeugt wird, das heißt, indem man sich so verhält wie der andere. Fühlen Sie sich also in Ihren Gesprächspartner ein, begeben Sie sich in sein »Modell der Welt«. Dieser Prozess heißt *pacing* und bedeutet, den Gesprächspartner verbal, körpersprachlich oder auch im Atemrhythmus zu spiegeln, um Rapport herzustellen. Marathonläufer kennen »*pacer*« als »Schrittmacher«, die dafür sorgen, dass ein gleichmäßiges Tempo gehalten wird, damit der Läufer sein angestrebtes Ziel unter gleichbleibenden Einsatz seiner Kräfte erreicht. Beim Verhandeln können Sie Schrittmacher sein durch:

- verbales *pacing* – Professionelle Taktgeber übernehmen die Ausdrucksweise des Gesprächspartners, dazu können Sie visuelle, auditive und kinästhetische Sprachformen wählen: »Das klingt vernünftig, das sehen Sie ganz richtig, das macht einen guten Eindruck ...« Zusätzlich können Sie die Tonhöhe, Lautstärke und das Tempo der Sprechweise spiegeln.
- *pacing* der Körperhaltung, Gestik und Mimik – Will Ihr Gegenüber Distanz und lehnt sich zurück, dann lehnen auch Sie sich zurück. Sucht er Nähe, so neigen auch Sie sich nach vorne. Nehmen Sie die gleiche Körperhaltung ein, spiegeln Sie die gestische und mimische Ausdrucksweise. *Pacing*-Profis nehmen sogar den Atemrhythmus des anderen wahr und an.
- *leading* (die Verhandlung emotional steuern) – Ein weiterer Aspekt im Zusammenhang mit Rapport ist das *leading*. Hierbei übernehmen Sie die Führung, um Ihren Gesprächspartner in eine bestimmte Richtung zu lenken, indem Sie zum Beispiel die Körperhaltung oder das Sprechtempo verändern. Besteht Rapport, wird der Gesprächspartner Ihrer Veränderung folgen. *Leading* soll kein manipuliertes Führen, sondern ein respektvolles Miteinander sein, um einem Gespräch eine neue Richtung zu geben (zum Beispiel vom Problem zum Ziel, von Ärger zu mehr Gelassenheit).

CASE STUDY:
FALL ETATKÜRZUNG – KLAPPE, DIE ZWEITE

CASE STUDY

Nele ruft Fleur auf deren Handy an: »Fleur, was soll ich tun? Die schlagen sich hier die Köpfe ein. Wir haben gerade Kaffeepause und machen in zehn Minuten weiter. Am Anfang lief alles gut, doch dann fingen die von der Produktion an, uns nur noch anzugreifen. Die Forschung ist natürlich gleich darauf angesprungen und hat zurückgeschossen. Von da an war das Kind in den Brunnen gefallen.« »Gut, dass du anrufst, Nele. Bleib ganz ruhig! Hör zu: Ihr habt ein Beziehungsproblem. Das ist ein Störgefühl. Es resultiert aus der Diskrepanz zwischen Eurer jeweiligen Erwartung und der effektiven Erfahrung mit dem Verhandlungspartner. Die Behebung des Beziehungsproblems erfolgt am ehesten dadurch, dass du es direkt ansprichst, aber ohne dabei Widerstände bei den anderen zu erzeugen«, erklärt Fleur. »Ja, ja«, unterbricht Nele leicht genervt »Du hast ja recht. Das klingt bloß so lehrbuchmäßig. Aber was soll ich denn jetzt machen?« »Sprich an, wie ungeeignet Verhaltensweisen wie Beschimpfen, Angreifen, Bevormunden und Schulmeistern sind, denn diese erzeugen nur Gegenangriffe. Schlage vor, dass du auf einem Flipchart visualisierst, was du meinst. Fasse erst mal die Budgets zusammen, die jede Partei freiwillig streichen will. Das schafft einen ersten gemeinsamen kleinen Erfolg. Führ eine Spielregel ein: *Face the problem, not the people*. Hört euch offen und unvoreingenommen zu und keine alten Geschichten mehr! Zuhören bedeutet nicht, schweigend den Gesprächspartner ausreden zu lassen und ungeduldig darauf zu warten, selber wieder zu Wort zu kommen. Das bedeutet: Kopf bei der Sache! Herz bei der Person! Um das zu erreichen, müsst ihr loslassen von eurer Fokussierung nur auf euch selbst und auf Empfang schalten, offen sein gegenüber den anderen und verstehen, statt bewerten«, sagt Fleur. »Und Nele denk daran: *Soft on people, hard on points*. SOPHOP hat mir damals mein Professor an der Harvard University eingebläut. Ich sollte mir das damals auf ein kleines Kärtchen schreiben und vor jeder Verhandlung darauf schauen! Ich bin mir sicher, dass es dir so gelingt, eine Atmosphäre zu schaffen, in der ihr dann auch zu einem guten Ergebnis kommt. Nele, ruf mich wieder an, wenn noch was ist, okay?«

Fleur zeigt Nele in der Case Study nicht nur, wie sie weich zur Person ist, sondern auch wie sie hart in der Sache sein kann. Sie macht deutlich, dass es hilft, Seite an Seite am Tisch zu sitzen und den Vertrag, die Zeichnung, das Problem und oder was auch immer vor sich zu haben, um gemeinsam an einer Lösung zu arbeiten. Das Physische verstärkt das Psychologische. Sprechen Sie nüchtern mit dem Verhandlungspartner über Geschehnisse und wie diese empfunden werden. Es ist kein Beinbruch zu sagen: »Wissen Sie, meine Leute glauben schlecht behandelt worden zu sein und sind nun sehr verärgert. Wir befürchten eine Einigung würde nicht halten, selbst wenn wir eine erreichten ... Empfinden dies Ihre Leute ähnlich?« Die Folge ist, dass in der Regel die Verhandlungen aktiver werden und stärker am Problem gearbeitet wird, da die Personen nun von der Last ihrer nicht ausgedrückten Emotionen befreit werden.

Weiter hilfreich sind natürlich auch folgende schon in früheren Kapiteln besprochene Tipps:

- Klären Sie Ihre Ziele (maximal / realistisch / minimal).
- Klären Sie Ihren Verhandlungsspielraum.
- Bereiten Sie sich gut vor.
- Klären Sie Ihre BATNA.
- Verbessern Sie die BATNA, wenn möglich.

Prinzip 2 des Harvard-Konzeptes

Konzentrieren Sie sich auf Interessen nicht auf Positionen. Hinter jeder Position verbirgt sich ein Interesse (Motiv, Beweggrund, Bedürfnis) – das legitime Anliegen eines Verhandelnden, das ihn antreibt. Unterschiedliche Interessen lassen sich meist durch mehrere Möglichkeiten befriedigen. Interessengeleitetes Verhandeln ist deshalb, im Gegensatz zum positionellen Verhandeln, offen, was das Verhandlungsresultat betrifft, und schafft gerade dadurch neue Lösungsmöglichkeiten. Position zu beziehen, markiert zwar Stärke, offenbart aber gleichzeitig auch Schwäche, sollte die Forderung nicht erreicht werden. Darüber hinaus besteht immer das Risiko des Gesichtsverlustes.

Deshalb gelten folgende Empfehlungen:

- Schaffen Sie sich Klarheit über Ihre eigenen Interessen, legen Sie diese offen dar, ohne Position zu beziehen.
- Hinterfragen Sie die Positionen der Gegenseite auf die dahinterliegenden Interessen (Wozu? Wofür?).
- Sprechen sie gegebenenfalls über »Vorstellungen«, wie Interessen verwirklicht werden könnten.
- Konzentrieren Sie sich auf gemeinsame Interessen, lassen Sie Interessenkonflikte vorerst ruhen.

Zunächst einmal sollen hier die Begriffe »Position« und »Interesse« im Zusammenhang mit Verhandeln erklärt werden. Stellen Sie sich folgende Situation vor: Es ist kurz vor Ostern. Eine Mutter hört, wie sich ihre beiden Kinder in der Küche laut streiten: »Ich brauche vier Eier, ich will was für Ostern vorbereiten.« »Wir haben aber nur noch vier und ich brauche auch vier Stück, weil ich was für den letzten Schultag machen will.« »Ich habe es aber zuerst gesagt!« »Du spinnst wohl, das ist doch kein Grund, dann teilen wir eben.« »Aber zwei Eier reichen mir nicht, ich brauche alle.« In diesem Moment kommt die Mutter hinzu. Wie wird sie sich verhalten? Als erfahrene Mutter wird sie zunächst mal fragen, was ihre Kinder denn mit den Eiern vorhaben. »Ich will die Eier ausblasen und anmalen, damit ich sie an unseren Osterstrauch hängen kann«, erklärt der Sohn. »Ich will eine Biskuitrolle für unser Osterfrühstück in der Schule backen«, sagt die Tochter. Die Position jedes der Kinder wird deutlich gemacht durch die Forderung »Ich brauche vier Eier«. Das bedeutet, ohne die Interessen zu kennen, bliebe im günstigsten Fall eine Aufteilung, im ungünstigsten Fall geht eines der Kinder leer aus. Erst nachdem die Interessen klar sind, liegt die Lösung auf der Hand. Das Interesse der Tochter ist es, einen Kuchen zu backen; dafür braucht sie Eigelb und Eiweiß. Das Interesse des Sohnes ist es, Eier anzumalen; dazu braucht er nur die Schale. Während die reinen Positionen zu einem Konflikt führten, lassen sich die Interessen wunderbar vereinen, und es findet sich eine Lösung, in der es zwei Gewinner gibt. Sie glauben, das funktioniert bei »echten« Verhandlungen nicht? Vielleicht haben Sie schon von folgendem im Exkurs geschilderten Beispiel gehört.

SINAIHALBINSEL

EXKURS

Im Sechs-Tage-Krieg (1967) wurde die Sinaihalbinsel von Israel besetzt. 1978 kamen Ägypten und Israel in Camp David zu Friedensgesprächen zusammen. Ihre Positionen schienen nicht vereinbar: Israel bestand auf die weitere Besetzung der Halbinsel. Ägypten wollte keinen Zentimeter von seiner Hoheitsgewalt abrücken. Mehrmals wurden Karten mit möglichen neuen Grenzverläufen gezeichnet.

Der damalige US-Präsident, Jimmy Carter, vermittelte zwischen den Verhandlungsteams, die unter der Leitung von Israels Ministerpräsidenten, Menachem Begin, und Ägyptens Präsident, Anwar as-Sadat, standen. Schließlich stellte Jimmy Carter die entscheidende Frage nach den Interessen der beiden Parteien. Es stellte sich folgendes heraus:

Ägypten ging es darum, dass ein Teil ihres Landes, nach dem es von den Griechen, Römern, Türken, Franzosen und Briten besetzt war, wieder zu ihrem Reich gehört, wie es schon zu Zeiten der Pharaonen war. Israel dagegen wollte nicht das Land, sondern Sicherheit. Die Israelis wollten um jeden Preis verhindern, dass nahe der israelischen Grenze Panzer stationiert sein könnten, die eventuell für einen Überraschungsangriff auf Israel eingesetzt werden könnten.

Die Lösung sah so aus, dass der Sinai großräumig entmilitarisiert und in ägyptische Souveränität zurückgegeben wurde. Somit bewahrte Ägypten sein Gesicht in der arabischen Welt, denn die ägyptischen Flaggen wehten wieder im ganzen Land, und Israel fühlte sich wieder sicher, da die ägyptischen Panzer weit genug entfernt standen. Im März 1979 unterzeichneten die Parteien den israelisch-ägyptischen Friedensvertrag. Im Dezember 1978 wurden Anwar as-Sadat und Menachem Begin für ihre Bemühungen um eine Aussöhnung mit dem Friedensnobelpreis ausgezeichnet. Nach seiner Präsidentschaft gründete Jimmy Carter das *Carter Center*, eine Non-Profit-Organisation, und war vor allem im Bereich der Menschenrechte und der internationalen Vermittlung aktiv. Dafür sprach das Nobelkomitee 2002 Jimmy Carter den Friedensnobelpreis zu.

CASE STUDY: FALL ETATKÜRZUNG – KLAPPE, DIE DRITTE

CASE STUDY

Fleurs Telefon klingelt. Komisch, denkt diese, Nele müsste doch mitten in der Verhandlung sein. »Nele?« »Fleur, ich bin hier gerade in den Waschräumen. Ich kann nicht so laut sprechen. Stell dir vor: Die Stimmung ist schon wieder ganz gut, aber jetzt will keiner sich bewegen. Keiner sagt was ihm wichtig ist und warum. Die Forschung und die von der Produktion wollen von den anderen nur immer wieder Posten wegstreichen. Wogegen diese dann natürlich Einspruch einlegen. Wir fangen schon an uns im Kreis zu drehen. Was soll ich tun???«, wispert Nele. »Okay, hör zu. Du sprichst an, dass es für uns alle das Schlechteste ist, wenn die Geschäftsleitung verordnet, wo die Kürzungen stattfinden. Dann stellst du Fragen. Viele Fragen, Nele. Fragen, mit denen du die Interessen der Forschung und der Produktion direkt erfragst. Was ist euch am Wichtigsten? Dann Fragen, mit denen du hinter die Positionen kommst: Welchen Vorteil habt ihr, wenn ...? Wozu braucht ihr ...? Und vergiss nicht, auch unsere Interessen offenzulegen. Unser Anliegen ist es unbedingt, die neuen Blackberries für das Produktmanagement anzuschaffen, damit ihr auch von unterwegs jederzeit Zugang zu den Firmendaten habt. Auf die Durchführung der Osterpromotion können wir verzichten.« »Danke, Fleur« flüstert Nele, die Tür zum Waschraum geht auf. Nele unterbricht die Leitung.

Wie Sie die Interessen der Gegenseite herausfinden

Wie wir im Fall Etatkürzung (siehe Case Study) sehen, rät Fleur Nele zu fragen, zu fragen, zu fragen. Tatsächlich ist der Einsatz von offenen Fragen die wirkungsvollste Technik, um die Interessen klar herauszufinden und zu verstehen. Folgende Fragen bieten sich dazu an:

- direkte Fragen nach den Interessen der anderen
  - Welche Ziele wollen Sie in dieser Verhandlung erreichen?
  - Was ist Ihr Hauptanliegen?
  - Welche Interessen liegen dahinter?
  - Was würde geschehen, wenn ...?
  - Was würde geschehen, wenn nicht ...?

- Fragen nach den Interessen hinter bestimmten Positionen
  - Was genau an ... ist Ihnen wichtig?
  - Welchen Vorteil haben Sie, wenn Sie ... bekommen?
  - Welchen Nutzen haben Sie, wenn ...?
  - Wozu brauchen Sie ...?

Gleichzeitig sollten Sie Ihre eigenen Interessen offenlegen und dazu die folgenden Formulierungen nutzen:

- Es geht mir darum, dass ...
- Ich möchte ... erreichen, weil ...
- Es macht mir Sorgen, dass ...
- Ich wünsche mir, dass ...
- Mein größtes Anliegen ist ...

Was passiert, wenn Parteien zu sehr auf Ihren Positionen beharren, ohne zu versuchen, die Gegenseite zu verstehen, zeigt folgendes Gespräch zwischen Niels und Nele:

NIELS: »Unsere Wohnung müsste renoviert werden und einen neuen Boden brauchen wir eigentlich auch. Ich hätte dann gerne gleich was Richtiges. Parkett. Eiche gefällt mir gut. Besonders Raucheiche ist wirklich ein wunderbarer Farbton, der gut zu unserem weißen Sofa passt.«

NELE: »Das ist viel zu teuer. Und sowieso ist unsere monatliche finanzielle Belastung viel zu hoch!«

NIELS: »Schon seit langem ist die Belastung gleichbleibend stabil. Wir kommen doch gut zurecht.«

NELE: »Nein, die Lebenshaltungskosten sind bereits so hoch, da können wir nicht auch noch die Ausgaben für einen teuren Boden tragen.«

NIELS: »Junge Leute wie wir brauchen was Repräsentatives.«

NELE: »Junge Leute wie wir können so hohe Belastungen nicht bezahlen!«

NIELS: »Junge Leute wie du, die immer auf Highheels rumlaufen, strapazieren jeden Boden übermäßig.«

NELE: »Du solltest dir überlegen, wie es um das Niveau unserer Partnerschaft steht.«

NIELS: »Du bist kalt und distanziert. Dich interessiert nicht, was mir wichtig ist.«

NELE: »Ich bin eine sehr rücksichtsvolle Partnerin, die niemals über ihre Verhältnisse lebt.«

Was glauben Sie? Werden sich Nele und Niels einig werden? Was könnte helfen, dass sich beide doch noch einigen? Die Schuhe des anderen anziehen – auch wenn damit nicht gemeint ist, dass Niels Neles Highheels tragen soll. Oft sieht man nur seine eigene Position und beim Verhandlungspartner nur dessen Fehler. Will man jedoch jemanden beeinflussen, dann muss man dessen Situation verstehen. Dies führt oftmals zum Überdenken der eigenen Ansichten, was dann ermöglicht, das Konfliktpotenzial zu vermindern. Menschen neigen zur Annahme, dass das, was sie selbst fürchten, der Verhandlungspartner auch zu tun beabsichtigt. Die Folge ist, dass alles, was gesagt wird, von einer negativen Seite betrachtet und ständig von bösen Absichten ausgegangen wird. Dadurch nimmt man häufig neue Ideen von der Gegenseite erst gar nicht an, die vielleicht gut für alle Beteiligten wären. Hätte Nele unerwartet agiert und sich nicht provozieren lassen, sondern nach Möglichkeiten gesucht, Niels zu verstehen, wäre das Gespräch anders verlaufen.

Vorsicht mit Vorwürfen

Werfen Sie der Gegenseite nicht ihre Probleme vor. Selbst wenn ein Vorwurf gerechtfertigt wäre, ist es in der Regel dennoch kontraproduktiv: Der Verhandlungspartner wird sich angegriffen fühlen, in eine Defensivhaltung gehen und nicht mehr offen zuhören.

Nur wenn Sie die Interessen kennen und anerkennen und auch Ihre Interessen gekannt und anerkannt werden, werden Sie in der Verhandlung zum nächsten Schritt gehen können, dem Entwickeln von Lösungen.

Prinzip 3 des Harvard-Konzeptes

Entwickeln Sie gemeinsam mit allen Beteiligten möglichst viele Optionen, bewerten und entscheiden Sie später! Eine optimale Problemlösung, die den Interessen aller Parteien bestmöglich gerecht wird, bedarf der kreativen Ideenentwicklung aller Beteiligten. Damit Kreativität sich besonders gut entwickeln kann, sollten Sie vorschnelles Urteilen und damit die Gefahr der Einnahme von festen Positionen vermeiden. Suchen Sie nach mehr als »der« einen richtigen Lösung. Lösen Sie sich von den Vorstellungen, dass der »Kuchen« begrenzt sei und dass die anderen ihre Probleme gefälligst selbst lösen sollten.

Deshalb gelten folgende Empfehlungen:

- Formulieren Sie »kreative Fragen« (offene Fragen nach Lösungsmöglichkeiten).
- Geben Sie sich nicht mit der erstbesten Lösung zufrieden, sondern suchen Sie nach weiteren Möglichkeiten, Modellen oder Varianten (Brainstorming).
- Suchen Sie nach Lösungsmöglichkeiten, die die Interessen beider Parteien berücksichtigen, also auch den Interessen der Gegenpartei gerecht werden.
- Schieben Sie Zustimmung oder Ablehnung so lange hinaus, bis das Kreativitätspotenzial aller beteiligten Personen ausgeschöpft ist.

DAS EI DES KOLUMBUS

EXKURS

Es war Ende des 15. Jahrhunderts. Noch dachten viele Menschen, die Erde sei eine Scheibe. Wer nur lange genug in eine Richtung gehe, werde früher oder später das Ende der Welt erreichen und im schlimmsten Fall an Portugals Westküste über die Kante ins Nichts stürzen. Nur langsam gewöhnten die Menschen sich an den verrückten Gedanken, dass die Erde eine Kugel sein solle.

Ganz anders ein Mann namens Christoph Kolumbus. »Wenn die Erde eine Kugel ist, dann muss es auch möglich sein, sie in zwei Richtungen zu umrunden«, so folgerte er. »Wenn ich westwärts segle, dann werde ich auch dort eine Route nach Indien finden.« Die Idee war für die damalige Zeit revolutionär und niemand glaubte daran. Kolumbus bat den König, ihm Geld zur Ausstattung einer Flotte zur Verfügung zu stellen. Der König beratschlagte sich mit seinen Admiralitäten, die schüttelten ihre weisen Häupter. Man habe kein Geld für so eine verrückte Idee, da könne man das Geld doch gleich die Kante hinunter werfen. Doch Kolumbus war ein Mann der Tat. Hart in der Sache und flexibel im Vorgehen. Er bat die Königin um Unterstützung, sie gewährte ihm diese und am 3. August 1492 stach er mit nur drei Schiffen in See. Nach drei Wochen auf hoher See kamen Zweifel auf. Weit und breit keine Küste. Dann am 12. Oktober erklang endlich der ersehnte Ruf »Land in Sicht!«.

Als Kolumbus heimkehrte, war er ein gefeierter Held. Nur die Admiralitäten des Königs konnten sich nicht so recht mit Kolumbus freuen. Während eines Essens mit Kardinal Mendoza, seinem größten Widersacher, wurde ihm vorgehalten, es sei ein Leichtes gewesen, die »Neue Welt« zu entdecken, es hätte dies schließlich auch jeder andere vollführen können. Der Erfolg habe viele Väter. Daraufhin forderte Kolumbus die Anwesenden auf, ein gekochtes Ei auf seiner Spitze zum Stehen zu bringen. Es wurden viele Versuche unternommen, aber niemand schaffte es, diese Aufgabe zu erfüllen. »Das ist eine unlösbare Aufgabe, versuchen Sie es doch selbst!«, wurde Kolumbus gebeten. Dieser schlug das Ei mit der Spitze auf den Tisch, sodass sie leicht eingedrückt war und das Ei nun stehen blieb. Als die Anwesenden protestierten, dass sie das auch gekonnt hätten, antwortete Kolumbus: »Der Unterschied ist, meine Herren, dass Sie es hätten tun können, ich hingegen habe es getan!«

Die im Exkurs geschilderte Anekdote zeigt, dass es sich lohnt, auch dann an Lösungen zu glauben, wenn sie auf den ersten Blick scheinbar unmöglich erscheinen. Sehr oft bewegen sich Verhandelnde in vorgefertigten Denkspuren und sehen nur die Möglichkeiten, die sie sich aufgrund ihres persönlichen, eingeschränkten Erfahrungsschatzes vorstellen können.

In Südamerika ist übrigens eine Version verbreitet, nach der Kolumbus das Ei nicht eingedrückt, sondern in aufgehäuftes Salz gestellt hat, woran Sie sehen, dass es auch immer mehr als nur eine Lösung gibt!

Wie Sie Optionen beim Verhandeln in der Praxis entwickeln

Eine der Grundideen des Verhandelns zum beiderseitigen Vorteil (»*mutual-gains*-Ansatz«) ist der Glaube daran, den »Kuchen« vergrößern zu können. Nutzen Sie in der Phase der Lösungssuche deshalb das Brainstorming als Technik. Viele Köpfe haben mehr Ideen als nur ein Einzelner. Dazu gibt es ein paar Empfehlungen:

- Quantität vor Qualität, alles ist erlaubt. Es geht in dieser ersten Phase der Ideenfindung darum, möglichst viele Optionen zu finden (Optionen sind mögliche Lösungen und keine tatsächlichen Lösungen).
- Schreiben Sie die Optionen auf (wenn Sie die Optionen nur mündlich in den Raum werfen, sind sie schnell vergessen).
- Die Bewertung der Lösungen erfolgt erst im nächsten Schritt (keine Killerphrasen und keine Diskussionen, die Sie weg vom eigentlichen Tun, dem Sammeln der Ideen, bringen).

CASE STUDY: FALL ETATKÜRZUNG – KLAPPE, DIE VIERTE

CASE STUDY

Fleur steht zuhause in der Küche und bereitet mit ihrer Familie das Abendessen zu. Ihr Handy klingelt. Schon auf dem Display sieht sie, dass es wieder Nele ist. »Guten Abend, Fleur, wir sind fertig. Ich wollte dir noch kurz eine Rückmeldung geben, wie es weiter gelaufen ist.« Fleur hört schon an Neles Stimme, dass diese ganz entspannt und auch etwas erschöpft klingt. »Also, auf den Punkt gebracht: Wir haben die Kürzungen gerecht und für alle zufriedenstellend aufgeteilt. Ich gehe schnell durch unsere fünf Positionen: 1. Die Weihnachtsfeier im Palazzo bei Starkoch Schuhmann haben wir gestrichen. 2. Die Weiterbildung unserer Mitarbeiter in Kundenorientierung werden wir strecken, das heißt, ein Teil wird dieses Jahr trainiert, der andere Teil dann nächstes Jahr. 3. Bei den Farb-Laser-Kopierer sieht es so aus, dass wir nur einen statt wie geplant zwei anschaffen und uns den einen auch noch mit der Personalabteilung teilen werden. 4. Die Anschaffung der Blackberries konnte ich durchsetzen, wir werden sie allerdings leasen und nicht kaufen. Ja, irgendwann war der Knoten geplatzt und wir waren wirklich kreativ. Das Visualisieren auf dem Flipchart hat ungemein geholfen und auch, dass wir erst einmal nur Möglichkeiten durchgesprochen haben, ohne sie zu bewerten. Entwicklung und Produktion haben ähnliche Ergebnisse für sich erzielt. Die Details siehst du dann morgen. Danke für deine Tipps heute und noch einen schönen Abend.«

Prinzip 4 des Harvard-Konzeptes

Bestehen Sie auf der Anwendung von fairen Standards und Verfahren. Vernünftige und faire Resultate werden Sie in Ihren Verhandlungen erzielen, wenn der Weg der Entscheidungsfindung nachvollziehbar ist. Sind die Kriterien transparent und werden diese von beiden Seiten akzeptiert, so hat keine der Parteien das Gefühl von Willkür. Das Gleiche gilt für die Nachvollziehbarkeit von Verfahrensweisen.

Suchen Sie nach allgemein gültigen Normen, Werten, Rechtsgrundsätzen, die als objektive Entscheidungskriterien verwendet werden können, weil sie:

- von allen parteiischen Interessen der einzelnen Verhandlungspartner unabhängig sind
- für alle beteiligten Verhandlungspartner gültig sind und damit verbindlich sein können
- die Standardisierung für zukünftige Verhandlungen ermöglicht
- die gleichen Standards auch in anderen Situationen, mit anderen Partnern und an anderen Orten, angewandt werden können

Wie Sie Legitimation ins Spiel bringen können

Je mehr neutrale Standards (Normen, anerkannte Richtlinien und so weiter) verwendet werden, desto geringer ist das Risiko, dass ein Verhandlungspartner glaubt, schlecht behandelt worden zu sein, oder später versuchen wird, die Vereinbarung zurückzuweisen. Die objektiven Kriterien sollten für beide Seiten gelten, hierfür kann der Umkehrungstest angewendet werden: Wenn ein Immobilienmakler Ihnen ein Haus abkaufen will und Ihnen dazu ein Standardformular anbietet, ist es klug zu fragen, ob dies dasselbe Formular ist, das er verwendet, wenn er ein Haus verkauft.

Legitimation muss eingefordert werden. Gewöhnen Sie sich an, bei jedem Streitfall gemeinsam mit dem Gegenspieler nach objektiven Kriterien zu suchen. Beharren Sie auf dem Hinzuziehen dieser Kriterien und seien Sie selbst flexibel genug, sich auf vernünftige Vorschläge, die die Gegenseite diesbezüglich macht, einzulassen.

So können Sie direkt nach den Kriterien, also nach der Messlatte Ihres Gegenübers fragen:

- Was ist für Sie der Maßstab?
- Was macht die Entscheidung für Sie fair?
- Wie sind Sie auf dieses Kriterium gekommen?
- Was ist der Grund dafür, diesmal abzuweichen?
- Können Sie mir sagen, wie Sie zu diesem Schluss gekommen sind?

So können Sie Ihren eigenen Maßstab einbringen:

- Der Vorschlag ist für mich annehmbar, wenn ...
- Würden Sie das Angebot an meiner Stelle annehmen?
- In einem ähnlichen Fall ...
- In unserer Firma / Branche ist es üblich, dass ...

Beispiele für objektive Kriterien

- Expertenwissen (zum Beispiel wissenschaftliche Studien, Gutachten, Sachverständige)
- frühere vergleichbare Fälle (zum Beispiel Benchmarks = genormte Tests mit deren Hilfe Verfahren verglichen werden können)
- moralische Kriterien (zum Beispiel Gegenseitigkeit, Gleichbehandlung, AGG = Allgemeines Gleichstellungsgesetz).
- Gerichtsurteile (zum Beispiel aus Datenbanken oder Rechercheportalen)
- Traditionen (Historie, Sitten und Gebräuche, kulturelle Besonderheiten)

DAS SALOMONISCHE URTEIL

EXKURS

Die Zeit der Herrschaft des König Salomo gilt in der Bibel als eine Zeit des Friedens und Wohlstandes. Als Gott Salomo die Gewährung eines Wunsches zusagte, da wünschte dieser sich Weisheit, um sein Volk gerecht regieren zu können, da er sich dieser Aufgabe noch nicht gewachsen fühlte. Diese Bitte wurde ihm von Gott erfüllt.

Eines Tages kamen zwei junge Frauen zum König und baten um Rechtsprechung. Die eine sagte: »Bitte, Herr, diese Frau und ich wohnen im gleichen Haus, und ich habe dort in ihrem Beisein geboren. Am dritten Tag nach meiner Niederkunft gebar auch diese Frau. Wir waren beisammen; kein Fremder war bei uns im Haus, nur wir beide waren dort. Nun starb der Sohn dieser Frau während der Nacht; denn sie hat ihn im Schlaf erdrückt. Sie stand mitten in der Nacht auf, nahm mir mein Kind weg, während meine Magd schlief, und legte es an ihre Seite. Ihr totes Kind aber legte sie an meine Seite. Als ich am Morgen aufstand, um mein Kind zu stillen, war es tot. Als ich es aber am Morgen genau ansah, war es nicht mein Kind, das ich geboren hatte.« Da rief die andere Frau: »Nein, mein Kind lebt und dein Kind ist tot.« Doch die erste entgegnete: »Nein, dein Kind ist tot, und mein Kind lebt.«

Als man das Kind vor den König brachte, stritten die Frauen weiter. Da befahl der König: »Holt mir ein Schwert! Schneidet das lebende Kind entzwei und gebt eine Hälfte der einen und eine Hälfte der anderen!« Doch nun bat die eine Mutter den König: »Bitte, Herr, gebt ihr das lebende Kind, und tötet es nicht!« Doch die andere rief: »Es soll weder mir noch dir gehören. Zerteilt es!« Da entschied der König: »Gebt jener, die das Kind weggeben will, das lebende Kind, und tötet es nicht; denn sie ist seine Mutter.«

Was zeigt dieses Beispiel? König Salomo entscheidet sich für ein auf den ersten Blick drastisches Verfahren, um diesen Streit zu schlichten. Er will das Kind zerteilen. Angezweifelt wird dieses Verfahren von der moralisch integeren Kindsmutter, deren Liebe über den »Besitz« des Kindes hinausgeht. Als unparteiischer Dritte entscheidet König Salomo auf Basis moralischer Kriterien.

Quelle: Wikipedia

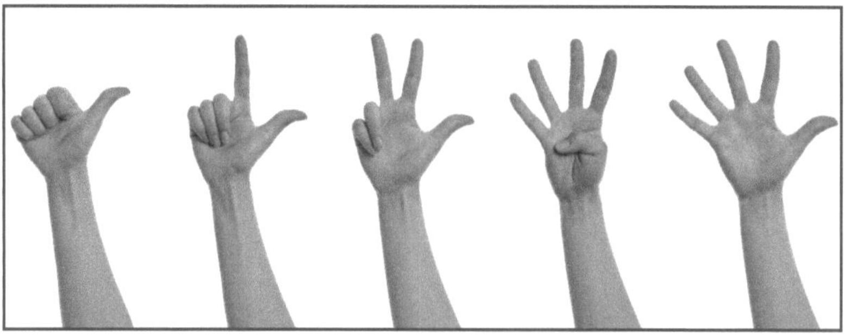

Einer schneidet, der andere wählt

Können Sie sich noch an Situationen in Ihrer Kindheit erinnern, in denen es warmen Apfelkuchen gab? Sie und Ihr Bruder oder Ihre Schwester saßen am Tisch und Sie hatten die Sorge, dass in ungleiche Stücke geteilt werden könnte. Vielleicht wählte Ihre Mutter die salomonische Lösung: Einer schneidet, der andere darf auswählen. So kann sich keiner beschweren, unfair behandelt worden zu sein.

Wichtig ist, dass bei solchen Vorgehensweisen für alle Nachvollziehbarkeit und Transparenz gegeben sind. Stellen Sie sich vor, Sie haben von einer reichen Erbtante eine Villa voller Antiquitäten geerbt. Der reizvolle Gedanke wird nun leicht getrübt, weil Sie nicht alleiniger Erbe sind, sondern sich das Erbe zu gleichen Anteilen mit Ihren beiden Brüdern und Ihren acht Nichten und Neffen teilen müssen. Welche Möglichkeiten hat ein Nachlassverwalter, den Prozess der Verteilung fair zu gestalten? Es gibt auch hier unterschiedliche Möglichkeiten zur Beilegung von Differenzen. Der Nachlassverwalter könnte elf Posten definieren und dann das Los entscheiden lassen. So hätte zumindest jeder die gleiche Chance. Oder er könnte alles verkaufen und das Geld gerecht verteilen oder die Erben selbst Posten bilden lassen und dann die Neffen und Nichten bitten, zuerst zu wählen. Oder ... Sie sehen, auch Verfahren und Vorgehensweisen wollen geplant sein und müssen den Beteiligten das Gefühl von Gerechtigkeit vermitteln. Sonst könnte dieses Erbe als Erbstreit vor einem Gericht enden. Wo dann ein Richter ein schlichtendes Machtwort sprechen würde.

CASE STUDY: KREDITVERSICHERUNG BEWAHRT VOR DEM RUIN

CASE STUDY

Florian, Fleurs Mann, ist Inhaber des mittelständischen Kunststoffunternehmens »Polyflo«, das auf die Herstellung von Komponenten für die Automobilindustrie spezialisiert ist. Da seine Produktionskapazitäten für wesentlich höhere Stückzahlen ausgelegt sind, treibt ihn der Wunsch nach einem neuen Großauftrag im PKW-Segment um. Auf einer Messe kann er sein Glück kaum fassen: Einer der großen Zulieferer stellt ihm einen umfangreichen Auftrag in Aussicht. Nach langwierigen Gesprächen wird man sich schließlich einig – über ein Millionengeschäft. Florian stockt seinen Maschinenpark auf, mietet noch eine Lagerhalle hinzu und stellt 15 neue Mitarbeiter ein. Der ruinöse Preiskampf in der Autobranche, von der Wirtschaftspresse fast täglich diskutiert, scheint spurlos an ihm vorbeizugehen. Er hat seinen Vertrag in der Tasche.

Dann spürt auch er erste Anzeichen der Finanzkrise. Sein mächtiger Geschäftspartner gerät wirtschaftlich ins Trudeln. Zahlungen für gelieferte Ware bleiben aus. Schließlich vernimmt Florian die Nachricht aus der Presse: Der Großzulieferer hat Konkurs angemeldet. Florian, durch neue Investitionen und laufende Kosten inzwischen hoch verschuldet, kann die laufenden Kosten nicht mehr finanzieren. Das Aus? Ein klassischer Fall von Folgeinsolvenz? Nein. Der Weg zum Amtsgericht bleibt Florian zum Glück erspart, denn er hatte rechtzeitig eine Kreditversicherung abgeschlossen. Bei zeitgleichen Restrukturierungsmaßnahmen kann er »Polyflo« vor dem Ruin bewahren. Doch der exakte Entschädigungsanspruch muss noch verhandelt werden. Florian trifft den Versicherungsfachmann Rio Siko in dessen Büro.

HERR SIKO: »Wir haben Ihren Fall untersucht und entschieden, dass unsere Versicherung greift. Dies bedeutet, dass Sie Anspruch auf 2 Millionen Euro haben.«

FLORIAN: »Ich verstehe. Wie kommen Sie auf diese Summe?«

HERR SIKO: »Wir haben entschieden, dass Ihre Firma das noch wert war.«

FLORIAN: »Aha, aber nach welchen Standards haben Sie diesen Betrag festgelegt?«

HERR SIKO: »Wie viel haben Sie sich denn vorgestellt?«

FLORIAN: »So viel, wie mir nach meinem Versicherungsschutz zusteht.«

CASE STUDY

Herr Siko: »Der passende Versicherungsschutz richtet sich ganz nach Umsatzgröße und Struktur des Unternehmens.«

Florian: »Wir hatten in den letzten fünf Jahren einen durchschnittlichen Umsatz von 14,5 Millionen Euro im Jahr. Das ergäbe dann nach Ihren Bedingungen eine Entschädigungssumme von mindestens 3 Millionen Euro.«

Herr Siko: »Das ist zu viel. Jetzt kommen sie alle, die kleinen Firmen ohne Eigenkapitalquote.«

Florian: »Einer meiner Mitbewerber ›Polyfix‹ hat von Ihnen 4 Millionen Euro erhalten. ›Polyfix‹ ist kleiner als meine Firma. Sie stimmen mir doch zu, dass ich so viel erhalten sollte, wie wir vertraglich festgelegt haben, damit mein Unternehmen gerettet werden kann. Ich verlange nicht 3, 4, oder 5 Millionen, sondern eine faire Entschädigung.«

Herr Siko: »Okay, ich biete Ihnen 3,5 Millionen Euro, das ist der maximale Betrag nach unserer Unternehmensrichtlinie.«

Florian: »Wie kommt Ihre Versicherung zu dieser Zahl?«

Herr Siko: »Sie sind ja vielleicht hartnäckig. Hören Sie, 3,5 Millionen Euro ist alles was ich Ihnen geben kann. Nehmen Sie es oder lassen Sie es.«

Florian: »Vielleicht sind die 3,5 Millionen Euro fair. Ich weiß es aber nicht genau. Ich verstehe, wenn Sie an Unternehmensrichtlinien gebunden sind. Aber solange Sie nicht objektiv sagen können, warum es genau dieser Betrag ist, der mir zusteht, werde ich nochmals bei unserem Verband nachfragen, die haben dort Experten zu diesen Themen. Ich schlage vor, wir sprechen morgen noch einmal darüber. Wäre Ihnen 10 Uhr recht?«

Nach fundierter Beratung durch den Experten des Verbandes für Kunststoff erzeugende Industrie, einigt Florian sich am nächsten Tag auf eine Entschädigungssumme in Höhe von 3,8 Millionen Euro.

Wie viel einfacher es sich mit einheitlichen Maßstäben verhandelt, zeigt sich auch, wenn man als Europäer in den USA einkauft. Man muss die hier gebräuchlichen Einheiten von Unzen, Gallonen oder Meilen in die in Europa gebräuchlichen umrechnen – und dabei kann sich schnell ein Fehler einschleichen. Richtig fatal wird es, wenn davon eine wertvolle Raumsonde betroffen ist (siehe Exkurs auf Seite 206).

Einigen Sie sich mit Ihrem Verhandlungspartner auf einheitliche Maßstäbe. Das hilft (manchmal sehr teure) Missverständnisse zu vermeiden.

DER VERLUST DES *MARS CLIMATE ORBITER*

EXKURS

Mars, der rote Planet, ist ein Nachbar der Erde – und ihr in vielerlei Hinsicht ziemlich ähnlich. Die Planetenforscher sind seit jeher von ihm fasziniert und schicken immer neue Sonden und Roboter Richtung Mars, um ihn bis ins letzte Detail zu erkunden: Gibt es dort Wasser oder gar Leben? Und: Was für ein Klima herrscht eigentlich auf dem Mars? Am 11. Dezember 1998 schickt die NASA eine Rakete zum roten Planeten. An Bord war der *Mars Climate Orbiter*. Ein Satellit, der den Mars auf einer Umlaufbahn umkreisen soll. Der Start klappt wie geplant, auch der neun Monate lange Flug. Am 23. September 1999 hat der *Mars Climate Orbiter* sein Ziel erreicht. Doch um nicht am Mars vorbeizufliegen, musste er gewaltig abbremsen.

Dabei muss man aufpassen, dass die Sonde nicht zu tief in die Atmosphäre eintaucht. Sonst droht sie zu verglühen. Bei älteren Missionen hatte dieses Manöver funktioniert. Doch als der *Mars Climate Orbiter* nach dem Abbremsen wieder aus dem Funkschatten des Mars austreten soll, herrschte Funkstille. Der Kontakt war abgebrochen, die 200 Millionen Dollar teure Sonde verloren. Sie hat sich dem Mars nicht wie geplant bis auf 150 Kilometer genähert, sondern bis auf 57 Kilometer. Hier ist die Atmosphäre bereits relativ dicht, und der Orbiter wurde durch die Hitze zerstört.

Die Ursache des Navigationsfehlers war bald gefunden – und ziemlich peinlich: Die NASA hatte – wie international üblich – mit Metern und Kilometern gerechnet. Der Hersteller *Lockheed Martin* dagegen hatte die Navigationssoftware in Zoll und Fuß ausgelegt, also in US-amerikanischen Einheiten. Aufgefallen ist das niemandem. Als Folge wurde der Kurs der Sonde falsch berechnet. Sie kam dem Mars zu nah, ging verloren – und der Rest der Welt schüttelte verwundert die Köpfe.

Prinzip 5 des Harvard-Konzeptes

Entscheiden Sie sich für oder gegen ein Verhandlungsergebnis durch einen Vergleich mit Ihrer besten Alternative! Ein Verhandlungsergebnis ist ein Erfolg, wenn es besser als die beste vorhandene Alternative jenseits der Verhandlung ist. Niemand wird einer Verhandlungslösung zustimmen, zu der er oder sie eine bessere Alternative hat. Ist eine solche Alternative vorhanden, wird das Gefühl der Abhängigkeit vom Verhandlungspartner vermieden.

Deshalb gelten die folgenden Empfehlungen:

- Entwickeln Sie im Vorfeld mögliche Alternativen zu dem bestmöglichen Verhandlungsergebnis.
- Stimmen Sie nur dann einer Verhandlungslösung zu, wenn diese besser als die Alternative ist.
- Prüfen Sie, ob die andere Seite zu einer vorgeschlagenen Verhandlungslösung eine bessere Alternative hat.
- Drohen Sie dem Verhandlungspartner nicht mit der eigenen Alternative. Teilen Sie ihm diese allenfalls als eigenes Entscheidungsproblem mit.
- Beziehen Sie die zweitbeste Alternative aller Parteien als Option in die Verhandlung mit ein.

Das fünfte Prinzip ist insoweit ein besonderes Prinzip, als es eigentlich auch Prinzip »Null« heißen könnte. Während die Prinzipien 1 bis 4 dem Verlauf einer Verhandlung linear folgen, ist Prinzip 5 davon losgelöst. Schon vor der Verhandlung überlegt der Verhandelnde, welche Alternativen sich ihm bieten, sollte er in dieser Verhandlung zu keinem Ergebnis kommen. Im englischsprachigen Raum wird die beste Alternative mit einem Akronym als BATNA bezeichnet *(Best Alternative to a Negotiated Agreement)*. Dieser Begriff ist sehr weit verbreitet und wird häufig benutzt. Es kann Ihnen passieren, dass Sie ganz gezielt nach Ihrer BATNA gefragt werden. (siehe Kapitel 2).

Wenn bis zu einem bestimmten Punkt keine Aussicht auf Einigung besteht, sollte für Sie nicht mehr die Frage sein, was sollte ich bekommen, sondern vielmehr welche Alternativen bestehen für mich. Mit diesen BATNA sollten Sie alles Weitere vergleichen. Je besser ihre BATNA, umso größer Ihre Verhandlungsmacht.

Ein häufiges psychologisches Problem ist dabei die »Aufsummierung« der Alternativen: Man sagt sich zum Beispiel: »Wenn ich keine Einigung bei diesem Investor erziele, kann ich immer noch selbst produzieren, die Idee als Patent verkaufen, Lizenzen vergeben und so weiter.« Oftmals denkt man, dass all dies in der Summe attraktiver ist als das gegenwärtig zu erwartende Ergebnis der Verhandlung. Man vergisst allerdings, dass man nur eine Alternative verwirklichen kann.

CASE STUDY: SEBASTIANS WATNA

CASE STUDY

Niels, Sebastian und Leon treffen sich einmal im Monat zu einem kleinen Stammtisch in der »Lissabon Bar«. Die drei haben zusammen in Berlin studiert und sind seitdem in Kontakt geblieben. Niels Studienfreund Sebastian hat sich einen Traum erfüllt und ein Jahr Auszeit genommen, in dem er durch Südamerika gereist ist. Seit vier Monaten ist Sebastian wieder in Deutschland und versucht einen neue Stelle zu finden. Er hat schon über 30 Bewerbungen verschickt. Alle Netzwerke im Internet genutzt, doch bisher nur Absagen erhalten. Zu Beginn ging Sebastian noch entspannt mit der Situation um, jetzt nach vier Monaten wird er zunehmend frustrierter. Er erzählt von einem Vorstellungsgespräch, bei dem sich folgender Dialog entwickelte:

Personalleiter: »Herr Stanislawski, sind Sie also seit Ihrer Rückkehr aus Südamerika auf Stellensuche. Dann sind Sie also sehr flexibel?«

Sebastian: »Ja, natürlich.«

Personalleiter: »Das heißt, Sie würden auch mal am Wochenende arbeiten und in die Firma kommen, wenn wir sehr viel zu tun haben?«

Sebastian: »Selbstverständlich.«

Personalleiter: »Wunderbar. Und motorisiert sind Sie auch?«

Sebastian: »Ja, ich habe ein eigenes Auto.«

Personalleiter: »Prima, dann könnten Sie also auch mal die eine oder andere kleine Fahrt zu einem Kunden mit Ihrem Privatfahrzeug erledigen. Kommt nicht oft vor ...«

CASE STUDY

Sebastian befand sich hier in einer unkomfortablen Verhandlungsposition. Seine BATNA war schlecht. Seine »*Walk-away-Possibility*« sah so aus, dass er weiter arbeitslos bleibt. So gesehen hatte er keine BATNA, sondern eine WATNA *(Worst Alternative to Negotiated Agreement)*. Seine Verhandlungsposition war schwach, weil er keine echte Alternative hatte. Der Personalleiter erkannte das und nutzte die Situation zu seinen Gunsten aus.

»Hm«, erzählt Leon daraufhin beim Stammtisch: »Also ich hatte letzte Woche einen Anruf von einem Headhunter. Der suchte für ein Pharmaunternehmen einen Patentanwalt. Ich war deren bevorzugter Kandidat. Ich bin dann vorbeigegangen zum Vorstellen. Hab mir gedacht, ich kann meinen Marktwert mal testen. Hab dann auch gleich gesagt, dass ich nicht aus München weggehe. Gefragt, wie Überstunden vergütet werden und mich erkundigt, welchen Dienstwagen ich bekomme.«

Leons Verhandlungsposition ist stark. Seine BATNA ist attraktiv: Er kann weiter in seinem jetzigen Anstellungsverhältnis bleiben.

Eine intensive Analyse, was Sie im Falle eines Scheiterns der Verhandlung tun können, stärkt oft Ihre Verhandlungsmacht ganz erheblich. In der Regel liegen attraktive Alternativen nicht von vornherein offen auf dem Tisch. Normalerweise werden Sie diese erst entwickeln müssen. Diese Entwicklung sollte vor der eigentlichen Verhandlung stattfinden.

Dazu gehen Sie folgendermaßen vor:

- Sie erstellen eine Liste mit Aktionen, die Sie durchführen werden, wenn Sie zu keinem Ergebnis kommen.
- Sie greifen dann die vielversprechendsten Ideen heraus und entwickeln diese weiter zu praktischen Optionen.
- Wählen Sie dann die besten dieser Optionen aus und setzen Sie Teilaspekte zur Vorbereitung in Taten um. Führen Sie Vorverhandlungen, bilden Sie Koalitionen oder verhandeln Sie mit alternativen Verhandlungspartnern.

Sebastian hätte also eine Liste mit potenziellen Stellenangeboten erstellen können. Er hätte sich überlegen können, ob er bereit wäre, in eine andere Stadt zu ziehen, sich Unterstützung von einem Bewerbungscoach zu holen oder sich selbstständig zu machen. Er hätte die Idee der Selbstständigkeit weiter konkretisieren können. Je detaillierter seine Alternative gewesen wäre, desto größer wäre seine Verhandlungsmacht geworden. Wichtig ist zu erkennen, dass all diese Aktionen vor dem eigentlichen Vorstellungsgespräch hätten stattfinden müssen.

Sie können übrigens Verhandlungen auch viel leichter abbrechen, wenn Sie wissen, wie Sie im Falle eines Scheiterns weitermachen. Je stärker Ihre Bereitschaft ist, eine Verhandlung scheitern zu lassen, desto machtvoller werden Sie Ihre Interessen vertreten. Selbst auf hoher internationaler Ebene wird diese Erkenntnis umgesetzt – wie der folgende Exkurs zeigt.

OBAMAS KUBANISCHE REVOLUTION

EXKURS

Am 9. April 2009 hatte die *Süddeutsche Zeitung* folgendes Tagesthema: *»Zehn US-Präsidenten haben bisher versucht Fidel Castro mit Härte zu schlagen. Sie wollten in Kuba einmarschieren, den Diktator erledigen lassen oder ihn mit dem Wirtschaftsembargo bezwingen. Alle sind gescheitert. Nun versucht es Barack Obama auf seine Weise. Er hebt das Embargo nicht auf, aber er lockert viele der Fesseln deutlich und gerade dies könnte zu einem Wandel auf Kuba führen.«*

Auf die Frage der *Süddeutschen Zeitung*, ob die US-Regierung nun mit ihrer neuen Kubapolitik die richtige Strategie gefunden habe, antwortet der Politologe Thomas Risse, Professor für internationale Politik an der Freien Universität Berlin: *»Es ist zumindest ein überfälliger Richtungswechsel. Lang hat man das Falsche gemacht und mit scharfen Sanktionen dem Regime Anlass zur nationalen Propaganda gegeben. Der Möglichkeiten zur positiven Einflussnahme hatte man sich damit selbst beraubt. Nun gibt es diese menschliche Ebene wieder.«*

Obama hat strategisch an einer Stärkung seiner eigenen Möglichkeiten und gleichzeitig an einer Schwächung der BATNA des Verhandlungsgegners gearbeitet.

Wenn Kuba sich nicht auf eine Annäherung einlässt, bleibt im Land alles beim Alten. Kuba hat somit keine wirkliche BATNA. Eine Kooperation dagegen würde einen klaren Vorteil bringen: Florida ist plötzlich wieder ganz nah – die US-amerikanische Regierung hat bereits über die Aufhebung der Reisebeschränkungen für Kuba-Amerikaner sowie über eine erste Wiederaufnahme von Handelsbeziehungen mit Kuba informiert. Die Vereinigten Staaten sind trotz des Embargos wichtigster Devisenbringer für Kuba gewesen und werden es auch weiter sein. Obwohl die Erleichterungen erwartet worden waren, überraschte die US-amerikanische Regierung mit der Information, dass von sofort an US-Telefonkonzerne Geschäfte mit kubanischen Partnern machen dürfen. Das soll Kontakte fördern und damit die Sehnsucht nach Veränderung beim kubanischen Volk schüren. Die Politik der kleinen Schritte ist nichts Neues. »Wandel durch Handel« nannte man das vor bald 40 Jahren, als in Europa das Zeitalter der Entspannung nach dem Kalten Krieg begann. So gesehen arbeitet Obama langfristig und auf mehreren Ebenen an einer Verbesserung der US-amerikanischen Möglichkeiten. Indem er auch das kubanische Volk für sich gewinnt, erhöht er den Druck der kubanischen Regierung zur Kooperation. Kubas sozialistische Regierung wird diese Annäherung vor neue Herausforderungen stellen, da es ohne das Feindbild USA schwerer werden könnte, den kubanischen Bürgern den Verzicht auf Freiheit und Wohlstand zu erklären.

Und wie reagierte Fidel Castro darauf? »*Kuba hat widerstanden und wird widerstehen*«, verkündete dieser. Damit steht er im Moment recht alleine da. Sein Bruder und Nachfolger Raul Castro sagte zunächst nichts dazu.

ZUSAMMENFASSUNG: HARVARD-KONZEPT I – *GETTING TO YES*

ZUSAMMEN-
FASSUNG

Das Harvard-Konzept ist der Klassiker unter den Verhandlungsstrategien. Jahrelang hat ein Forscherteam der *Harvard University* die unterschiedlichsten Verhandlungen – von Alltagsproblemen bis zu Tarifverhandlungen – beobachtet und analysiert. Abgeleitet wurden fünf Prinzipien, die erfolgreiche Verhandelnde beachten sollten.

- **Ziel des Harvard-Konzeptes**

  Das Ziel ist das offene und sachgerechte Verhandeln. Dies bedeutet: Es geht nicht darum, hart oder weich zu verhandeln, sondern hart und weich – nämlich hart in der Sache und weich (freundlich) zur Person. Das hat den Vorteil, dass sich die Verhandlungspartner auch nach der Verhandlung noch in die Augen schauen können und keiner das Gefühl hat, über den Tisch gezogen worden zu sein. Weg vom »Gesetz des Stärkeren« hin zu Lösungen, bei denen beide Seiten profitieren. Diese Strategie ist langfristig die erfolgreichere.

- **Prinzip 1: Behandeln Sie Menschen und Probleme getrennt voneinander.**

  Wenn Sach- und Beziehungsebene miteinander vermischt werden, fallen Fortschritte in der Verhandlung schwer. Dieses Prinzip baut auf der grundsätzlichen Einsicht der Kommunikationspsychologie auf, dass zwei Partner eine gute Lösung auf der Sachebene nur erreichen können, wenn die Beziehung zwischen beiden funktioniert. Beziehungsprobleme haben immer Vorrang vor Sachproblemen. Besonders wichtig ist es in Verhandlungssituationen, Vertrauen aufzubauen.

- **Prinzip 2: Konzentrieren Sie sich auf Interessen, nicht auf Positionen.**

  Dazu ist es entscheidend, den Unterschied zwischen Interessen und Positionen zu verstehen. Positionen sind oft gegensätzlich (zum Beispiel unterschiedliche Vorstellungen bei Gehaltsverhandlungen). Interessen sind die Gründe, die den Verhandlungspartner wirklich bewegen (zum Beispiel Karrierechancen oder langfristige Beschäftigung). In vielen Fällen liegen die Interessen in einer Verhandlung nicht offen zutage, sondern müssen erst erkundet werden. Die richtige Fragetechnik ist der Schlüssel dazu.

► **Prinzip 3: Entwickeln Sie zuerst viele Optionen, bewerten und entscheiden Sie später.**

Wenn die Interessen der Verhandlungspartner auf dem Tisch liegen, geht es dann darum, den »Kuchen« zu vergrößern. Viele Verhandlungen bewegen sich auf ausgetretenen Pfaden und ziehen nur wenige Optionen in Erwägung. Hier ist Kreativität gefragt. Die Lösungsmöglichkeiten sollten die Interessen aller Parteien berücksichtigen.

► **Prinzip 4: Bestehen Sie auf der Anwendung fairer Standards und Verfahren.**

Jeder Mensch hat unterschiedliche Maßstäbe. Oftmals werden diese Maßstäbe als absolute Werte begriffen. Das birgt enorme Schwierigkeiten für Verhandlungen, weil die Verhandlungspartner dann Glaubenskriege um den »richtigen« Maßstab führen. Suchen Sie deshalb nach allgemein gültigen Normen, Werten oder Rechtsgrundsätzen, die als objektive Entscheidungskriterien verwendet werden können. Diese Normen sollten im Laufe der Verhandlung von allen Verhandlungspartnern anerkannt werden.

► **Prinzip 5: Entscheiden Sie durch Vergleich mit Ihrer besten Alternative.**

Gegen Ende einer Verhandlung können sich viele Verhandelnde nicht entscheiden, weil sie sich vor Beginn der Verhandlung keine Gedanken über ihre beste Alternative gemacht haben. Die Verhandlung ist nämlich nur dann ein Erfolg, wenn das Ergebnis besser ist, als die beste Alternative, die Sie ohne Verhandlung gehabt hätten. Souveränität gebietet es, dem Verhandlungspartner nicht mit der besten Alternative zu drohen.

► **Ein wichtige Bemerkung zum Schluss**

Das Harvard-Konzept ist ein ganzheitliches Konzept und die einzelnen Prinzipien bauen aufeinander auf. Nicht einzeln, sondern nur gemeinsam machen sie Sinn. Und, nur zu lesen reicht nicht: Ausprobieren und üben ist der Schlüssel für Ihren langfristigen Erfolg!

8. HARVARD-KONZEPT II – *GETTING PAST NO*

Wie Sie einen Verhandlungsabbruch verhindern

Das klassische Harvard-Konzept mit seinen fünf Prinzipien war der Inhalt des vorherigen Kapitels. *Getting to Yes* gilt als die klassische Schule des kooperativen Verhandlungsstils. In Kapitel 8 gehen wir nun einen Schritt weiter und zeigen, wie ein Verhandlungsabbruch verhindert werden kann, wenn Verhandlungen zu scheitern drohen, und wie Sie es schaffen können, deeskalierend einzuwirken, wenn Sie bereits in massive Sackgassen geraten sind.

SELF-ASSESSMENT 8.1

Die Akteure des folgenden Dialogs sind Daniel – ein unsympathischer Einkäufer eines großen deutschen Getränkeherstellers – und Marek – ein polnischer Lieferant von Glasflaschen, der in argen Nöten ist. Marek hat deshalb um ein Treffen gebeten. Er braucht dringend eine Finanzspritze für sein marodes Unternehmen.

SELF-ASSESSMENT

MAREK (nervös mit roten Flecken am Hals): »Ja, wir brauchen 5 Millionen Euro. So hoch sind unsere Außenstände. 2 Millionen Euro benötigen wir, um unsere Sublieferanten zu bezahlen, 2 Millionen Euro um die Gehälter zu begleichen. Seit zwei Monaten konnten wir die Mitarbeiter nicht bezahlen. Und 1 Million Euro für sonstige offene Forderungen: Fuhrpark, Logistikkosten ... Wenn wir nicht innerhalb der nächsten drei Wochen liquide sind, dann müssen wir Konkurs anmelden.«

DANIEL (droht mit seinem Kugelschreiber): »Das ist so was von unmöglich. Und was wollen Sie jetzt von uns? Sie haben doch mit uns einen Vertrag abgeschlossen. Der verpflichtet Sie zu liefern. Wieso holen Sie sich das Geld nicht von Ihrer Regierung?«

MAREK (schluckt und rechtfertigt sich mühsam): »Wir stecken mitten in der Finanzkrise. Unsere Regierung hat selbst kein Geld. Wir haben das schon versucht.«

DANIEL (brüllt): »Sie sind doch total unfähig. Woran liegt das Ganze überhaupt? Sie müssen das doch vorher gewusst haben?«

MAREK (fixiert Daniel und schmettert ihm die Antwort an den Kopf): »Sie haben Schuld! Sie haben uns eine Abnahme von 300000 Flaschen zugesagt. Auf dieser Basis haben wir den Stückpreis kalkuliert. Tatsächlich geordert haben Sie nur 200000 Flaschen. Wir hatten damals einen Kampfpreis abgegeben, um mit Ihnen ins Geschäft zu kommen.«

DANIEL (beugt sich nach vorne, seine Augen verengen sich zu Schlitzen): »Sie wollen doch wohl nicht behaupten, dass ich für die Nachfrage verantwortlich bin! Ja, das ist jetzt Ihr Problem. Vertrag ist Vertrag. Wer sich die Suppe einbrockt, muss sie auch auslöffeln. Sie erwarten doch nicht wirklich, dass ich in meine Hemdtasche greife und Ihnen mal so eben 5 Millionen Euro rüberschiebe. Da kommt doch bald jeder!«

Marek (schnaubt): »So ein Quatsch, wenn wir nicht mehr produzieren, kommen Sie doch auch in Verzug.«

SELF-ASSESSMENT

Daniel: »Sagen Sie mir bitte nicht, was wir hier tun sollen. Kriegen Sie mal lieber Ihren Saftladen wieder in Schwung.«

Marek (mit Tränen in den Augen): »Ist das jetzt Ihr letztes Wort?«

Daniel (von oben herab): »Brauchen Sie ein Taschentuch? Putz dir mal die Nase Junge.«

Marek steht auf und schmettert die Tür hinter sich zu.

▶ AUFGABE

Welche der vier im Folgenden genannten Möglichkeiten hätte deeskalierend gewirkt?

a. Marek: »Mir gefällt der Ton nicht, in dem wir hier miteinander reden. Ich glaube, so kommen wir zu keinem Ergebnis. Was halten Sie davon, wenn wir zehn Minuten Pause machen und dann wieder zusammen kommen?«

b. Marek: »Jetzt regen Sie sich mal nicht so auf. Kommen Sie mal wieder runter.«

c. Marek: »Ich verstehe, dass Sie jetzt überrascht sind. Mir ist die Situation auch unangenehm. Wir schaffen es nur zusammen, eine Lösung zu finden. Was könnten wir denn tun? Haben Sie eine Idee?«

d. Marek: »Schicken Sie mir Ihren Vorgesetzten, mit Ihnen kann man nicht reden.«

Am Ende des Kapitels finden Sie die Auflösung.

Im Jahr 1991 erschien nach dem Erfolgswerk »*Getting to Yes*« das Folgewerk »*Getting Past No. Negotiating Your Way from Confrontation to Cooperation*«. Auch hier wird mit einem fünfstufigen Modell als Rahmen gearbeitet. Es zeigt fünf Barrieren der Kooperation auf und präsentiert fünf Prinzipien als Antwort. Die fünf Barrieren der Kooperation sind:

- unsere eigene Reaktion
- die Emotionen der Gegenseite
- die Position der Gegenseite
- die Unzufriedenheit der Gegenseite
- die Macht der Gegenseite

Stellen Sie sich einen Tag wie im Folgenden beschrieben vor:

7.30 Uhr: Während des Frühstücks geraten Sie mit Ihrer Lebenspartnerin in einen Streit darüber, ob Sie am Abend zu Hause bleiben oder sich mit Freunden treffen. »Bist du wahnsinnig, schon wieder einen Babysitter engagieren. Die armen Kinder und außerdem können wir uns das jetzt nicht leisten!«

9.00 Uhr: Sie kommen pünktlich zum Jour Fixe und wollen Ihrem Vorgesetzten einen Vorschlag unterbreiten, wie Sie die Ergebnisse Ihrer Forschungsabteilung einfacher dokumentieren können. Sie haben dazu am Wochenende eine Präsentation vorbereitet. Ihr Chef schaut kurz darauf und winkt nur ab: »Das sieht noch so gar nicht ausgereift aus. Nächster Punkt auf der Agenda.«

10.30 Uhr: Ihr halbwüchsiger Sohn ruft Sie an und teilt Ihnen mit, er habe einen Informationstermin bei einer Schweizer Internatsberatung vereinbart, im Elternhaus könne er es nicht mehr aushalten. Sein bester Freund ginge da auch hin.

14.30 Uhr: Als Sie nachmittags zu einem Kunden kommen, um den seit sechs Monaten vorbereiteten Vertrag für den Bau einer neuen Anlage zu unterschreiben, meint dieser: »Oh, es tut mir wirklich sehr leid, aber unser Finanzvorstand hat ein Veto eingelegt. Er gibt das Okay erst, wenn Sie nochmals 10 Prozent günstiger werden.«

17.30 Uhr: Auf dem Weg nach Hause gehen Sie bei der Reinigung vorbei, um Ihre Seidenkrawatten zu reklamieren. »Wenn Sie keine Quittung haben, kann ich nichts machen. Das ist hier unsere Geschäftspolitik.«

20.00 Uhr: Sie haben beschlossen, jetzt, da Sie nicht weggehen, wenigstens das aktuelle Champions-League-Fußballspiel anzusehen, als Ihre Partnerin kommt und sagt, sie wolle jetzt das Thema von morgens ausdiskutieren, da stecke doch wohl mehr dahinter.

Sie haben sicher schon ähnliche Tage erlebt, und Sie kennen die Gefühlslage, in der man sich dann befindet. Wut, Ärger, Frustration, Zorn ... dominieren das Empfinden. Jeder hat mit gereizten Lebenspartnern, aufmüpfigen Teenagern, unbeherrschten Vorgesetzten oder unbeugsamen Geschäftspartnern zu tun. Wenn wir feststecken, nichts mehr vorwärtsgeht, das Ergebnis gegen null tendiert, dann ist das oft eine klare Kampfansage. Welche Alternative haben Sie dazu? *»Love it, change it, leave it or stay* *unhappy«* lautet eine weise Empfehlung. Da wir verfahrene Situationen nicht lieben, Problemlösung im Alleingang meist wenig Erfolg versprechend ist, Weglaufen keine Option darstellt, bleibt einzig und allein die gemeinsame Problemlösung. Hier genau setzt *Getting Past No* an.

Das Verhandlungsdilemma

Sie kennen nun bereits den kompetitiven und den kooperativen Verhandlungsstil und die beiden grundsätzlichen Möglichkeiten, Wert zu schaffen *(creating value)* und Wert zu fordern *(claiming value)*. Eine entscheidende Rolle spielt hierbei der Umgang mit dem zu verteilenden Kuchen, der Distribution der Ressourcen. »Ich will mein Stück vom Kuchen und das soll möglichst groß sein!« *(my piece of the pie)* gilt als Grundhaltung der kompetitiv Verhandelnden, während auf der anderen Seite das Motto des kooperativ Verhandelnden lautet: »Wie kann ich den Kuchen größer machen oder wie kann ich den Kuchen gerecht verteilen, sollte ich ihn nicht vergrößern können?« *(expanding the pie)*.

Bei Verhandlungen können sich generell folgende Konstellationen ergeben, die zu entsprechenden Ergebnissen führen:

- *Kompetitiv gegen Kompetitiv* – kommen zu keinem Ergebnis, weil niemand nachgeben will
- *Kompetitiv gegen Kooperativ* – Hart schlägt Weich, weil Weich alle Forderungen akzeptiert, um zu einem Ergebnis zu kommen
- *Kooperativ und Kooperativ* – erreichen ein Ergebnis, das für beide Seiten gut ist

Für den Verhandelnden bedeutet das im besten Fall: Ich verhandle kompetitiv, der andere verhandelt kooperativ, ich nehme mir also den Wert, den die andere Seite geschaffen hat. Der zweitbeste Fall: Ich verhandle kooperativ, die andere Seite ebenso – beide Seiten schaffen Wert und teilen ihn sich. Drittbester Fall: Ich verhandle kompetitiv, die andere Seite ebenso – beide Seiten nehmen sich Wert, schaffen aber wenig Wert. Schlechtester Fall: Die andere Seite verhandelt kompetitiv, ich verhandle kooperativ – der andere nimmt sich den Wert, den ich geschaffen habe.

Was ist das Verhandlungsdilemma?

Der Begriff »Verhandlungsdilemma« lehnt sich an das »Gefangenendilemma« an. Das Paradoxon, der zentraler Bestandteil der Spieltheorie ist, zeigt, dass individuell vorteilsorientierte Entscheidungen zu kollektiv schlechteren Ergebnissen führen können, das heißt, eine Partei kann nicht besser gestellt werden, ohne gleichzeitig eine andere schlechter zu stellen. Für den Verhandelnden bedeutet es, dass kooperativ zu verhandeln immer nur die zweitbeste Möglichkeit ist! Denn die beste Möglichkeit für den Einzelnen ist es, den Wert zu nehmen, den der andere geschaffen hat, also selbst kompetitiv zu sein, während der andere nachgiebig ist. Was einmal funktioniert – aber nicht in längerfristigen Kooperationen.

Wenn jetzt der Einzelne schon verstanden hat, dass Kooperation beiden Parteien dienlich ist und darüber hinaus langfristig einen Erfolg verspricht, woran liegt es nun, dass Menschen sich immer wieder für den kompetitiven Verhandlungsstil entscheiden?

Es gibt laut Harvard-Konzept vier Gründe dafür, wenn Menschen nicht kooperieren:

- Sie haben Angst.
- Sie wissen nicht, wie es funktioniert.
- Sie sehen keinen Vorteil für sich.
- Sie wissen, dass sie die Mächtigeren sind.

Sie haben Angst

Besonders Verhandelnde, die unter Verhandlungserfolg verstehen, hart aufzutreten und den anderen über den Tisch zu ziehen, glauben, dass sie, wenn sie kooperieren, vor sich selbst oder vor anderen versagen. Sie haben Angst, den Erwartungen nicht gerecht zu werden. Die Furcht vor dem vermeintlichen Versagen lässt sie dann beim harten Verhandlungsstil bleiben.

CASE STUDY: IM SOMMER REIF FÜR SOMMERREIFEN

CASE STUDY

Nele hat sich letztes Jahr einen neuen Golf gekauft. Im Kaufvertrag steht, dass der Wagen achtfach bereift ist. Das Fahrzeug hat Nele sicher durch den schneereichen Winter gebracht. Jetzt im April bittet Nele Niels, ihr die Sommerreifen aufzuziehen. Überrascht stellen sie fest, dass ein zweites Paar Winterreifen geliefert wurde statt der Sommerreifen.

AUTOHÄNDLER: »Ja, da hätten Sie früher kommen müssen. Da müssen Sie schon gleich nachsehen, ob wir Ihnen die richtigen Reifen eingepackt haben. Ich glaube, wir haben keine Gebrauchtreifen in Ihrer Größe mehr auf Lager. Fahren Sie halt mit den Winterreifen.«

NELE: »Ich habe doch für die Sommerreifen bezahlt. Was können Sie mir denn für ein Angebot machen?«

AUTOHÄNDLER: »Also, der Chef ist nicht da. Aber ich sage Ihnen gleich, da bleiben wir hart. Außerdem ist keine Garantie mehr auf dem Fahrzeug, die hatten Sie bei Ihrem gebrauchten Auto nur für sechs Monate. Auf Wiederhören.«

Was Nele nicht weiß, ist, dass der Mitarbeiter des Autohauses im letzten Jahr selbst die falschen Reifen eingepackt hat. Er hofft, Nele durch sein unnachgiebiges Auftreten einzuschüchtern, um so von seinem eigenen Fehler abzulenken.

Sie wissen nicht, wie es funktioniert

Niemand kann kooperativ verhandeln, wenn er es noch nie vorgemacht bekommen hat. Wenn Ihnen nie jemand gesagt hat, dass Interessen die Triebfeder hinter der Position sind, können Sie es nicht wissen und auch nicht berücksichtigen. Wer vorgelebt bekommt, dass der »Mächtigere« das Ergebnis diktiert, weiß nicht, wie man gemeinsam nach Lösungen sucht, und wer dem Glaubenssatz »Verhandeln bedeutet, den Gegner zu besiegen« folgt, kann nur schwer kooperativ verhandeln.

CASE STUDY: AUSSER SPESEN NICHTS GEWESEN

CASE STUDY

Niels hat in seinem Unternehmen »Euroflight« ein Training zum Thema »Verhandeln nach dem Harvard-Konzept«besucht. Die Vorgehensweise begeistert ihn, er ist felsenfest davon überzeugt, dass der Ansatz, kooperativ zu verhandeln, Gewinn bringend für beide Seiten ist. Als Projektmanager fliegt er vier Wochen später beruflich nach Mexiko. Die mexikanische Polizei ist an Hubschraubern interessiert, die von »Euroflight« gebaut werden. Die Vorverhandlung verläuft gut, doch als es zur Preisverhandlung kommt, eskaliert die Situation innerhalb kürzester Zeit. Die starre Haltung der Mexikaner würde ein einseitiges Zugeständnis von »Euroflight« verlangen. Nach Absprache mit seinem Abteilungsleiter darf Niels diese Zugeständnisse nicht machen. Die Mexikaner lassen ihn abblitzen und setzen ihn, ohne mit der Wimper zu zucken, in den Flieger, der Niels zurück nach Deutschland bringt. »Außer Spesen nichts gewesen«, muss Niels seinem Chef zähneknirschend berichten. »Wir bleiben dran«, sagt sein Vorgesetzter Dr. Schuster. »Das Interesse an den Hubschraubern ist ja eindeutig vorhanden. Sie wissen einfach nicht, wie es geht, kooperativ zu verhandeln. Besonders in diesen ›Macho-Kulturen‹ gilt Hartbleiben als ausgeprägte Stärke. Wir fliegen nächsten Monat zusammen noch einmal nach Mexiko.«

Sie sehen keinen Vorteil für sich

Schon im Kindergartenalter werden wir in unserer individualistischen Gesellschaft dahingehend konditioniert, dass die Stärkeren mehr Anerkennung erhalten. Beim Sportfest bekommen die mit den meisten Punkten die Ehrenurkunde, die anderen nur eine Siegerurkunde. Wer die meisten Punkte macht, gewinnt das Quiz. Der Netteste wird zum Klassensprecher gewählt, der beste Klavierspieler darf auf dem Konzertflügel vorspielen. Sich durchsetzen, sich messen – das sei wichtig, wird uns eingeimpft. Und dabei muss man auch noch besser sein als die anderen – ohne Wenn und Aber. Kein Wunder also, dass es erst einmal sonderbar anmutet, wenn dann im Verhandlungstraining der Coach von den Vorteilen der Kooperation erzählt.

CASE STUDY: SOMMER? URLAUB? ICH!

CASE STUDY

Fleur hat einen neuen Mitarbeiter Luca. Luca kommt aus Rom. Er hat in Stanford studiert, in Rekordzeit promoviert, die Abteilung »Talent Management« hat ihn bei einer Infoveranstaltung für Hochschulabsolventen an der Universität von der Stelle weg engagiert und als Trainee ins Förderprogramm aufgenommen. Schon nach ein paar Tagen gerät Fleur das erste Mal mit Luca aneinander. Es geht um die Urlaubsplanung

Luca: »Ich muss im August vier Wochen nach Rom. Das Ticket habe ich schon gebucht.«

Fleur: »Langsam, Luca, wir sprechen hier den Urlaubsplan gemeinsam ab.«

Luca: (entrüstet, weil er nicht verstehen kann – oder will –, warum er auf die anderen Rücksicht nehmen soll): »Mir wurde zugesichert, dass ich im Sommer vier Wochen Urlaub bekomme. Die nehme ich im August. Basta.«

Warum soll er sich den anderen unterordnen oder lange diskutieren? Er weiß ja, was er will. Seine Meinung ist, dass Kooperation für ihn erst mal nur Nachteile hat.

Sie wissen, dass sie die Mächtigeren sind.

Warum soll ich denn mit jemand kooperieren, wenn ich der Mächtigere bin? In vielen Verhandlungssituationen denken Verhandelnde überhaupt nicht an Kooperation, da sie von vorneherein wissen, dass sie über mehr Machtmittel verfügen und letztendlich Bedingungen diktieren können. Der Verhandlungspartner ist abhängig und hat keine Alternativen.

CASE STUDY: SOLANGE DU DEINE FÜSSE NOCH UNTER MEINEM TISCH HAST ...

CASE STUDY

Fleur hat heute schon zwei Anrufe von ihrem pubertierenden Sohn erhalten – obwohl er genau weiß, dass er vormittags nicht anrufen soll, weil Fleur dann in Meetings ist. In der Mittagspause findet sie Zeit, mit dem 16-jährigen Julien zu sprechen.

JULIEN (spricht seine Mutter mit dem Vornamen an, »Mama« wäre uncool): »Fleur, ich brauche ein neues Handy! Was hältst du davon, wenn ich gleich ein iPhone nehme, mein alter iPod ist ja auch kaputt, und bevor ich mir zwei neue Geräte kaufe, kaufe ich lieber gleich was Richtiges. Ich habe im Internet ein ganz günstiges Angebot gefunden für 499 Euro.«

FLEUR: »Nein, mein Kleiner. Darüber brauchen wir nicht zu diskutieren. Nein.«

Fleur legt nach dieser knappen und klaren Antwort auf.

Fleur weiß, dass sie die Mächtigere ist und Julien sich nicht ohne ihr Einverständnis das iPhone kaufen kann. In diesem Fall sieht sie ihren Sohn nicht als Partner auf Augenhöhe, sondern als Erziehungsberechtigte. Sie will in diesem Fall weder diskutieren noch verhandeln.

Tit for Tat

Wenn Sie jetzt die Gründe dafür kennen, warum Verhandelnde oft nicht kooperieren, werden sie sich fragen, wie es dann trotzdem gelingen kann, aus einem Verhandlungsgegner einen Verhandlungspartner zu machen. Die Antwort darauf lautet »Schritt für Schritt« oder »*Tit for Tat*«.

Die englische Redewendung »*Tit for Tat*« bedeutet übersetzt »Wie du mir, so ich dir!«. In Zusammenhang des Verhandelns mit kompetitiven Partnern heißt das:

- Beginnen Sie mit Kooperation. Als Verhandlungsprofi setzen Sie ein erstes Zeichen in Richtung Kooperation. Sie senden Signale, die dem anderen zeigen, dass Sie bereit für »Win-Win« sind.
- Zieht das Gegenüber nach und ist ebenfalls bereit zur Kooperation, dann bleiben Sie als Profi bei Ihrer Strategie. Die Weichen sind gestellt. Sollte der Verhandlungspartner sich allerdings entgegen Ihres ersten kooperativen Schritts für eine kompetitive Strategie entscheiden, zeigen Sie dem Gegenüber, dass auch Sie dieses Spiel beherrschen und ziehen in der gleichen Art und Weise nach.
- Bleiben Sie freundlich, einfach und versöhnlich. Zeigen Sie dem Verhandlungspartner auf verbindliche Art und Weise, dass Sie an jedem Punkt bereit sind, wieder zur Kooperation zurückzukehren.

Wenn der Verhandlungspartner konsequent und strategisch kompetitiv verhandelt, werden Sie die drittbeste Möglichkeit wählen, nämlich selbst auch kompetitiv zu verhandeln. Ansonsten verschenken Sie Wert und das Gegenüber bereichert sich an Ihrem guten Willen, was die schlechteste Lösung für Sie wäre.

Im Folgenden werden Sie die Gelegenheit haben, einer schwierigen Verhandlungssituation in fünf Szenen als Zaungast beizuwohnen. Es geht um eine alltägliche Situation, die vielleicht der eine oder andere von Ihnen selbst schon einmal erlebt hat. Ein Team bezieht neue Büroräume und es steht vor der Herausforderung, diese Büros zu verteilen. Bisher waren alle Büroräume sehr ähnlich in Größe und Ausstattung, das wird sich im neuen

Gebäude ändern. Parallel dazu werden wir die fünf Wege zur Deeskalation nach *Getting past No* kennenlernen:

- reflektieren statt zu reagieren
- Perspektive wechseln statt zu streiten
- umformulieren statt abzulehnen
- »Goldene Brücken« bauen statt Druck auszuüben
- zur Vernunft bringen statt in die Knie zu zwingen

Problem 1: Unsere eigenen Emotionen kochen hoch

Was Sie in der folgenden Case Study beobachten können, kennen Sie vielleicht selbst: Ein Wort gibt das andere, einer fängt an unsachlich zu werden, die anderen springen auf diesen Zug auf, lassen sich provozieren und schießen zurück. Sie hören den Argumenten der anderen nicht mehr zu. Sie werden laut, unsachlich und verletzend.

CASE STUDY: DAS BÜROPROBLEM – KLAPPE, DIE ERSTE

CASE STUDY

▶ DIE SITUATION

Die Niederlassung von J&P expandiert. Weil das »Stammhaus« zu klein wurde, hat die Geschäftsleitung für Fleurs Abteilung das etwa 1 Kilometer entfernte Bürogebäude einer anderen Firma angemietet. Die ganze Etage einer alten Villa enthält außer einer kleinen Kantine und einem Sanitätsraum noch fünf Büroräume. Das Gebäude wurde für drei Jahre gemietet und ist offiziell eine Übergangslösung. Zu Fleurs Team gehören Nele, Luca, Susanna und Bodo. Die Geschäftsleitung hat ausdrücklich erklärt, dass wegen der kurzen Mietdauer keine Gelder für Umbauarbeiten oder Schönheitsreparaturen freigegeben werden.

Beim Umzug in das neue Gebäude ergibt sich ein Problem, das im Stammhaus nicht existierte. Dort hatten alle fünf Mitarbeiter einheitlich ausgestattete Büroräume von je 22 Quadratmeter Größe. Doch schon bei der ersten Besichtigung des angemieteten Baus stellt sich heraus, dass die vorhandenen Büroräume sehr unterschiedlich in Größe, Ausstattung und Lage sind.

▶ BESCHREIBUNG DER EINZELNEN BÜROS

Zimmer 1: größtes und ruhigstes Zimmer (28 Quadratmeter), Boden mit altem Parkett, Stuckdecken, zwei große Fenster (davon eines auf den grünen Vorgarten mit Blick auf alte Kastanien, Süd-West-Lage)

Zimmer 2: drittgrößtes Zimmer (20 Quadratmeter), Fußboden ebenfalls mit Parkett ausgelegt, zusätzlich ist ein eingebauter Garderobenschrank mit Waschbecken vorhanden

Zimmer 3: zweitgrößtes Zimmer (25 Quadratmeter), mit Teppich ausgelegt, ständige – wenn auch geringe – Lärmbelästigung durch Personenaufzug; während des ganzen Vormittags dringen Küchengerüche in das Zimmer, wenn man die Türe öffnet.

Zimmer 4: kleinstes Zimmer (nur 15 Quadratmeter), ziemlich dunkel (da es nur ein schmales Fenster hat), im Firmenjargon wird es schon »Dunkles Hiholo« (Hinterhofloch) genannt, grauer Linoleumboden

Zimmer 5: zweitkleinstes Zimmer (18 Quadratmeter), allerdings mit großem Fenster zum Hinterhof, im Firmenjargon »Helles Hiholo« genannt, grauer Linoleumboden; zur Sommerzeit lautes Gerede und Gelächter im Hinterhof, weil die Eckkneipe im Hinterhof einen kleinen Biergarten betreibt

CASE STUDY

▶ LAGESKIZZE DES BÜROGEBÄUDES

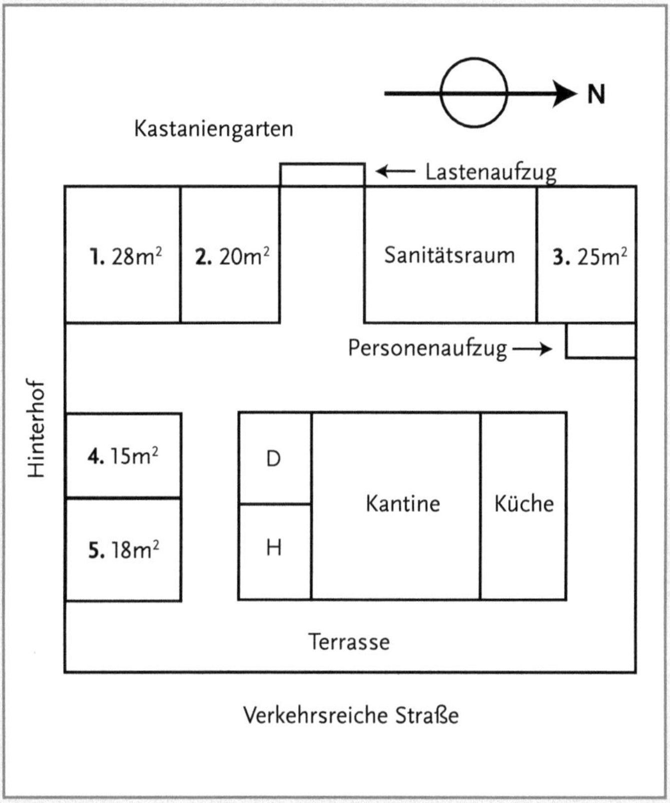

CASE STUDY

▶ BESPRECHUNGSTEILNEHMER

Fleur: 43 Jahre, Dipl.-Ingenieurin, Leiterin Produktmanagement, seit zwölf Jahren im Unternehmen, seit sechs Monaten am Standort

Nele: 26 Jahre, Betriebswirtin, Junior Produktmanager, seit zwei Jahren bei J&P, Fleurs Assistentin und stellvertretende Leiterin des Produktmanagements

Susanna: 36 Jahre, Senior Produktmanager, seit zwölf Jahren bei der Firma, Expertin für Projektmanagement, oft beim Kunden vor Ort (manchmal auch für mehrere Wochen)

Bodo: 48 Jahre, Sachbearbeiter, seit zwölf Jahren im Unternehmen, unterstützt und koordiniert die internen Abteilungen bei Produktentwicklung, Werbung, Service, Logistik und Verkauf, Mitglied im Betriebsrat

Luca: 27 Jahre, promovierter Ingenieur, Junior Produktmanager, Fachmann für Verpackung und Verpackungsmaschinen, seit zwei Monaten bei J&P

Das Team trifft sich nun zu einer Besprechung, um zu entscheiden, wer welches Büro beziehen soll. Fleur ruft Nele an und bittet sie schon mal, ohne sie mit der Verhandlung zu beginnen, da sie an einem wichtigen Strategiemeeting des Konzerns teilnimmt, das länger dauert als geplant. Sie rechnet damit, etwa 30 Minuten später zu kommen ...

NELE: »Hallo, wir sind heute hier zusammengekommen und wollen in der nächsten Stunde eine Lösung finden, wie wir die Büroräume im neuen Gebäude verteilen werden. Bitte sagt mir doch zuerst einmal, wer welchen Raum gerne hätte und weshalb?«

LUCA: »Ich brauche Büro 1. Ich brauche viel Platz, um die Modelle der neuesten Verpackungen zu platzieren.«

SUSANNA: »Na hör mal, du bist doch gerade erst mal zwei Monate dabei. Ich kriege oft Besuch von unseren Kunden, da brauche ja ich wohl das repräsentativste Büro – und das ist genau Büro 1.«

BODO: »Langsam, langsam. Schließlich bin ich im Betriebsrat und brauche Ruhe, um vertrauliche Gespräche zu führen, und ich brauche natürlich auch einen großen Besprechungstisch, und der passt nur in Büro 1. Sorry, Kollegen.«

NELE: »Ja und wo soll Fleur sitzen, sie ist ja schließlich die Chefin. Sie will doch bestimmt auch das Büro 1!«

CASE STUDY

Susanna: »So ein Quatsch. Fleur ist da immer total kooperativ, die legt auf so etwas keinen Wert.«
Luca: »Genau, das hat sie mir auch im Einstellungsgespräch gesagt.«
Bodo: »Ich bin schon am längsten in der Firma, da genießt man gewisse Rechte.«
Susanna: »Blödsinn. Ich bin zwei Jahre länger dabei als du.«

Nele (kommt nicht mehr zu Wort, spürt, wie die Wut in ihr hochsteigt, haut voller Ärger mit der Faust auf den Tisch und faucht): »Mein Gott, das ist doch lächerlich. Dann nehme ich mit Fleur zusammen eben Büro 5. Seid ihr dann zufrieden? Dann schaut doch wie ihr selbst zurechtkommt.«

Nele steht auf, dreht sich um und verlässt den Raum. Betroffen sehen sich Luca, Bodo und Susanna an.

Wenn Sie laut und emotional werden, hat das mit der eigentlichen Sache meist nichts mehr zu tun. Sie versuchen dann mit allen Mitteln ihren eigenen Standpunkt lauthals zu vertreten oder reagieren ironisch oder gar sarkastisch.

Wir reagieren in solchen Situationen ohne nachzudenken und versuchen es dem anderen heimzuzahlen und immer noch eines draufzusetzen. Die Wutspirale schraubt sich höher und höher. Die Situation eskaliert und die anderen Parteien hauen zurück oder geben frustriert klein bei. Die natürliche Reaktion auf einen (persönlichen oder inhaltlichen) Angriff ist, entweder in gleicher Art und Weise zurückzuschlagen oder einzulenken und auf die Forderungen einzugehen. Beides sind unattraktive Möglichkeiten, die Unzufriedenheit und Frust nach sich ziehen. Hier bietet *Getting Past No* eine weitere Möglichkeit an: die Verhandlung oder Diskussion ruhig zu unterbrechen oder zu vertagen, um wieder einen kühlen Kopf zu bekommen.

Prinzip 1 von *Getting Past No*

Reflektieren statt zu reagieren *(Don't react – go to the balcony)*! In vielen Fällen läuft der Verhandelnde Gefahr, durch seine Reaktion Teil des Spiels der Provokation zu werden. Das Risiko ist hoch, in einen Teufelskreis hineingezogen zu werden. Deshalb besteht der erste Schritt darin, nicht zu reagieren, sondern das eigene Verhalten zu kontrollieren.

Deshalb gelten folgende Empfehlungen:

- Treten Sie mental einen Schritt zurück und überprüfen Sie Ihre eigenen Schwachstellen *(hot buttons)*.
- Überdenken Sie die Tricks des Gegenübers (»*Name the game*«).
- Nehmen Sie sich Zeit, die Diskussion zu verlangsamen, um das Ziel im Blickfeld zu behalten (»*Keep your eyes on the prize*«).

Typische schmutzige Tricks des Gegenübers können dabei die folgenden sein und sollten von Ihnen erkannt werden:

- Taktik, dem Partner keinerlei Flexibilität zu zeigen *(stone-wall-tactic)*
- Partner durch offensive Angriffe einschüchtern wollen *(attacks)*
- Partner durch falsche Informationen zu überlisten *(tricks)*

Im übertragenen Sinne »auf den Balkon zu treten«, bietet einige Vorteile: Sie können außerhalb des eigentlichen Verhandlungsgeschehens wichtige Vorkehrungen für Verhandlungen und Diskussionen einfacher treffen. Hier schaffen Sie es, sich über die eigenen Interessen klar zu werden und Ihre BATNA *(Best Alternative to the Negotiated Agreement)* zu definieren. Sie können selbst Dampf ablassen und gelassener werden, damit Sie sich mit neuer Klarheit wieder auf das große, höher liegende Ziel konzentrieren können.

Problem 2: Die Emotionen der Gegenseite kochen hoch

Es sind jedoch nicht nur unsere eigenen Emotionen, die uns beim Verhandeln im Wege stehen. Auch die Emotionen der Gegenseite können hinderlich sein. Selbst wenn es Ihnen gelingt, Ruhe zu bewahren, heißt das noch lange nicht, dass auch Ihr Gegenüber in der Lage ist, ruhig und gelassen zu bleiben. So kann es also auch sein, dass Sie mit Schrecken beobachten, wie sich die Gegenseite immer stärker echauffiert, unsachlich und laut wird oder sogar mit Tricks arbeitet. Wie Sie es in einer solchen Situation schaffen, Ihren Verhandlungspartner wieder auf den Boden der Tatsachen zurückzubringen, beschreibt Prinzip 2 von *Getting Past No*.

Prinzip 2 von *Getting Past No*

Die Perspektive wechseln statt zu streiten *(Disarm them – step to their side)*! Werden Sie vom Verhandlungspartner angegriffen, so erwartet dieser intuitiv von Ihnen einen Gegenangriff beziehungsweise eine Entgegnung. Und die Versuchung dazu ist groß. Doch statt sich jetzt auf den Streit einzulassen, ist die Empfehlung einfach zuzuhören, die Argumente der Gegenseite zu bestätigen und so viele Gemeinsamkeiten wie nur möglich zu finden. Dadurch wird beim Gegenüber eine »kognitive Dissonanz« erzeugt, da man selbst eigentlich als Gegner wahrgenommen wird, durch dieses unerwartete Verhalten aber »sympathisch« zu werden beginnt. Das macht es einfacher, schließlich die eigenen Ansichten klar auszudrücken, ohne zu provozieren. Ein günstiges Diskussionsklima ist geschaffen.

Deshalb gelten die folgenden Empfehlungen:

- Hören Sie aktiv zu.
- Zeigen Sie, dass Sie der Argumentation der Gegenseite folgen.
- Stimmen Sie zu, wo immer es möglich ist.
- Erkennen Sie die Argumentation der Gegenseite an.

CASE STUDY: DAS BÜROPROBLEM – KLAPPE, DIE ZWEITE

CASE STUDY

Nele steht nach der ersten Diskussion mit ihren Kollegen im wahrsten Sinne des Wortes auf dem Balkon. Sie hat vor einem Jahr mit dem Rauchen aufgehört. In dieser Situation allerdings hätte sie gerne eine Zigarette. Stattdessen entdeckt sie im Park eine Amsel, die sie eine Weile beobachtet. Gleichzeitig überlegt sie sich, was gerade passiert ist und was für sie die nächsten Schritte sein könnten. Nach zehn Minuten kehrt sie in den Besprechungsraum zurück. Susanna und Bodo stehen vor dem Raum und trinken zusammen einen Kaffee. Luca bearbeitet E-Mails auf seinem Laptop.

Nele: »Tut mir leid, dass ich gegangen bin. Wollen wir es noch einmal versuchen?«

(Die anderen nicken und kommen wieder zusammen.)

Nele: »Ich kann verstehen, dass jeder von euch gerne ein attraktives Büro hätte, das hätte ich natürlich auch gerne. Was haltet ihr davon, wenn wir versuchen die Räume nach unseren Bedürfnissen zu verteilen?«

Bodo: »Habe ich doch gesagt, dass ich Platz für Besprechungen brauche.«

Nele: »Ja, das stimmt. Das hast du gesagt Bodo und das ist natürlich auch wichtig, dass du als Betriebsrat ungestört Gespräche führen kannst. Lasst uns doch zusammen überlegen, was aus Unternehmenssicht Kriterien sind, nach denen Büroräume am sinnvollsten verteilt werden sollten, einverstanden?«

Susanna: »Finde ich gut, die Idee. Kundennähe könnte ein wichtiges Kriterium sein.«

Luca: »Ruhe, damit ich mich konzentrieren kann.«

Nele: »Okay, Ruhe zum Arbeiten.«

Bodo und Susanna (nicken und ergänzen): »Was ist mit Seniorität und Hierarchie?«

Luca: »Kommt gar nicht infrage!«

Nele: »Wir sammeln jetzt erst einmal die Kriterien. Später können wir sie unterschiedlich von der Wertigkeit her behandeln. Luca ist das für dich in Ordnung?«

Luca nickt. Die Besprechung geht weiter. Intensiv arbeiten die vier Produktmanager daran, Kriterien zu definieren, die sie zum Verteilen der Räume hinzuziehen wollen. Die Arbeitsatmosphäre ist konstruktiv.

CASE STUDY

▶ ANALYSE

Nele hat professionell gehandelt. Ihr ist es gelungen, sich zuerst einmal selbst zu beruhigen und im nächsten Schritt auch ihre drei Kollegen dazu zu bringen, ruhig zu werden statt zu streiten, die Perspektive zu wechseln und gemeinsam an der Sache zu arbeiten.

Um optimal verhandeln zu können, müssen Sie ein angenehmes Verhandlungsklima schaffen. Ein häufiger Fehler bei Diskussionen und Verhandlungen ist es, dass beide Partner sich jeweils nur auf ihren Teil und ihre Interessen konzentrieren. Aber aktives Zuhören macht Verhandeln einfacher. Dazu gehört auch, so viele Gemeinsamkeiten wie möglich zu finden und den Verhandlungs- bzw. Diskussionspartner als Person zu schätzen. Dadurch können die Ängste, die Zweifel und der Ärger des Partners zerstreut werden. Verhalten Sie sich genau anders, als man es von Ihnen als Gegner erwartet.

Problem 3: Die gegnerische Sturheit

Sie wollen die Verhandlung zum Abschluss bringen, aber der andere ist stur, unflexibel, sich wiederholend, nicht kompromissbereit. Das kommt Ihnen bekannt vor? Was Sie in diesen Situationen tun können, beschreibt Prinzip 3 von *Getting Past No.*

Prinzip 3 von *Getting Past No*

> *»Hinter gegensätzlichen Positionen liegen gemeinsame und verträgliche Interessen ebenso wie sich widersprechende. Wir tendieren dazu anzunehmen, dass nur, weil die Position der Gegenseite widersprüchlich ist, auch deren Interessen widersprüchlich sind. Und wenn es in unserem Interesse liegt, uns zu verteidigen, dann muss es in ihrem Interesse liegen, uns anzugreifen. In vielen Verhandlungen jedoch wird eine eingehende Untersuchung der zugrunde liegenden Interessen die Existenz von weit mehr geteilten oder verträglichen Interessen ans Tageslicht bringen, als solche, die entgegengesetzt sind«*
> WILLIAM URY, BEGRÜNDER DES HARVARD-KONZEPTES

Umformulieren statt abzulehnen *(Don't reject – change the game)*! Um in schwierigen Verhandlungs- oder Diskussionssituationen eine Lösung zu finden, muss der Kontext verändert werden. Anstatt die Position des Partners abzulehnen – was sie gewöhnlich nur noch stärker werden lässt –, soll die gemeinsame Aufmerksamkeit auf die Schwierigkeit gerichtet werden, die beidseitigen Interessen zu vereinbaren: »Ja, es ist schwierig, hier eine Lösung zu finden. Was können wir tun? Haben Sie eine Idee?« Es ist wichtig, das Problem zu fokussieren, indem nach den Motivationen des Partners und nach seinen Lösungsvorschlägen gefragt wird. Dadurch kann auch die Position des Partners in einen neuen Kontext gesetzt werden.

»*Stone-wall*-Taktiken« können umgangen werden, in dem sie einfach ignoriert werden, um zu sehen, ob der Partner mit seiner Inflexibilität nur blufft. Sie können uminterpretiert werden und die Inflexibilität nur als eine Verhaltensoption unter vielen angesprochen werden. »Sie sagen, dass Sie uns keinen Zentimeter entgegenkommen. Lassen wir das einfach mal so im Raum stehen. Wo sehen Sie denn sonst noch Möglichkeiten für ...?«

»*Attacks*-Taktiken« können auf ähnliche Weise ignoriert werden. Sie können persönliche Angriffe als Angriffe, die das Problem betreffen, ansehen oder sogar als Chance für die Zukunft definieren. »Was können wir tun, damit uns das nicht noch einmal passiert?«

»*Tricks*-Attacken« können entlarvt und in einen neuen Kontext gesetzt werden, indem klärende Fragen gestellt werden oder der Trick gegen den Partner selbst gewendet wird, indem mitgespielt wird, ohne dass der Partner es weiß. »Ich sehe, dass Sie hier mit einem Zeitlimit arbeiten. Sollten wir uns bis zum gesetzten Termin nicht entschieden haben, was wäre dann?« Oder: »Jetzt drehen wir den Spieß mal um. Sie fordern ununterbrochen kleine Zugeständnisse – das können wir auch …«

Wenn alle Versuche, einen neuen Kontext zu finden, erfolglos bleiben, kann das Problem direkt angesprochen und versucht werden, die Verhandlung oder Diskussion vom Problem weg auf die Verhandlungs- beziehungsweise Diskussionsregeln zu lenken, indem über die Art zu kommunizieren kommuniziert wird. »Wir drehen uns seit 20 Minuten im Kreis. Was schlagen Sie vor, was wir tun können, um weiter zu kommen«

Wie es Nele gelingt, die Problemlösung in einen neuen Kontext zu setzen, lesen Sie in der nächsten Szene des Büroproblems. In dieser Situation gelingt ihr das, indem sie die Kollegen in die Lösungsentwicklung mit einbezieht und eine klare transparente Vorgehensweise wählt. Ihre Frage »Was muss passieren, damit wir nicht wieder im Streit enden?« lenkt die Kommunikation in die Lösungsorientierung.

CASE STUDY: DAS BÜROPROBLEM – KLAPPE, DIE DRITTE

CASE STUDY

Eine Stunde nach Beginn der Diskussion um die Verteilung der Büroräume ist Fleur immer noch nicht da …

NELE: »Wie wollen wir jetzt weiter vorgehen? Wie schaffen wir es, die Räume zu verteilen, ohne uns wieder zu streiten? Wir wollen doch alle eine Lösung, die bestmöglich für J&P ist. Seht ihr das auch so?«

LUCA: »An der Uni haben wir oft mit einer Entscheidungsmatrix gearbeitet, um faire Lösungen zu entwickeln. Sollen wir das versuchen?«

Die anderen stimmen zu. Im nächsten Schritt einigen sich Nele, Susanna, Bodo und Luca erfolgreich auf Kriterien. Die anschließende Bewertung der Kriterien erfolgt aus Unternehmenssicht. Die endgültigen Kriterien sind:

- Kundennähe (Kundenbesuche, Absprachen und Verhandlungen mit Kunden, Repräsentanz des Unternehmens), Bewertung: wichtiger Unternehmenswert, deshalb höchste Priorität, mit Faktor 3 multipliziert
- Ruhe (Notwendigkeit des ungestörten Arbeitens, konzeptionelle Aufgaben, hoher Konzentrationsgrad beim Arbeiten notwendig, Möglichkeit für ungestörte Gespräche, Vertrautheit), Bewertung: wichtiges Kriterium, deshalb mit Faktor 2 multipliziert
- Größe (Platz zum Führen von Besprechungen, Platz zum Aufbau von Modellen), Bewertung: wichtiges Kriterium, deshalb mit Faktor 2 multipliziert
- Hierarchie (Leiter vor Mitarbeitern, Senior Produktmanager vor Junior Produktmanagern), Bewertung: geringe Wichtigkeit für das Unternehmen, deshalb mit Faktor 1 multipliziert
- Seniorität (Anzahl der Jahre der Betriebszugehörigkeit, Loyalität dem Unternehmen gegenüber), Bewertung: geringe Wichtigkeit für das Unternehmen, deshalb mit Faktor 1 multipliziert

Nach der Bewertung verteilt Nele an jeden der Mitarbeiter drei rote Punkte, mit denen er die einzelnen Kriterien für sich gewichten kann. Für Fleur klebt Nele nach telefonischer Absprache die Punkte. Da Fleur immer betont, wie unwichtig ihr Hierarchie und Seniorität sind, verzichtet sie darauf, diese Bereiche zu punkten. Abschließend ergibt sich folgendes Bild:

	Kunden-nähe (x3)	Ruhe (x2)	Größe (x2)	Hierar-chie (x1)	Senio-rität (x1)	Punkte
Fleur	❍ ❍		❍			8
Nele	❍	❍ ❍				7
Susanna		❍		❍	❍	4
Bodo		❍ ❍			❍	5
Luca	❍		❍ ❍			7

CASE STUDY

Problem 4: Die Unzufriedenheit der Gegenseite mit möglichen Lösungen

Aber selbst, wenn die Emotionen kontrolliert sind, ein neuer Kontext gefunden wurde und so weiter, kann es zu einem späten Zeitpunkt in der Verhandlung doch noch eskalieren. Es besteht ein ernst zu nehmendes Restrisiko, das Teilnehmer gegen Ende des Prozesses dann doch mit der möglichen Lösung unzufrieden sind.

Stellen Sie sich vor, Sie arbeiten zu viert in einem Team. Bei der Einstellung haben Sie eine Mobilitätsklausel unterschrieben, die besagt, dass Sie vom Unternehmen an jedem Standort weltweit eingesetzt werden können. Und nun ist es soweit. Einer von vier Leuten muss gehen – nach Ulan Bator, in die Mongolei, für zwei Jahre. Ihr Vorgesetzter hat beschlossen, das Team die Entscheidung, wer geht, selbst treffen zu lassen. Sie sitzen zusammen und Ihre drei Kollegen sind sich schnell einig, dass Sie der richtige Mann / die richtige Frau sind. Sie erklären Ihnen detailliert, warum gerade Sie und nicht die anderen gehen müssen. Werden Sie gehen? Vermutlich NEIN! Denn Sie sind unzufrieden mit der Lösung. Was getan werden kann, um die

Gegenseite zu motivieren, sich auf eine Einigung einzulassen, beschreibt Prinzip 4 von *Getting Past No.*

Prinzip 4 von *Getting Past No*

Bauen Sie »Goldene Brücken statt Druck auszuüben *(Make it easy to say yes – Build them a golden bridge)*! Selbst wenn die ersten drei Schritte erfolgt sind und einer Lösung objektiv nichts mehr im Weg steht, kann die Einigung noch misslingen. Der Partner kann das Gefühl haben, überrumpelt zu werden, da überraschend schnell eine Lösung gefunden scheint, oder den Eindruck haben, nach außen hin sein Gesicht zu verlieren, wenn er der überraschenden Lösungsmöglichkeit zustimmt. Deshalb schlägt das Havard-Konzept die »Goldene Brücke« vor, die dem Partner eine Einwilligung so einfach wie möglich machen soll.

Es gelten dafür die folgenden Empfehlungen:

- Anstatt den Partner zu einem raschen Abschluss der Verhandlung oder der Diskussion zu drängen, sollte man sich zurücklehnen und dem Partner den letzten Schritt über die »Goldene Brücke« machen lassen.
- Der Bau einer »Goldenen Brücke« beinhaltet mehr als nur ein attraktives Angebot an den Partner. Als Erstes ist es wichtig, den Partner in den Entscheidungsprozess einzubinden.
- Selbst wenn die Einigung von einer Seite ausgearbeitet wurde, sollte die abschließende Lösung immer eine Wir-Entscheidung sein.
- Es sollte hinter die offensichtlichen Interessen des Partners (wie etwa Geld) geblickt und Interessen wie Anerkennung und Autonomie mit einbezogen werden.
- Außerdem sollte darauf geachtet werden, eine Lösung zu finden, die es beiden Partnern ermöglicht, ihr Gesicht zu wahren (besonders in der Politik) und das Abweichen von der Ausgangsposition nach außen hin plausibel zu machen.
- Die »Goldene Brücke« muss es beiden Partnern möglich machen, die Lösung als Sieg zu präsentieren.

- Und nicht zuletzt ist zu beachten, dass der Faktor Zeit in Verhandlungen und Diskussionen eine wesentliche Rolle spielt – sowohl für das eigene Empfinden der Partner als auch für das Auftreten nach außen hin ist es wichtig, nicht zu langsam und nicht zu schnell zu einer Lösung zu finden.

CASE STUDY: DAS BÜROPROBLEM – KLAPPE, DIE VIERTE

CASE STUDY

Nachdem Nele und die anderen die Entscheidungsmatrix ausgewertet haben, ergibt sich folgendes vorläufiges Ergebnis:

- Fleur erhält Büro 1: Als Chefin der Abteilung hat sie die meisten Kundengespräche, außerdem braucht sie Platz, um mit Nele Projekte zu besprechen und zu bearbeiten.
- Nele und Luca haben beide sieben Punkte. Nele lässt Luca zuerst wählen. Luca entscheidet sich für Büro 3. Er braucht viel Platz für seine Modelle und ein ansprechendes Büro, um die Modelle den Kunden zu präsentieren.
- Nele selbst entscheidet sich für Büro 4. Sie benötigt in ersten Linie Ruhe zum Arbeiten an Konzepten. Die Besprechungen mit Fleur werden in deren Büro stattfinden.
- Susanna entscheidet sich für Büro 5. Sie ist viel unterwegs und arbeitet auch ab und zu von zu Hause.
- Bodo erhält Büro 2. Auch sein Bedürfnis nach einem Raum für ungestörte Besprechungen ist damit befriedigt.

Alle scheinen zufrieden zu sein. Die Einzige, die merkt, dass es ihr mit der Entscheidung nicht so gut geht, ist Nele. Wenn sie ehrlich zu sich selbst ist, muss sie sich eingestehen, dass sie zurückgesteckt hat, damit der Rest wenigstens zufrieden ist und sie zu einem Ergebnis kommen. Und von Fleur erhofft sie sich natürlich auch Anerkennung.

Wer hätte das gedacht? Eine Lösung ist erreicht. Zufriedenheit herrscht, außer bei Nele. Sie selbst hat nicht dafür gesorgt ihre eigenen Interessen durchzusetzen. Sie war zu nachgiebig in der Sache, damit die anderen zufrieden sind. Hauptsache die Kollegen sind glücklich. Das wird eher keine dauerhafte Lösung sein ...

Problem 5: Die Macht der Gegenseite zu blockieren

Stellen Sie sich vor, Nele würde also einen Rückzieher machen und sagen, Sie könne sich jetzt doch nicht vorstellen, drei Jahre im dunklen »Hinterhofloch« zu sitzen. Was wäre dann für ein Szenario denkbar?

- Vielleicht würden die Kollegen stöhnen und sie bedrängen, nicht noch einmal von vorne anzufangen. »Jetzt sind wir doch endlich zu einem Ergebnis gekommen. Du willst doch nicht wirklich, dass wir noch einmal von vorne anfangen?«
- Vielleicht würde Fleur, wäre sie eine autoritäre Vorgesetzte, anmerken, dass Nele nun mal eine der Jüngsten ist und einer immer den »schwarzen Peter« ziehe. »Stell dich nicht so an Nele, so schlimm ist es auch nicht. Jeder von uns hat mal als Junior angefangen!«
- Vielleicht ... weitere Szenarien sind denkbar.

Was Sie tun können statt ins »Spiel der Macht« zurückzufallen, zeigt das Prinzip 5 von *Getting Past No*.

Prinzip 5 von *Getting Past No*

Bringen Sie die Gegenseite zur Vernunft statt sie in die Knie zu zwingen *(Make it hard to say no – bring them to their senses not to their knees)*! Ist die »Goldene Brücke« gebaut und will der Partner trotzdem nicht darübergehen, so ist es wahrscheinlich die natürliche Reaktion der meisten Menschen, die gemachten Bemühungen mit aller Kraft zu verstärken und mit allen Mitteln zu versuchen, doch noch zu einem Abschluss zu kommen. Durch einen Wechsel aus der aufgebauten »Atmosphäre der Problemlösung« zurück ins »Spiel der Macht« kann vielleicht zwar noch eine Entscheidung erzwungen, langfristig aber auch die Beziehung zwischen den Partnern aufs Spiel gesetzt werden.

Deshalb gelten die folgenden Empfehlungen:

- Machen Sie der Gegenseite klar, welche Konsequenzen ein »Nein« hätte, indem Sie danach fragen, was nach einer abgelehnten Lösung geschieht. Sie sollten die Gegenseite warnen, ohne zu drohen.
- Demonstrieren Sie ohne zu provozieren die eigene BATNA, um der Gegenseite zu zeigen, dass für Sie auch andere Handlungsmöglichkeiten bestehen.
- Arbeiten Sie weiterhin an Lösungsmöglichkeiten für den Partner, indem verhandelt wird, auch wenn der eigene »Sieg« schon feststeht. Vergessen Sie nicht, dass auch Ihr Gegenüber mit einer zufriedenstellenden Lösung die Verhandlung abschließen möchte.
- Bestätigen Sie die Beziehung zum Partner nochmals und überlassen Sie ihm die endgültige Entscheidung des »Neins«.

CASE STUDY: DAS BÜROPROBLEM – KLAPPE, DIE FÜNFTE

CASE STUDY

Susanna (merkt, dass Nele bedrückt ist): »Nele, ist das wirklich für dich okay in Raum 4 zu gehen?«

Nele: »Hm, wenn du mich so fragst ...«

Luca (unterbricht sie): »Ist doch gar nicht so schlecht der Raum 4 und dann hast du es auch nicht so weit zu den Toiletten.«

Susanna: »Jetzt warte doch mal. Vielleicht sollten wir doch erst noch einmal warten bis Fleur da ist.«

Bodo: »Bitte nicht noch mal von vorne anfangen. Jetzt haben wir doch eine Lösung gefunden. Alle können nicht zufrieden sein. So ist das nun mal im Leben.«

In diesem Moment kommt Fleur dazu. Sie entschuldigt sich tausendmal und lässt sich von ihrem Team kurz berichten, zu welchem Ergebnis sie gekommen sind.

CASE STUDY

Fleur: »Klasse, das war richtig professionell wie ihr das gemacht habt. Aber was ist mit dir Nele?«

Nele (merkt immer mehr, wie wenig Lust sie hat drei Jahre im »Hiholo« zu sitzen): …

Fleur: »Wartet mal. Wir können doch den Sanitätsraum in den Raum 4 verlegen und haben damit noch ein weiteres großes Büro zur Verfügung. Im Sanitätsraum steht nur eine Liege und der Erste-Hilfe-Koffer.«

Staunende Überraschung breitet sich aus. Nele strahlt. Auch die anderen drei sind mit diesem Vorschlag einverstanden.

Wieder einmal ist es Fleur gelungen, *»out of the box«* zu denken. Was ist noch möglich, außer den Lösungen, die augenscheinlich sind? Woran haben wir noch nicht gedacht? Nach dem Harvard-Konzept ist das Ziel der Verhandlung die Befriedigung der beidseitigen Interessen und nicht das Erreichen eines eigenen Sieges. Anders ausgedrückt, ist es das Ziel von Verhandlungen und Diskussionen nicht über den Partner zu gewinnen, sondern ihn »herüberzugewinnen«.

TIPP

Machen Sie es der Gegenseite schwer »Nein« zu sagen!

Die Strategie von *Getting past No* basiert im Wesentlichen darauf, sich zurückzunehmen und die Gefühle im Zaum zu halten. Sie rät, zuzuhören anstatt selbst zu reden, Fragen zu stellen anstatt Antworten zu geben und Unterschiede zu überbrücken. Die Strategie schlägt einen indirekten Weg zur Erreichung des Ziels vor, indem der Widerstand des Partners nicht durchbrochen, sondern von der Seite umgangen wird und entgegen seinen Erwartungen gehandelt wird, um eine kognitive Dissonanz aufzubauen. Mehr als auf eine Veränderung der Position des Partners zielt *Getting past No* auf eine Veränderung des Umfelds (des Kontextes). Dadurch soll aus dem Widersacher ein Partner in einer Diskussion oder Verhandlung werden, in der es vorrangig nicht um gegenseitiges Überzeugen, sondern um das Finden einer gemeinsamen Problemlösung geht.

AUFLÖSUNG SELF-ASSESSMENT 8.1

Wie hätte Marek in der Verhandlung deeskalierend wirken können?

a. MAREK: »Mir gefällt der Ton nicht, in dem wir hier miteinander reden. Ich glaube, so kommen wir zu keinem Ergebnis. Was halten Sie davon, wenn wir zehn Minuten Pause machen und dann wieder zusammen kommen?« (Das ist eine professionelle Antwort, die der *»name-the-game-Strategie«* entspricht. Marek spricht an, was ihn stört und zwar nur auf der Prozessebene, also die Art und Weise des Umgangs miteinander betreffend. Er spricht in »Ich-Botschaften« und macht den Vorschlag zu unterbrechen, um emotional wieder abzukühlen. Außerdem erwartet er ein Einverständnis des Gegenübers.)

b. MAREK: »Jetzt regen Sie sich mal nicht so auf. Kommen Sie mal wieder runter.« (Diese Antwort ist unprofessionell und stellt einen Gegenangriff dar. Weitere Eskalation ist zu erwarten.)

c. MAREK: »Ich verstehe, dass Sie jetzt überrascht sind. Mir ist die Situation auch unangenehm. Wir schaffen es nur zusammen, eine Lösung zu finden. Was könnten wir denn tun? Haben Sie eine Idee?« (Diese Antwort ist professionell. Marek spiegelt die emotionale Stimmung des Gegenübers. Er sendet »Ich-Botschaften« und ist lösungsorientiert. Er versucht Daniel in die aktive Lösungssuche mit einzubeziehen.)

d. MAREK: »Schicken Sie mir Ihren Vorgesetzten, mit Ihnen kann man nicht reden.« (Das ist halb professionell, aber eine gute Idee. Wenn die Chemie nicht stimmt, kann man die nächsthöhere Ebene hinzuziehen. Der persönliche Angriff dabei ist überflüssig.)

SELF-ASSESSMENT

ZUSAMMENFASSUNG:
HARVARD KONZEPT II – *GETTING PAST NO*

ZUSAMMEN-
FASSUNG

▶ **Welche drei Möglichkeiten sind beim Verhandeln möglich und wie sehen die Ergebnisse aus?**

- Kompetitiv gegen Kompetitiv – kommen zu keinem Ergebnis, weil niemand nachgeben will
- Kompetitiv gegen Kooperativ – Hart schlägt Weich, weil Weich alle Forderungen akzeptiert, um zu einem Ergebnis zu kommen
- Kooperativ und Kooperativ – erreichen ein Ergebnis, das für beide Seiten gut ist

▶ **Was heißt das wiederum für den Verhandelnden?**

Für den Verhandelnden bedeutet das im besten Fall: Ich verhandle kompetitiv, der andere verhandelt kooperativ, ich nehme mir also den Wert, den die andere Seite geschaffen hat. Der zweitbeste Fall: Ich verhandle kooperativ, die andere Seite ebenso – beide Seiten schaffen Wert und teilen ihn sich. Drittbester Fall: Ich verhandle kompetitiv, die andere Seite ebenso – beide Seiten nehmen sich Wert, schaffen aber wenig Wert. Schlechtester Fall: Die andere Seite verhandelt kompetitiv, ich verhandle kooperativ – der andere nimmt sich den Wert, den ich geschaffen habe.

▶ **Weshalb verhandeln Menschen nicht kooperativ?**

- Sie haben Angst.
- Sie wissen nicht, wie es funktioniert.
- Sie sehen keinen Vorteil für sich.
- Sie wissen, dass sie die Mächtigeren sind.

▶ **Was empfiehlt das Havardkonzept II – *Getting Past No*?**

Erkennen Sie die fünf Barrieren der Kooperation:

- unsere eigene Reaktion
- die Emotionen der Gegenseite
- die Position der Gegenseite
- die Unzufriedenheit der Gegenseite
- die Macht der Gegenseite

Nutzen Sie die passenden Strategien zum Deeskalieren:

- reflektieren statt zu reagieren
- Perspektive wechseln statt zu streiten
- umformulieren statt abzulehnen
- »Goldene Brücken« bauen statt Druck auszuüben
- zur Vernunft bringen statt in die Knie zu zwingen

9. LEITEN UND STEUERN – AUFGABEN DES VERHANDLUNGSLEITERS

In diesem Kapitel werden Sie zum Kapitän der Verhandlungsmeere ausgebildet. Am Ende werden Sie als alter Seebär allen Winden gewachsen sein und mit dem richtigen Handwerkszeug Ihre Verhandlungen sicher moderieren.

SELF ASSESSMENT 9.1:

SELF-ASSESSMENT

Testen Sie Ihre Fähigkeiten als effektiver Verhandlungsleiter

Selbsteinschätzung: Ich sehe es als meine Stärke ...

- die Fähigkeit zu beherrschen, neutral und objektiv zu bleiben. ☐
- einen hohen Energielevel erhalten zu können – bei mir und den Verhandlungspartnern. ☐
- durchsetzungsfähig zu sein, ohne anderen über den Mund zu fahren. ☐
- zuhören zu können und ein Gespür dafür zu haben, wenn die Verhandlung vom Thema abkommt. ☐
- ein Commitment zu haben, das das verhandelnde Team vorwärtsbringt. ☐

- alle Verhandlungsteilnehmer mit einbeziehen zu können. ☐
- eine offene, sichere, vertrauensvolle und unterstützende Atmosphäre für alle zu schaffen. ☐
- destruktive Verhaltensweisen und »*Hidden Agendas*« zu erkennen und damit umgehen zu können. ☐
- einen Sinn für Humor zu haben und zu wissen, wann dieser angebracht und hilfreich ist. ☐

SELF-ASSESS-MENT

Neben der Selbsteinschätzung können Sie sich auch ein Fremdbild einholen – lassen Sie doch einmal von Ihren Verhandlungspartnern einschätzen:

Wenn .... (Ihr Name) die Verhandlung leitet, dann fällt es ihr/ihm leicht ...

- Beiträge zu würdigen und weiterzuentwickeln. ☐
- die verhandelnden Teilnehmer auf freundliche, positive Weise mit offenen Fragen zu ermuntern, Beiträge zu bringen, ohne einzelne Personen zu bevorzugen. ☐
- ein Gespür für die Gruppenatmosphäre und Beziehungsdynamik zwischen den Teilnehmern zu entwickeln. ☐
- Argumente auf den Punkt zu bringen. ☐
- Ergebnisse zusammenzufassen. ☐
- verschiedene Problemlösungswege anzubieten. ☐
- herausarbeiten, wo die Gruppe übereinstimmt und wo noch Differenzen herrschen. ☐
- mit gutem Zeitmanagement durch die Verhandlung zu führen. ☐

Gut gerüstet an den Start – wie Sie sich als Verhandlungsleiter vorbereiten

Niels älterer Bruder Niklas hat Biotechnologie studiert. Nach seinem Studium gründete er gemeinsam mit zwei Studienkollegen das Biotech-Unternehmen NikTec. Ihre Idee war es einen neuen Impfstoff gegen Aids zu entwickeln. Da den Studenten zwar gute Ideen, aber wenig Kapital zur Verfügung stand, waren sie überglücklich, Unterstützung durch einen engagierten Professor zu finden, der an sie glaubte. Der Förderer steckte 1 Million Euro seines Privatvermögens in die Idee. Seit fünf Jahren leistet das Trio nun die Aufbauarbeit. Sie haben all ihr Herzblut und unzählige Arbeitsstunden investiert. Vor drei Jahren gelang es Ihnen, einen großen *Venture-Capital*-Geber für NikTec zu finden, der sich mit 20 Millionen an der Aktiengesellschaft beteiligte. Bedingung für die Finanzierung war, dass der *Venture-Capital*-Geber den Aufsichtsratsvorsitzenden stellt.

Inzwischen sind die Forschungsergebnisse so gut, dass man mit Tierversuchen starten kann. Der neue Geldgeber ist bereit für eine weitere Finanzierungsrunde. Er will dafür aber die Rechte an den Patenten übertragen bekommen. Niklas und seine Kollegen sind der Meinung, dass ihr Einfluss durch die Erhöhung des Fremdkapitals schon so stark sinkt, dass ihnen, sollten sie auch noch die Patentrechte abtreten, so gut wie kein Mitspracherecht mehr bleibt.

Eine Verhandlung ist für Anfang des Monats geplant. Niklas weiß, dass er als CEO derjenige sein wird, der die Verhandlung leiten wird. Er weiß, es geht um viel: nicht nur um viel Geld, sondern um die Zukunft der Niktec AG und um die Zukunft des Gründerteams selbst. Der *Venture-Capital*-Geber hat angedroht, die Finanzierungsrunde platzen zu lassen, sollten sich die Wissenschaftler nicht auf die Bedingungen einlassen. Die Situation ist also schwierig. Die Interessen sind vielschichtig und komplex. Die Verhandlungspartner sind harte und sehr erfahrene Verhandelnde. Eines ist Niklas sehr schnell klar: Diese Verhandlung mit mehreren Beteiligten auf jeder Seite benötigt einen versierten Verhandlungsleiter, der den Prozess lenkt und über Steuerungs-Know-how verfügt. Er will sich bestmöglich vorbereiten.

Da in der Regel jeder der an einer Verhandlung Beteiligten auch persönliche Interessen hat, ist die Rolle des Verhandlungsleiters mehr als die Rolle eines reinen Moderators; er muss meist auch vermitteln. Im Idealfall zieht man sich einen neutralen Moderator von außen hinzu, der den Beteiligten genügend Raum lässt, sich inhaltlich auf ihre Interessen zu konzentrieren. Da dies allerdings leider meist nicht möglich ist, weil entweder kein Budget dafür vorhanden ist, keine Ressourcen greifbar sind oder die Beteiligten schlichtweg nicht auf die Idee kommen, bleibt diese Aufgabe meistens beim Initiator der Verhandlung hängen. Das folgende Kapitel gibt Ihnen reichhaltige Tipps an die Hand, diese Herausforderung bravourös zu meistern.

Festlegung des Ziels und der Methode der Verhandlung

Die ersten Fragen bei der Vorbereitung für eine Verhandlung sind immer: Ist die Verhandlung wirklich notwendig? Oder gibt es Alternativen?

Um bei unserem Beispiel mit Niklas zu bleiben: Er hat ausreichend Vorgespräche geführt. Er hat in einem »Pre-Meeting« das minimale Ziel, ein realistisches Ziel und ein maximales Ziel mit seinen Kollegen, die jetzt Finanzvorstand und Wissenschaftsvorstand sind, abgestimmt. Er kennt die Interessen des Aufsichtsratsvorsitzenden und die Interessen des Professors, der sein Privatvermögen investiert hat. In dieser Situation gibt es keine Alternative zur Verhandlung. Ziel der Verhandlung ist es eine für alle Parteien zufriedenstellende Regelung zu finden.

Verhandlungen werden Sie also dann einberufen, wenn Sie die Gegenseite brauchen, um ein bestimmtes Problem zu lösen (Problemdefinition, Ideenfindung, Lösungssuche) oder um Entscheidungen zu treffen (Alternativen bewerten und priorisieren, Konsens erreichen, Aktionsschritte vereinbaren).

Vergessen Sie nicht: Reines Sozialisieren (Kennenlernen, Netzwerkbilden), ein »normaler« Informationsaustausch (Ankündigungen, Ergebnispräsentationen, Statusberichte), die Koordination von Projekten, Terminen und Aufgaben oder Planungen (Ziele bestimmen und setzen, Strategien entwickeln) sind KEINE Verhandlungen.

TIPP

Festlegung von Ort und Umständen

Face-to-face oder am Telefon? Bei uns oder bei Ihnen? Wie und wo wird verhandelt? Sind Ihnen Zweck und Ziel der Verhandlung klar, fällt die Wahl der geeigneten Kommunikationsmethode viel leichter.

Face-to-Face-Verhandlung sollten Sie führen, wenn:

- Sicherheit und Vertraulichkeit von großer Bedeutung sind
- Beziehungen gestärkt werden sollen (Teambuilding)
- sensible Themen behandelt werden
- schwelende oder offene Konflikte bestehen

Eine Telefonkonferenz sollten sie bevorzugen, wenn:

- es schnell gehen soll oder muss
- Geld gespart werden soll
- ein informeller Austausch gewünscht ist

Niklas – aus unserem Beispiel – entscheidet sich für eine Face-to-Face-Verhandlung. Die Personen kennen sich zwar alle – man hätte also auch telefonisch konferieren können –, aber die Aufgabe ist höchst komplex. In jedem Fall muss genug Zeit eingeplant werden, um eine gute Lösung finden zu können.

Die richtigen Teilnehmer einladen

Stellen Sie sich folgende Fragen:

- Wer hat die Autorität, um Entscheidungen zu fällen?
- Wessen Unterstützung ist unerlässlich?
- Wer ist von den zu beschließenden Maßnahmen betroffen?

Es sind nur Teilnehmer einzuladen, die ...

- zur Problemlösung relevante Informationen und Spezialkenntnisse haben,
- eine Entscheidung treffen können,
- von der Entscheidung betroffen sind oder sie ausführen werden und
- die Durchführung der beschlossenen Maßnahmen wesentlich behindern oder durchkreuzen könnten.

Niklas beschließt, Marlon, den Patentanwalt von NikTec, mit einzuladen, um jederzeit fachkundige Auskunft vom Experten erhalten zu können, falls notwendig.

Sie können auch Teilnehmer einladen, die nur zu bestimmten Punkten der Tagesordnung anwesend sind (Teilzeit-Verhandlungsteilnehmer).

TIPP

Vorbereitung einer klaren Agenda

Unter Umständen haben Sie, je nach Komplexität der Verhandlung, zur Erreichung von Teilzielen mehrere Punkte auf der Tagesordnung. Bei einfachen Verhandlungen wird Ihre Agenda vermutlich direkt die Teilziele widerspiegeln. Bedenken Sie beim Aufbau der Agenda Folgendes:

- Priorisieren Sie die Tagesordnungspunkte.
- Beschäftigen Sie sich zuerst mit dringenden und wichtigen Dingen.
- Fokussieren Sie dann die Verhandlung auf nicht dringende, aber wichtige Dinge.
- Jeder Punkt bekommt eine maximale Zeitdauer zugewiesen.
- Gehen Sie einfache, leicht zu lösende Probleme zuerst an, um den Beteiligten Erfolgserlebnisse zu vermitteln.

Um die Konzentration der Teilnehmer in langen Verhandlungen, die mehr als eine Stunde dauern, aufrechtzuerhalten, sollten Sie auch Pausen einplanen. Diese erfrischen, und oftmals steigt die Effektivität anschließend deutlich an. Die Pausendauer sollten Sie vom Schwierigkeitsgrad des Themas und der Gesamtdauer der Verhandlung abhängig machen. Analysieren Sie, welche Tagesordnungspunkte nicht für alle Verhandelnden relevant sind und planen Sie so, dass es den Teilnehmern, die nicht an allen Punkten interessiert sind, möglich ist, entweder später zu kommen oder die Verhandlung früher zu verlassen.

So könnte Niklas Entwurf der Agenda aussehen:

Agenda »Zweite Finanzierungsrunde der NicTek AG«

1. **Klärung der zukünftigen Beteiligungen**
   - des *Venture-Capital*-Gebers
   - des Gründerteams
   - des Privatinvestors
2. **Rechte und Pflichten**
   - des *Venture-Capital*-Gebers
   - des Gründerteams
   - des Privatinvestors
3. **Klärung der Patentsituation**
   - Input von Marlon (Patentanwalt) zur rechtlichen Situation
4. **kurz- mittel- und langfristige Strategie der NikTec AG**
   - Präsentation Vorstand NikTec AG

TIPP

Planen Sie am Ende der Verhandlung Zeit ein für »*parking-lot*-Themen«, die während der Verhandlung aufgetaucht sind. Das »*parking lot*« bedeutet, dass Sie in Ihrer Besprechung auf einem für alle sichtbaren Flipchart stichpunktartig Themen festhalten und »parken«, die nicht hier und jetzt, sondern zu einem späteren Zeitpunkt behandelt werden sollen.

Das persönliche Equipment

- Notebook und Beamer
- Ladegerät für Notebook und Beamer
- Flipchart-Stifte
- Schreibblöcke und Stifte für die Teilnehmer
- Namensschilder, falls die Beteiligten sich noch nicht kennen
- genau gehende Uhr

Auch wenn Sie vielleicht denken, das es doch ganz selbstverständlich ist, diese Dinge mitzubringen – ihr Fehlen kann große Folgen nach sich ziehen. Stellen Sie sich vor, Sie wollen etwas am Flipchart entwickeln und es ist kein geeigneter Stift vorhanden. Oder Sie wollen sich Notizen machen und haben kein Papier zu Hand.

Bestmögliche Vorbereitung der Teilnehmer

Was die Teilnehmer vor der Verhandlung brauchen, sind:

- Informationen über Zweck und Ziel
- gegebenenfalls das Protokoll der letzten Verhandlung
- Teilnehmerliste
- Agenda mit Ansprechpartnern für die einzelnen Tagesordnungspunkte
- Ort, Raum (Lageplan), Informationen zu Anreise und Übernachtung
- Liste mit den notwendigen Unterlagen, die die Teilnehmer mitbringen sollen
- Pre-Work, zum Beispiel relevante Präsentationen, die vorbereitet wurden und in der Verhandlung benötigt werden

Die Teilnehmer müssen in der Einladung darauf hingewiesen werden, wie notwendig eine gute Vorbereitung der Verhandlung ist.

TIPP

Aufgaben bei Verhandlungsbeginn

Schon zu Beginn der Verhandlung werden vom Leiter Grundelemente der Moderation erwartet. Je klarer Sie von Beginn an signalisieren, dass Sie die Zügel in der Hand haben, desto leichter wird Ihnen die Steuerung in kritischen Augenblicken gelingen.

Als Leiter erklären Sie Zweck, Ziel und Agenda. Auch wenn diese Punkte bereits in der Einladung erwähnt wurden, ist es sinnvoll, am Anfang einer Verhandlung nochmals darauf hinzuweisen. Anschließend ist es hilfreich zu überprüfen, ob die Teilnehmer alles verstanden haben und damit einverstanden sind. Das heißt, die Verhandlungsparteien haben die Möglichkeit, sich auch zu melden, falls sie etwas vermissen. Das ist wichtig, denn wenn ein Teilnehmer das Gefühl hat, dass seine persönlichen Ziele nicht in der Verhandlung abgedeckt werden, wird er sich nicht an die Tagesordnung gebunden fühlen. Falls nötig, kann der Plan geändert werden oder man beschließt, fehlende Punkte gesondert zu behandeln.

Stellen Sie Grundregeln für Verhaltensweisen auf und halten Sie sich daran. Wenn Sie am Anfang einer Verhandlung Grundregeln aufstellen, haben Sie die Möglichkeit, jederzeit während des Verlaufs auf diese zu verweisen, wenn Sie das Gefühl haben, dass jemand sich nicht daran hält. Es ist immer schwierig, während einer laufenden Verhandlung Regeln zu entwickeln.

TIPP

Je regelmäßiger die Verhandelnden zusammenkommen, desto kürzer kann der Hinweis auf die Regeln ausfallen.

Niklas hat also auch ein paar Grundregeln vorbereitet:

- Die Verhandlung beginnt und endet pünktlich, es sei denn, es wird während der Verhandlung etwas anderes beschlossen.
- Dinge, die in der Verhandlung besprochen werden, werden vertraulich behandelt.

- Alle Meinungen sind zulässig, es wird keiner für seine Meinung kritisiert.
- Regelmäßige Pausen – Alle 90 Minuten wird eine zehnminütige Pause gemacht.
- Es spricht immer nur einer, keine Nebengespräche.
- Handys und Blackberries aus.
- Pausen: Jeder Teilnehmer hat die Möglichkeit, eine Kurzpause einzufordern.

Legen Sie, wenn eine Verhandlung doch mal länger dauert, eine kurze Pause ein, damit die Teilnehmer ihre Anschlusstermine verlegen können.

TIPP

Wie Sie den Verhandlungsprozess steuern

Niklas weiß, dass während der Verhandlung von ihm als Leiter auch Steuerungs-Know-how erwartet wird. Er wird auf das Zeitmanagement achten, den roten Faden behalten und die Verhandlung nicht auf Nebenschauplätze abdriften lassen. Er nimmt sich vor, die Beteiligten zu motivieren, indem er immer wieder auf den Erfolg von Niktec verweisen und falls notwendig an den richtigen Stellen Feedback geben wird.

Auf das Timing achten

Teilnehmer sind zufrieden, wenn die Verhandlung pünktlich aufhört, glücklich, wenn es schneller ging als erwartet, und verärgert, wenn überzogen wird.

Damit die Verhandlung in einem guten Zeitrahmen durchgeführt wird, plant Niklas Folgendes:

- Auch wenn es schon in der Einladung stand – es hilft am Anfang der Verhandlung auf die Dauer hinzuweisen.
- Er will auch während der Verhandlung darauf hinweisen, ob sie gut oder schlecht in der Zeit liegen.
- Er ist bei der Planung der Agenda realistisch. In vielen Fällen ist die Agenda so überfrachtet, dass es unmöglich ist, alle Punkte abzuarbeiten.
- Er will auch die Möglichkeit eines »Timekeepers« nutzen, der einzelne Agendapunkte und auch die Gesamtverhandlung zeitlich überwacht. Der »Timekeeper« wird sich auf die Einhaltung des vorgesehenen Zeitplans konzentrieren und den anderen Verhandelnden rechtzeitig Rückmeldung geben, wenn zum nächsten Agendapunkt übergegangen werden soll oder mit den Parteien diskutieren, welche Punkte Priorität bei der Bearbeitung haben.

Den richtigen Kurs halten

Als Leiter der Verhandlung haben Sie die Aufgabe, dafür zu sorgen, dass die Parteien nicht vom Thema abweichen.

Folgende Dinge helfen Niklas dabei:

- Ziele in Erinnerung rufen (Wenn die Verhandelnden durch ein nicht zielführendes Gesprächsthema abgelenkt werden, so will Niklas erneut auf das Ziel der Verhandlung hinweisen.)
- in regelmäßigen Abständen zusammenfassen und Zwischenergebnisse schriftlich festhalten
- Einhaltung der Agenda (Wenn ein neues Thema auftaucht, will Niklas es auf dem »*parking lot*« parken und zu einem späteren Zeitpunkt abhandeln.)

Aufrechterhaltung der Motivation

Verhandeln ist anstrengend. Die Konzentrationsfähigkeit ist von Mensch zu Mensch unterschiedlich, deshalb ist es auch Aufgabe des Leiters, die Verhandlungsparteien zu motivieren. Verhandeln darf auch Spaß machen!

Hier sind einige Ideen von Niklas zum Thema »Motivation«:

- Niklas will genügend Pausen einplanen und die Verhandelnden mit Getränken und leichten Pausensnacks zu versorgen.
- Er wird die Verhandelnden nach ihren Meinungen befragen und gezielt Positives und Verbindendes ansprechen.
- Durch seine Vorbildfunktion will er den Teilnehmern ermöglichen, Spaß zu haben und Humor zu zeigen.
- Er wird kreative Möglichkeiten nutzen, die Verhandlung lebhaft, abwechslungsreich und unterhaltsam zu gestalten – zum Beispiel die Mind-Mapping-Methode, um Ideen zu sammeln oder ein Brainwalking zum Bearbeiten von Themen.

Feedback benutzen, um Verhandlungen zu verbessern

Wir meinen häufig, wir wüssten, was andere denken. Falsch! Nutzen Sie besser während der Verhandlung die vielen Möglichkeiten, Feedback zu erhalten und zu geben, dann stehen Sie im direkten Kontakt zu den Menschen und zeigen Ihnen durch Ihr Verhalten, dass Sie bemerken, wie es den anderen geht.

Niklas Empfehlungen zum Geben und Erhalten von Feedback sind die folgenden:

- Beobachten Sie immer das nonverbale Feedback Ihrer Teilnehmer (Sind sie fokussiert, gelangweilt, genervt, motiviert, verstehen sie den Beitrag nicht ...?) und reagieren Sie entsprechend. Holen Sie Meinungen ein oder geben Sie eine Frage an die ganze Gruppe.
- Fragen Sie nach einzelnen Punkten und ob diese zur Zufriedenheit der Teilnehmer abgehandelt wurden.
- Geben Sie den Verhandelnden Rückmeldung, wie Sie deren Mitarbeit erlebt haben (bei kritischen Fällen unter vier Augen)!
- Erhalten Sie selbst Feedback, dann hören Sie ruhig zu und rechtfertigen Sie sich nicht.

Holen Sie alle ins Boot – wie Sie Arbeitstechniken professionell nutzen

Als Moderator einer Verhandlung sollten Sie ein absoluter Methodenprofi sein. Sie benötigen die richtigen Werkzeuge: Sie müssen wissen, wie Sie richtig visualisieren, auf welchen Regeln ein sauberes Brainstorming basiert und wie Sie professionell Diskussionen steuern.

Visualisieren wichtiger Punkte

Die meisten Menschen sind in erster Linie Augenmenschen. Dinge, die wir sehen, behalten wir meist besser in Erinnerung. Das ist auch beim Verhandeln so. Ob auf einem DIN-A4-Blatt oder auf dem Flipchart – nutzen Sie jede Gelegenheit, Dinge schriftlich oder bildlich festzuhalten.

Auch Niklas wird aus den folgenden Gründen während der Verhandlung wichtige Sachverhalte visualisieren:

- Jeder Teilnehmer weiß dann, worum es gerade geht (vor allem wichtig, wenn man nach einer kurzen Gesprächspause wieder zum Thema zurückkehrt).
- Jeder Punkt wird nur einmal besprochen und kann abgehakt werden.
- Der Mensch behält Gehörtes in der Regel nur zu 20 Prozent, Gesehenes zu 40 Prozent.
- Alle behalten den Überblick – auch wenn viele Zahlen im Spiel sind.
- Als Moderator hat man, während man schreibt, Zeit zum Nachdenken.
- »Wer schreibt, der bleibt!« – an der einen oder anderen Stelle kann man als Moderator und Schreibender Formulierungen mit beeinflussen.

Die wichtigsten Fähigkeiten desjenigen, der während einer Verhandlung für alle sichtbar mitprotokolliert *(»note takers«)*, sind zuhören und zusammenfassen zu können (ohne zu bewerten) – und seine Schrift sollte natürlich lesbar sein! Außerdem gelten die folgenden Regeln:

- Es werden nur Überschriften und Zusammenfassungen in Stichworten aufgeschrieben, sodass jeder Beteiligte diese sehen kann.
- Die Stichworte sollten dem Wortgebrauch der Teilnehmer entsprechen und nicht umformuliert werden. Das unterstreicht die Wertschätzung der einzelnen Beiträge.
- Die Flipchart-Blätter können durchnummeriert werden und an der Wand befestigt werden. So bleiben alle Punkte jederzeit

sichtbar. Der Verhandlungsleiter kann so auf schon abgehandelte Punkte verweisen, wenn die Diskussion anfängt, sich im Kreis zu drehen.

Brainstorming als eine wichtige kreative Technik beim Verhandeln

Da gerade beim Verhandeln nach dem Harvard-Konzept das gemeinsame Entwickeln von Ideen von so großer Bedeutung ist, spielt das Brainstorming als Methode eine wichtige Rolle. Ziel eines Brainstormings ist es, möglichst viele Ideen zu einem Thema zu produzieren. Der größte Fehler, der beim Brainstorming immer wieder gemacht wird, ist, dass die Ideensammlungsphase nicht von der Bewertungsphase getrennt wird. Das macht den Prozess langsam, anstrengend und wenig ergiebig. Grundsätzlich gilt: Erst die Regeln vorstellen (bei Profis muss das ja nicht in epischer Breite erfolgen), dann anfangen. Das erleichtert es, später auf die Regeln zu verweisen. Mögliche Variationen des Brainstormings sind das »Brainwalking«, bei dem alle gleichzeitig ihre Ideen schriftlich auf Pinnwände heften, oder das »Brainwriting«, bei dem jeder seine Ideen auf einem Arbeitsblatt festhält. Das Brainstorming besteht im Wesentlichen aus zwei Phasen:

- Phase 1 – Ideen sammeln und mitschreiben.
- Phase 2 – Bewertung der Ideen und auswählen, welche weiterverfolgt werden

Die vier wichtigsten Regel für ein Brainstorming lauten:

1. Jede Idee ist wertvoll.
2. In Phase 1 wird nicht bewertet.
3. Gerade »verrückte« Ideen haben oft ein großes Potenzial.
4. Ideen der anderen sollen weiterentwickelt werden.

Wo ein klassischer Fallstrick beim Brainstorming liegt, sehen Sie in folgender Case Study.

CASE STUDY: DANN STEIG ICH AUS!

CASE STUDY

Niklas – CEO des Biotech-Unternehmens NikTec – sitzt mit Justus – CFO (Finanzvorstand) – und Michael – CSO (Wissenschaftsvorstand) – im Büro. Gleich wollen Sie mit einem ihrer Geldgeber darüber verhandeln, ob er das Patentrecht für NikTec-Produkte bekommt. Um bestmöglich vorbereitet zu sein, überlegen die drei, welche Möglichkeiten sie in der kommenden Verhandlung für sich sehen.

NIKLAS: »Lasst uns doch mal ein paar Ideen sammeln und überlegen, was grundsätzlich möglich ist.«

JUSTUS: »Also, wenn die uns zwingen, die Patentrechte abzugeben, dann steige ich aus.«

MICHAEL: »Das kannst du gar nicht so einfach. Und überhaupt, was soll das Ganze überhaupt. Meinst du, damit kommen wir weiter?«

JUSTUS: »Ich habe einfach keine Lust mehr nur noch Marionette der Geldgeber zu sein.«

MICHAEL: »Du hast ja auch keine vierköpfige Familie zu ernähren.«

NIKLAS: »Jungs, wir wollten Ideen sammeln, nicht eine Idee sofort bewerten. Ich verstehe, dass ihr frustriert seid, mir geht es nicht anders. Zurück zur eigentlichen Frage: Welche Möglichkeiten haben wir noch? Okay?«

Justus und Michael grummeln und nicken, dann geht das Brainstorming weiter.

Wie Sie Diskussionen professionell steuern

Der Austausch von Meinungen ist ein wichtiges Element beim Verhandeln. Je hitziger das Thema diskutiert wird, desto schwieriger ist es für den Leitenden die Zügel in der Hand zu halten.

Niklas nimmt sich deshalb Folgendes vor:

- Er will Zwischenergebnisse regelmäßig zusammenfassen.
- Er will nachhaken: »Habe ich Sie richtig verstanden, dass ... Sie meinen also, dass ...«

- Er will Ruhige fördern und um ihre Meinung bitten.
- Er will Vielredner und Vorlaute bremsen.

TIPP

Wenn sich die Diskussion für einige Zeit um einen bestimmten Punkt dreht und Argumente nur noch wiederholt werden, ist eine Zwischenzusammenfassung sehr hilfreich. Sie zeigt den Teilnehmern, bei welchen Punkten Übereinstimmung herrscht und bei welchen nicht, sodass Sie als Leiter der festgefahrenen Situation wieder eine neue Richtung geben können.

Alle Klippen umschiffen – wie Sie mit Störungen umgehen

Störungen entstehen aus ganz unterschiedlichen Gründen. Manchmal haben einzelne Teilnehmer das Gefühl, ihre Zeit würde verschwendet oder sie fühlen sich und ihre Bedürfnisse nicht verstanden. Vielleicht wollen sie sich auch um jeden Preis durchsetzen. Als Verhandlungsleiter können Sie viele Störungen schon im Vorfeld vermeiden, in dem Sie bei der Einladung der Teilnehmer große Sorgfalt walten lassen (»Wen brauche ich wann und wozu?«), aktives Zeitmanagement betreiben und die optimale Methode wählen. Sollten Sie in Ihrer Verhandlung dennoch mit Störungen konfrontiert werden, helfen Ihnen folgende Hinweise, damit professionell umzugehen:

- Verweisen Sie auf die am Anfang aufgestellten Grundregeln.
- Geben Sie Störern ein Vier-Augen-Feedback – zum Beispiel in einer Pause. Wenden Sie dabei die Feedback-Regeln an. Beschreiben Sie genau, welches Verhalten Sie stört und was das bei Ihnen bewirkt.
- Wenn das Verhalten sehr stört und Sie keine Pause machen können, sprechen Sie das Thema in der Gruppe an. Als Orientierung können Sie das WAVE-Modell nutzen.

Das WAVE-Modell

Wahrnehmung ansprechen
Aufgreifen/Anerkennen
Vorschlag machen
Einverständnis einholen

CASE STUDY: WAVE LIVE

CASE STUDY

Niklas moderiert die Verhandlung zur zweiten Finanzierungsrunde zwischen dem Aufsichtsrat (*Venture-Capital*-Geber und Privatinvestoren) und dem Vorstand der NikTec AG. Immer wieder droht Professor Olivier, einer der Privatinvestoren, durch überlange und weitschweifige Beiträge den Zeitrahmen zu sprengen und die Steuerung an sich zu reißen. Niklas geht souverän mit der Störung um. Er orientiert sich am WAVE-Model und das klingt so:

»Professor Olivier, ich merke schon, dass Sie zu dem Thema ›Wie positionieren wir die NikTec AG langfristig auf dem Pharmamarkt?‹ sehr viel beizutragen haben.« (Wahrnehmung)

»Das freut mich, denn genau diese Kompetenz kann uns helfen, optimale Lösungen zu erarbeiten.« (Aufgreifen / Anerkennen).

»Ich möchte jedoch vorschlagen, dass wir uns an dieser Stelle auf die Frage konzentrieren, unter welchen Bedingungen wir die zweite Finanzierungsrunde gestalten, sodass die Interessen aller Beteiligten berücksichtigt werden. Die Aspekte, die Sie gerade ansprechen, können wir gerne unter dem Agendapunkt ›Strategische Ausrichtung der NikTec‹ diskutieren.« (Vorschlag machen)

»Ist das okay für Sie?« (Einverständnis einholen)

Es kann nun passieren, dass ein Professor Olivier nicht einverstanden mit dem Vorschlag ist, dann müsste Niklas zurück zum »V« gehen und einen neuen Vorschlag unterbreiten. »Okay, wenn Sie darauf bestehen, dass wir zuerst die strategische Ausrichtung diskutieren und dann über die zweite Finanzierungsrunde sprechen, dann hätte ich zu diesem Vorschlag gerne ein Feedback der Beteiligten.«

TIPP

Wenn die Emotionen mal höher schlagen, dann machen Sie eine Pause und gehen Sie auf die »Streithähne« zu. Wenn deren Streitigkeiten persönlicher Natur oder für die Verhandlung und die anderen Beteiligten nicht relevant sind, dann bitten Sie sie, ihre Differenzen außerhalb des Meetings zu klären.

Sicher in den Hafen einlaufen – wie Sie eine Verhandlung professionell beenden

Dank guter Planung kann es Ihnen in einer Verhandlung wie einem Kapitän auf hoher See gelingen, Klippen zu umschiffen und Untiefen zu umfahren. Sie trotzen allen Winden und schon sehen sie am Horizont Land in Sicht. Der sichere Hafen nähert sich. Jetzt heißt es nur noch sicher einlaufen und den Anker werfen. Bevor Sie das Protokoll der Verhandlung und damit in den meisten Fällen die Übereinkunft unterschreiben, ist es wichtig, noch einmal die Ergebnisse zusammenzufassen und zu überprüfen, ob alle Teilnehmer ein gleiches Verständnis der nächsten Schritte haben.

Auch Niklas weiß, dass ein Abschluss folgende Punkte berücksichtigen sollte:

- Wie genau sieht die Übereinkunft aus?
- Was soll konkret getan werden? (Dieses »Was« sollte so genau wie möglich definiert sein.)
- Bis wann soll es getan werden? (Die Zeitfrage beinhaltet den Endtermin sowie Zwischentermine für die *»milestones«*.)
- Wer wird für die »Überwachung« und Kontrolle zuständig sein?
- Die Verantwortung für die einzelnen Aufgaben wird ganz konkret an Einzelpersonen übertragen.
- Am Ende sollten die Entscheidungen, die nächsten Schritte und offene Fragen noch einmal zusammengefasst werden.

Zusammenfassungen bisher vereinbarter Entscheidungen, weiterer Schritte und unerledigter Fragen sind ein gutes Werkzeug für Sie als Verhandlungsleiter oder auch als Teilnehmer einer Verhandlung – aus folgenden Gründen:

- Die einzelnen Teilnehmer erhalten das Gefühl, ihre Auffassungen sind berücksichtigt worden, und sie werden weiterhin engagiert bleiben.
- Eine objektive Zusammenfassung der Fakten zeigt den verhandelnden Parteien, welche Schlüsse gezogen oder welche Maßnahmen ergriffen werden.
- Eine effiziente Zusammenfassung unterstreicht die Kompetenz des Verhandlungsleiters.

Abschluss-Feedback

Förderlich für die persönliche Zusammenarbeit ist es, am Ende ein kurzes Feedback einzuholen und zu geben:

- Wie zufrieden bin ich / ist mein Team mit dem Ergebnis?
- Wie zufrieden bin ich / ist mein Team mit der Zusammenarbeit der verhandelnden Parteien?
- Was können wir beim nächsten Mal besser machen?

Protokoll

Am einfachsten ist es ein Simultanprotokoll schon in der Verhandlung zu erstellen und direkt vor Ort von den Beteiligten unterzeichnen zu lassen. Oft wird auch ein Ergebnisprotokoll erstellt, das sich sehr an den Punkten der Agenda orientiert.

Auch Niklas nimmt sich vor, dass das Protokoll ...

- den Teilnehmern so schnell wie möglich vorliegt,
- kurz, knapp und präzise geschrieben ist und

- formale Punkte beinhaltet wie Datum, Uhrzeit und Ort der Verhandlung, Teilnehmer sowie besprochene Tagesordnungspunkte, wichtige Argumente, gefällte Entscheidungen – einschließlich Angaben darüber, was bis wann von wem getan wird – sowie Datum, Uhrzeit, Ort eines etwaigen weiteren Meetings.

Vereinbarungen verfolgen

Die Verhandlung wird von geringem Nutzen sein, wenn es Ihnen nicht gelingt, konkrete Ergebnisse zu vereinbaren, deren tatsächliche Durchführung verfolgt wird. Eine Verhandlung und das Ergebnisprotokoll werden nur ernst genommen, wenn die Einhaltung der Maßnahmen gewährleistet ist. Vereinbaren Sie bei größeren Aufgaben Zwischentermine. Damit es nach Niklas Verhandlung nicht einfach nur heißt »Es war schön mal darüber gesprochen zu haben!« kann er mit folgenden Anregungen dafür sorgen, das *»follow up«* zu gewährleisten:

- Statt den Kontrolleur zu spielen, zeigt er Interesse für die Ergebnisse der Aufgabe und bietet Unterstützung bei Fragen an (Vorsicht vor Rückdelegation).
- Zur Erinnerung wird er an die betreffende Personen E-Mails schicken.
- Er wird die Verhandlungspartner telefonisch kontaktieren.

Tipps für Verhandlungen am Telefon

Wir leben in einer Zeit der Globalisierung. Unternehmen agieren weltweit und Geschäftsleute werden zwangsläufig zu Weltreisenden. Reisekosten sind dabei ein erheblicher Faktor, der von kostenbewussten Unternehmen niedrig gehalten wird. Obwohl es Situationen gibt, in denen Face-to-face-Verhandlungen unverzichtbar sind, gibt es doch eine Reihe von Situationen, bei denen Anliegen auch in Telefonkonferenzen verhandelt werden. Lesen Sie zunächst einmal in der folgenden Case Study, wie es Fleur und Nele bei ihrer Telefonkonferenz ergeht.

CASE STUDY: MÜNCHEN AN SEATTLE – KÖNNT IHR UNS HÖREN?

CASE STUDY

Fleur und Nele haben eine Telefonkonferenz mit der Unternehmenszentrale in Seattle geplant. Anwesend sind Tom, George und Lucy aus Seattle und Fleur und Nele aus München. Dazu geschaltet wird Susanna, die gerade mit Luca ein Projekt in Florenz betreut. Es geht um die Markteinführung eines neuen Toilettenpapiers. Die Amerikaner wollen, dass in Europa die gleichen Werbefilme gezeigt werden wie auf dem amerikanischen Markt. Fleur und Nele sind damit nicht einverstanden, da der europäische Endverbraucher ein anderes Kaufverhalten zeigt.

TOM: »Hello everybody! Wie ist das Wetter in Munich?«

FLEUR: »Sonnig! Wie sieht der Himmel in Seattle aus?«

TOM: »Regnerisch, wie sonst.«

FLEUR: »Wir hier in München – das sind Nele und ich, Fleur. Susanna ist aus Florenz zugeschaltet. Susanna, bist du auch da?«

LUCA: »Ah, nein! Ich bin ersatzweise für Susanna eingesprungen. Es gab heute früh ein Problem beim Kunden, da musste sie hin. Wisst ihr, was da passiert ist? ...« (fängt an, ausführlich zu erzählen)

NELE (springt drauf an): Nein, das glaube ich nicht. Dabei haben wir doch erst letzte Woche mit dem Kunden die Vorgehensweise besprochen. Du musst Susanna unbedingt sagen, dass ...«

FLEUR: »Stopp! Wir wollen heute über den Werbefilm von ›soft und clean‹ sprechen. George, kannst du noch einmal beschreiben, wie genau der Werbefilm in den Staaten aussieht?« ... »George?« ...

TOM: »Oh, es sieht so aus, als wäre George nicht anwesend. Eigentlich wusste er schon, dass wir heute eine Telefonkonferenz haben. Ich habe es ihm extra am Freitag noch einmal gesagt, weil er es sonst immer vergisst. Na gut. Vielleicht beschreibe ich den Film kurz ...« (stöhnt und fängt an)

30 Sekunden später

GEORGE (fröhlich): »Hi Munich! Hi friends! It's me. George. Sorry I'm late. Um was geht es heute?«

Da ist wohl so einiges schiefgelaufen. Was hätte das Team beim Verhandeln am Telefon besser machen können?

▶ ANALYSE

Es fehlte ein einheitliches Verständnis zu Regeln einer Telefonkonferenz. Dieses fehlende Verständnis oder vielleicht sogar nicht vorhandenes Know-how verhinderte einen zügigen Start der »echten« Verhandlung.

Planung einer Telefonkonferenz

Die Vorbereitung der Telefonkonferenz entspricht in weiten Teilen der eines Face-to-Face-Meetings: Das Ziel der Verhandlung muss geklärt sein, eine Agenda mit konkreten Zeit- und Zielvorstellungen soll entwickelt und den Teilnehmern zugänglich gemacht werden. Planen Sie den Verhandlungsablauf für jeden Tagesordnungspunkt noch genauer als bei einem Face-to-Face-Meeting. So können Sie zu Beginn eines Tagesordnungspunktes das Thema und das Ziel nennen, anschließend um Verständnisfragen bitten und daraufhin jeden Betroffenen zu einer kurzen Stellungnahme auffordern, um dann zu einer Diskussion und Lösungsentwicklung überzuleiten. Planen Sie steuernde Fragen vor Beginn der Verhandlung und formulieren Sie sich Kernpunkte vor.

Benötigtes Vorabmaterial sollte allen Beteiligten in der aktuellsten Form rechtzeitig vorliegen. Es ist sehr hilfreich, wenn es den Teilnehmern leicht fällt, sich innerhalb des Materials zu orientieren. Also: klare Strukturen, viele Absätze, aussagekräftige Visualisierungen. Die Verhandelnden sollen auch anhand von mündlichen Hinweisen schnell die gewünschte Information finden können. Dabei helfen zum Beispiel durchnummerierte Aufzählungen, Abschnitte und Seitenzahlen. Besonders wenn sich nicht alle Teilnehmer einer Telefonkonferenz gut kennen, ist es sehr nützlich, wenn jedem Beteiligten eine Liste mit den Namen vorliegt. Diese Liste kann auch Zusatzinformationen wie den jeweiligen Arbeitsbereich, aktuelle Projekte oder relevante Erfahrungsbereiche enthalten. Bei wichtigen Verhandlungen oder wenn es sich um Erstkontakte handelt, können Sie auch Bilder der Teilnehmer mit dem Vorabmaterial aushändigen.

Wenn sich der Kreis der Teilnehmer einer Telefonkonferenz auf verschiedene Kontinente verteilt, leben und arbeiten die Betroffenen in verschiedenen Zeitzonen. Hier ist die Frage des optimalen Timings von großer Bedeutung. Sollte es nötig sein, eine Verhandlung außerhalb der Kernarbeitszeiten aller Beteiligten durchzuführen, besprechen Sie das vorher mit den Betroffenen und holen Sie sich deren Einverständnis ab. So wird die Beziehung nicht belastet und alle fühlen sich wahrgenommen und gewürdigt.

Auch die Durchführung einer Telefonkonferenz folgt im Wesentlichen den Regeln eines Face-to-face-Meetings. Einige Besonderheiten sind dennoch zu beachten: Um die Gesprächsinhalte für alle verständlich zu halten, ist eine hohe Gesprächsdisziplin nötig. Bei Verhandlungen am Telefon können außerdem die in der folgenden Checkliste dargestellten sieben Grundregeln wertvolle Dienste leisten.

Checkliste zum Führen von Verhandlungen am Telefon

1. **Namensnennung zu Beginn:**
   In größeren Gesprächsrunden oder wenn sich die Beteiligten nicht gut kennen, hilft es zu Beginn die Namen zu nennen: »Niklas hier, als Vertreter von NikTec in dieser Runde frage ich mich …?« Oder: »Ich bin Michael, CSO bei NikTec.« Wie stellen Sie sich denn die langfristige Kooperation vor?

2. **Keine Nebengespräche führen:**
   Da Sie keine Möglichkeit haben zu sehen, ob die Teilnehmer noch bei der Sache sind, empfiehlt es sich zu vereinbaren, während der Verhandlung die Handys auszuschalten, keine Nebengespräche zu führen und für eine störungsarme Umgebung zu sorgen.

3. **Achtung *»open mike«*:**
   Auch wenn Ihre Telefonanlage eine *Mute*-Taste (Stummschaltung) bietet, lassen Sie sich nicht verführen, irgendwelche *»Off-Topic«*-Gespräche (Gespräche, die nichts mit der Verhandlung zu tun haben) während einer Telefonverhandlung zu führen. Auf Technik ist nicht immer Verlass, und Sie wären nicht der Erste, dessen unbedachte Worte oder Witze eine Telefonkonferenz zu einer Schweigesekunde veranlassen! Sagen Sie während der Konferenz nur das, was alle Beteiligten hören sollen.

4. **Achtung Reaktionszeit:**
   Besonders zu Beginn eines Wortbeitrags ist es wichtig, deutlich und langsam zu sprechen, da die anderen Zuhörer eine Vorlaufzeit benötigen, sich auf eine neue Stimme einzustellen. In dieser Orientierungssekunde werden leicht wesentliche Inhalte überhört, wenn diese zu schnell oder undeutlich gesprochen werden. Ansonsten gilt: natürlich sprechen!

5. **Vermeiden Sie »Telefonlaute« (ja, hmm, aha):**
   Sonst entsteht ein Geräuschdschungel, der es schwer macht, dem Gesagtem zu folgen.

6. **Notizen machen:**
   Um den Überblick in einer Telefonkonferenz zu behalten, sind Notizen extrem hilfreich. Das kann sich einerseits auf inhaltliche Aspekte beziehen (hilft auch bei Zwischenzusammenfassungen) oder auf die Rednerliste, auf Fragen oder Wortmeldungen der Teilnehmer. Bewährt haben sich dabei Techniken wie das Mind-Mapping.

7. ***Hold*-Taste vermeiden (Gespräche in die Warteschleife legen):**
   Viele Systeme erfreuen ihre Teilnehmer mit Musik sobald die *Hold*-Taste gedrückt wird. Das macht bei einer Audiokonferenz natürlich keinen Sinn. Deshalb, um Hintergrundgeräusche auszublenden, besser die *Mute*-Taste drücken.

Im Unterschied zu Präsenzverhandlungen fehlen Ihnen in einer Telefonkonferenz alle körpersprachlichen Zusatzinformationen, die es oft möglich machen, mehr zu verstehen, als das, was ausdrücklich gesagt wird. Unzufriedenheit, Begeisterung oder Ungeduld der Teilnehmer müssen Sie in einer Telefonkonferenz dem Gesagten und dem Tonfall entnehmen. Dabei werden einige Techniken des aktiven Zuhörens sehr wichtig. Fassen Sie noch häufiger Zwischenergebnisse zusammen, fragen Sie noch intensiver nach und sprechen Sie Zwischentöne an.

ZUSAMMENFASSUNG: LEITEN UND STEUERN – AUFGABEN DES VERHANDLUNGSLEITERS

ZUSAMMEN-
FASSUNG

▶ **Bereiten Sie sich als Leiter besser vor als alle Teilnehmer!**

- Prüfen Sie, ob eine Verhandlung wirklich der richtige Weg ist, Ihr Ziel zu erreichen.
- Legen Sie das Ziel der Verhandlung fest und kommunizieren Sie dieses im Vorfeld.
- Laden Sie die richtigen Teilnehmer ein.
- Suchen Sie den richtigen Raum aus.
- Wählen Sie die geeigneten Medien.
- Planen Sie die Logistik.

▶ **Wie Sie professionell starten**

- Erklären Sie immer Ziel und Agenda Ihrer Verhandlung.
- Stellen Sie Grundregeln für Verhaltensweisen auf und halten Sie sich daran.
- Begründen Sie, warum diese Grundregeln so wichtig sind.
- Zeigen Sie unbedingt die Zusatzregeln für ein Brainstorming auf.

▶ **Wie Sie den Verhandlungsprozess steuern**

- Achten Sie auf das Timing.
- Halten Sie den richtigen Kurs.
- Halten Sie die Motivation aufrecht.
- Ihre Verhandlung darf auch Spaß machen.
- Nutzen Sie saubere Arbeitstechniken, um Resultate zu erzielen.
- Benutzen Sie Feedback, um Ihre Verhandlungsatmosphäre zu verbessern.
- Visualisieren Sie wichtige Punkte.

▶ **Wie Sie alle ins Boot holen**

- Bedenken Sie die unterschiedlichen Interessen an einer Verhandlung teilzunehmen.
- Gehen Sie mit Störungen professionell um.
- Verweisen Sie auf Grundregeln.

▶ **Wie Sie Ihre Verhandlung zu einem guten Abschluss bringen**

- Vereinbaren Sie die nächsten Schritte.
- Fassen Sie Entscheidungen und offene Fragen zusammen.
- Führen Sie ein Abschluss-Feedback durch.
- Verteilen Sie das Protokoll umgehend.

10. ROLLEN IM EIGENEN VERHANDLUNGSTEAM

Es gibt Verhandlungssituationen, in denen Sie sich entscheiden müssen, ob Sie alleine oder im Team verhandeln wollen. Sie werden abwägen, welche Vor- beziehungsweise welche Nachteile es mit sich bringt, wenn Sie ohne Unterstützung auftreten und ganz auf sich selbst gestellt sind. Alternativ zwingt Sie vielleicht die Situation dazu, als Verhandlungsteam aufzutreten. Besonders im beruflichen Umfeld spielen dabei Hierarchien eine entscheidende Rolle. Der Entscheidungsträger muss ebenso anwesend sein wie die fachlichen Experten, die mit Rat und Tat dem Verhandlungsführer zur Seite stehen. Im folgenden Kapitel werden Sie die Besonderheiten der einzelnen Rollen kennenlernen, damit es Ihnen zukünftig leichter fällt zu entscheiden, ob Sie alleine oder mit Unterstützung Ihrer Kolleginnen und Kollegen in die nächste Verhandlung gehen.

SELF-ASSESSMENT 10.1

Reflexion zum Verhandeln im Team. Nehmen Sie sich bitte ein Blatt, einen Stift und ein paar Minuten Zeit, um folgende Fragen zu beantworten:

- Welche Gründe sprechen dafür, alleine zu verhandeln?
- Wann lohnt es sich, im Team zu verhandeln?
- Welche unsinnigen Gründe gibt es, alleine zu verhandeln?
- Was sind die vier wichtigsten grundlegenden Aufgaben beim Verhandeln?
- Welche Rollen können Sie in Ihren Verhandlungen besetzen?

Die Antworten zu diesen Fragen finden Sie am Ende des 10. Kapitels in der Zusammenfassung.

SELF-ASSESSMENT

CASE STUDY: PAPIERO AG VS. HONGKONG TECHNOLOGIES

▶ DIE PARTEIEN

Die Papiero AG ist ein erfolgreiches deutsches Unternehmen im Bereich der Papiermaschinenindustrie. Das Unternehmen ist weltweit Marktführer und hat sich auf hochwertige Maschinen zur Papier- und Kartonherstellung spezialisiert.

Die Firma Hongkong Technologies ist ein chinesisches Konglomerat. Der Mischkonzern ist im Schiffsbau, im Maschinenbau und in der Automobilindustrie tätig. Hongkong Technologies will jetzt auch in der Papierherstellung Fuß fassen und den chinesischen Markt erobern. Deshalb wollen sie bei Papiero eine Papiermaschine kaufen. Papiero und Hongkong Technologies arbeiten das erste Mal zusammen. Um von Anfang an eine starke Marktposition in China einzunehmen, hat Hongkong Technologies die modernste Papiermaschine, die im Moment von Papiero angeboten wird, bestellt. Für eine weitere Papiermaschine ist eine Absichtserklärung *(»letter of intent«)* bereits unterzeichnet.

CASE STUDY

CASE STUDY

▶ DAS PROBLEM

Die Papiermaschine von Papiero wurde ohne einen spezifischen Drehzahlmesser geliefert. Ein zusätzliches Gerät, das eine konstant gleichbleibende Geschwindigkeit der Papiermaschine misst. Nur mit einer absolut gleichbleibenden Umdrehungszahl allerdings kann höchste Papierqualität erzeugt werden.

Jetzt hat zur gleichen Zeit ein englischer Hersteller von Papiermaschinen einem Mitbewerber von Hongkong Technologies eine Papiermaschine mit der neuesten Innovation auf dem Markt der Papiermaschinen, einem integrierten Drehzahlmesser, geliefert. Somit hat der Konkurrent von Hongkong Technologies die bessere Technologie und damit einen Wettbewerbsvorsprung.

Hongkong Technologies hat Papiero gebeten, den spezifischen Drehzahlmesser nachzurüsten, um den Wettbewerbsnachteil auszugleichen. Der spezifische Drehzahlmesser alleine kostet 1,5 Millionen Euro, zusätzliche Ersatzteile, um den Drehzahlmesser in die Papiermaschine zu integrieren, kosten nochmals 1,8 Millionen Euro, und weitere 300000 Euro fallen für Konstruktionstätigkeiten der Ingenieure an.

Laut Hongkong Technologies hat Papiero sie von Anfang an falsch beraten. Hongkong Technologies erwartet von Papiero nun, dass diese die zusätzlichen Kosten in Höhe von etwa 3,6 Millionen Euro tragen. Da Hongkong Technologies sehr unzufrieden ist, haben sie bis jetzt auch nur eine Teilzahlung für die vor sechs Monaten gelieferte Papiermaschine getätigt.

Ein Verhandlungstermin zur Klärung der unangenehmen Situation ist festgelegt.

▶ AUFGABE

Mit welchen Vertretern würden Sie als Papiero AG in die Verhandlung gehen? Lesen Sie dazu die Case Study: Papiero AG vs. Hongkong Technologies II weiter hinten.

Alleine oder im Team verhandeln

Im Team zu verhandeln lohnt sich in den folgenden Situationen:

- wenn es sich um sehr komplexe Themen und Fragestellungen handelt, denn viele Augen und Ohren sehen und hören mehr
- wenn Expertenwissen von verschiedenen Sachverständigen benötigt wird, denn *»Nobody is perfect«*
- wenn sowohl fachliche, als auch fachübergreifende Interessen repräsentiert werden sollen, denn die können in einzelnen Punkten durchaus unterschiedlich sein
- wenn Sie in allen Bereichen das bestmögliche rausholen wollen: beim Kommunizieren, Zuhören, Protokollführen und Moderieren, denn eine einzelne Person ist damit schnell überfordert
- wenn Sie Stärke demonstrieren wollen, denn Sie treten mit geballter Kraft und nicht als Einzelkämpfer auf
- wenn Sie moralische Unterstützung brauchen, denn gemeinsam fühlen Sie sich stärker
- wenn Einzelpersonen geschützt werden sollen, denn so sind Zeugen anwesend
- wenn Sie einander nicht vertrauen, denn so hören, was gesagt und vereinbart wird, mehrere Personen
- wenn Sie Fehler oder Schuld eingestehen müssen, denn dann verteilen Sie die Last auf mehreren Schultern

Alleine zu verhandeln lohnt sich dagegen in den folgenden Situationen:

- wenn es nur um Kleinigkeiten geht, denn dann wäre der Aufwand zu groß mit einem Team anzureisen
- wenn Sie Kosten sparen wollen, denn je mehr Personen an der Verhandlung teilnehmen, desto höher werden die Reisekosten und der Zeitausfall der Mitarbeiter
- wenn es um einfache Themen geht, bei denen Sie keinen Experten benötigen
- wenn Sie wollen, dass die Gegenseite den Eindruck erhält, es handele sich nur um eine Kleinigkeit

- wenn Sie einen Streit unter vier Augen klären wollen, denn dann fällt es leichter, die Gegenseite das Gesicht wahren zu lassen
- wenn die Gegenseite nur Ihnen persönlich vertraut
- wenn die Verpflichtung zu Stillschweigen besteht, denn je kleiner der Kreis der Eingeweihten desto leichter die Geheimhaltung

Nicht ernst zu nehmenden Gründe, um alleine in den Ring zu steigen, sind dabei die folgenden:

- »Ich bin hier der Chef!«
- »Meine Verhandlungskünste sind vollkommen!«
- »Das ist mein Hoheitsgebiet. Hier bin ich sicher!«
- »Es wäre mir peinlich, wenn meine Kollegen mich bei einem Fehler ertappen.«

Wenn Sie alleine verhandeln, kann es manchmal hilfreich sein, über limitierte Entscheidungsgewalt zu verfügen. So können Sie sich immer Zeit zur Nachkorrektur erbitten und stehen nicht unter Druck, vorschnell Entscheidungen treffen zu müssen. Selbst wenn Sie tatsächlich über die Entscheidungsbefugnis verfügen, dann können Sie strategische Limitationen einfügen (»Das muss ich erst noch mit meiner Frau / meinem Mann / dem Abteilungsleiter / dem Vorstand klären.«).

TIPP

Die vier Hauptaufgaben

Es gibt sie, die klassischen Elemente der Kommunikation, die Sie natürlich auch in jeder Verhandlung finden, denn Verhandeln ist Kommunikation. Die vier fundamentalen Prinzipien sind:

1. verständlich sprechen, um eigene Interessen zum Ausdruck zu bringen
2. aktives Zuhören, um Interessen und Forderungen der Gegenseite zu verstehen
3. Aufzeichnungen machen (Visualisieren und Protokoll führen)
4. professionelle Steuerung der Verhandlung

Man kann natürlich versuchen, alle vier Aufgaben gleichzeitig und ganz locker aus dem Ärmel zu schütteln – die echten Profis allerdings holen sich Unterstützung und delegieren soviel wie möglich, um mehr Kapazitäten für die übergeordneten, strategischen Impulse zu haben.

TIPP

CASE STUDY: PAPIERO AG VS. HONGKONG TECHNOLOGIES II

CASE STUDY

Die Papiero AG reist zur Verhandlung mit Hongkong Technologies mit folgenden Teilnehmern an:

- Valentin von Vorndranne, Vorstandsvorsitzender Papiero AG (Verhandlungsführer)
- Gerd Goldig, Finanzvorstand Papiero AG (Experte)
- Tom Texner, Technischer Vorstand Papiero AG (Experte)
- Walter G. Schmidt, Leiter Business Unit Asien (Moderator)
- Hans-Jörg Brunnhuber, Projektleiter »Hongkong Project 2009« (Experte)
- Ariane Blitz, Legal Department (Experte)

Hongkong Technologies empfängt Papiero mit folgender Delegation:

- Chow Yun-Fat, Vorstandsvorsitzender Hongkong Technologies (Beobachter)
- John Woo, Finanzvorstand Hongkong Technologies (Experte)
- Jackie Chan, Technischer Vorstand Hongkong Technologies (Experte)
- Wong Kar-Wai, Leiter Corporate Marketing Hongkong Technologies (Beobachter)
- Patty Pong, Leiterin Projekt »Papiermaschine« (Verhandlungsführer)
- Karen He (Simultandolmetscher)
- Chang Li (Protokollant)

Was fällt Ihnen auf, wenn Sie die beiden Besetzungen miteinander vergleichen?

▶ PAPIERO AG

- Der Vorstandsvorsitzende leitet als ranghöchster Teilnehmer die Verhandlung. Das ist im westlichen Kulturkreis sehr verbreitet. Der Entscheidungsträger ist als »Oberbefehlshaber und Prinzipal« gleichzeitig auch der *main speaker*.
- Klassischerweise übernehmen die Experten aus der Finanzierung, der Technik, der Vertragsgestaltung sowie der Projektleiter, als Experte des Kunden, die Rollen der *support speaker*.

- Der Leiter der Business-Unit Asien übernimmt, als nicht unmittelbar in den Prozess involvierter Part, die Rolle des Moderators.
- Die Rolle des Beobachters wird bei deutschen Verhandelnden oft gar nicht besetzt.

CASE STUDY

▶ HONGKONG TECHNOLOGIES

- Der Leiter des Projektes »Papiermaschine« übernimmt die Rolle des *main speakers.*
- Die Technik- und Finanzexperten übernehmen, wie auch bei Papiero, die Rollen der *support speaker.*
- Interessant und typisch für Asien ist, dass die Rolle des *observers* von mehreren Personen besetzt wird – und zwar von zwei »wichtigen« Verhandelnden, dem CEO und dem Leiter der Marketingabteilung als Experte des asiatischen Marktes und mit Fokus auf den Endkunden. Die beiden werden sich während der Verhandlung nur auf das »Gehörte« konzentrieren und ihre Beobachtungen und Entscheidungen in den Pausen mitteilen.
- Interessant auch, dass zusätzlich ein Simultandolmetscher der Chinesen mit anwesend ist, um sprachliche Feinheiten zu klären.
- Auch die Rolle des Protokollanten geben die Chinesen nicht aus der Hand.

Die wichtigsten Rollen

Stellen Sie sich vor, Sie planen, ein Haus zu bauen. Wie gehen Sie vor? Sie starten mit der architektonischen Planung, dem Berechnen der Statik, bis zum Ausheben der Baugrube. Dann geht es weiter über den Rohbau bis zum Innenausbau. Die Elektrik muss verlegt, Heizung und Sanitärarbeiten erledigt werden. Dann wird gefliest und gestrichen. Die wenigsten von Ihnen werden von Anfang bis Ende alles in Eigenregie durchführen. Wir vertrauen auf Experten und in den meisten Fällen koordiniert ein erfahrener Bauleiter die einzelnen Bauabschnitte. Der Bauleiter denkt mit und verliert nicht den Blick für das große Ganze – das fertige Haus. Er hält die Zügel in der Hand und steuert das Bauvorhaben zum gewünschten Ziel – und genau diese Erwartung haben die Teilnehmer der Verhandlung auch an den Moderator. In sehr vielen Fällen der Praxis verschmelzen die Rolle des Moderators und des Verhandlungsführers – oft aus ganz praktischen Gründen: weil es zum Beispiel kostengünstiger ist, wenn der Einladende gleich noch das Zeitmanagement und die Protokollführung mitmacht.

Wer sind nun Ihre »Handwerker«, die Sie in einer Verhandlung beauftragen können?

Es gibt verschiedene Rollen, die aktiv in Verhandlungen eingenommen werde können:

- Rolle des Moderators *(facilitator)*
- Rolle des Verhandlungsführers *(main speaker)*
- Rolle des Experten *(support speaker)*
- Rolle des Beobachters *(observer/recorder)*

Die Rolle des Moderators

Stellen Sie sich folgende Fragen: Was würde passieren, wenn keiner sich für die Steuerung der Verhandlung verantwortlich fühlt? Seitengespräche? Eskalierende Streits? Endlose Wiederholungen? Vorschnelle Ergebnisse? Laute Verhandelnde würden sich sehr viel häufiger durchsetzen als zurückhaltende Teilnehmer einer Verhandlung?

Die Antworten zeigen, warum Moderatoren wichtig sind. Zusammengefasst heißt das, dass Verhandlungen einen Moderator brauchen, damit:

- die Verhandlung in Bewegung bleibt, denn sonst besteht das Risiko sich festzufahren oder auf Nebenschauplätzen zu landen
- die Beteiligten miteinander ins Gespräch kommen, denn sonst reden manchmal nur die Dominanten und die Schüchternen kommen nicht zu Wort
- eine vertrauensvolle Atmosphäre aufgebaut werden kann, denn das passiert nicht von alleine

- Konflikte professionell entschärft werden, denn dazu braucht es Steuerungs-Know-how
- die Beteiligten letztendlich zu einer klaren und sauberen Übereinkunft kommen und nicht ohne Ergebnis auseinander gehen

Bei der Frage, wer den Moderator stellt, lautet die Regel: Übernehmen Sie die Kontrolle, halten Sie die Kontrolle und überlassen Sie die Kontrolle nicht der Gegenseite! – Doch teilen Sie die Kontrolle, wenn es gewünscht wird.

Folgende Aufgaben hat der Moderator vor der Verhandlung:

- Teilnehmer einladen
- den Raum vorbereiten
- die Vorbereitungstipps aus Kapitel 9 nutzen

Folgende Aufgaben hat der Moderator während der Verhandlung:

- Vorstellung der Teilnehmer
- auf Gemeinsamkeiten hinweisen
- den Verhandlungsführer einführen
- unterstützende Medien benutzen
- Redebeiträge koordinieren (die Verhandelnden mit Namen ansprechen)
- sich an der Agenda orientieren
- Themen ausgliedern, wenn die Verhandlung in eine Sackgasse gerät
- regelmäßig zwischendurch und am Ende zusammenfassen

Die Rolle des Verhandlungsführers

Meistens ist der Verhandlungsführer tatsächlich auch der, der den größten Redeanteil inne hat. Der englische Ausdruck »*main speaker*« bringt das gut zum Ausdruck.

Folgende Aufgaben hat der Verhandlungsführer vor der Verhandlung:

- Verhandlungsthemen mit dem Team absprechen
- eröffnende Worte proben
- erste Forderung planen
- Ansprüche und Zugeständnisse ausarbeiten
- Fragenkatalog erstellen

Folgende Aufgaben hat der Verhandlungsführer während der Verhandlung:

- eine gemeinsame und flexible Agenda gestalten
- nicht zu viel sprechen – mehr zuhören
- auf Gemeinsamkeiten aufbauen
- Alternativen entwickeln (»Was wäre, wenn ...?«)
- klar, präzise und knapp in der Ausdrucksweise sein
- sofort Einspruch erheben, wenn es notwendig ist
- den Konzessionsregeln folgen

Die Rolle der Experten

Der Experte unterstützt den *main speaker*. So kann der *main speaker* ruhigen Gewissens sein, nicht alles wissen zu müssen, hat er doch den wahren Fachmann an seiner Seite.

Folgende Aufgaben hat der Experte vor der Verhandlung:

- seine Themen mit dem Team abstimmen
- Fragenkatalog, Forderungen und Zugeständnisse planen

Folgende Aufgaben hat der Experte während der Verhandlung – in Bezug auf seine eigenen Themen:

- warten bis der Moderator ihm das Wort erteilt
- klar, präzise und knapp in der Ausdrucksweise sein
- den Konzessionsregeln folgen

Und zur Unterstützung des Verhandlungsführers:

- der gleichen Meinung sein und vergessene Punkte ergänzen
- keine Zugeständnisse an Stelle des Verhandlungsführers machen
- bei Forderungen der Gegenseite Einspruch erheben
- konzentriert zuhören

Die Rolle des stillen Beobachters

Interessanterweise wird im deutschsprachigen Raum die Rolle des Beobachters nur selten genutzt, während in anderen Kulturräumen die Rolle des stillen Beobachters eine Standardrolle ist. Besonders gerne wird im asiatischen Raum mit Beobachtern gearbeitet.

Folgende Aufgaben hat der stille Beobachter vor der Verhandlung:

- in erster Linie zuhören und beobachten
- sich nicht aktiv einbringen, nur Verständnisfragen stellen

- dem Moderator ein Zeichen geben, wenn Bedarf nach einer Pause besteht
- Notizen nach der »Methode des geteilten Blatts« machen über:
  - ausgetauschte Informationen (Interessen / Bedürfnisse)
  - die erste Forderung der Gegenseite
  - Zugeständnisse
  - mögliche Lösungen, die entwickelt werden

Folgende Aufgaben hat der stille Beobachter während der Pausen:

- die wichtigsten Beobachtungen zusammenfassen
- keine Kollegen kritisieren
- Vorschläge / mögliche Lösungen / Ideen unterbreiten

Unter Dach und Fach bringen – Protokollführung

»*A meeting is an event at which the minutes are kept and the hours are lost*« (Winston Churchill). Das bedeutet übersetzt: »Eine Besprechung ist ein Anlass, der lange dauert und zu einem knappen Ergebnis führt.«

Welchen Vorteil bringt es, sich Aufzeichnungen zu machen?

- Es ist schwierig sich an alles zu erinnern, was gesagt wurde, wenn wir uns dazu keine Notizen machen.
- Vereinbarungen müssen notiert werden, damit wir uns zukünftig darauf beziehen können.
- In dem Moment, in dem wir mitschreiben, haben wir Gelegenheit aus der Verhandlung Geschwindigkeit herauszunehmen und nachzudenken.
- Im Nachklang fällt es viel leichter, unser Vorgehen zu analysieren, wenn wir schriftliche Aufzeichnungen haben.

Das geteilte Blatt

Eine sehr bewährte Methode, sich schriftliche Aufzeichnungen während der Verhandlung zu machen, ist die »Methode des geteilten Blatts« *(split sheet)*: Trennen Sie das, was Sie gesagt haben, von dem, was die Gegenseite gesagt hat. Versuchen Sie es in Ihrer nächsten Verhandlung! Es funktioniert übrigens auch am Telefon hervorragend.

Ich / Wir	Gegenseite

ZUSAMMENFASSUNG: ROLLEN IM EIGENEN VERHANDLUNGSTEAM

ZUSAMMENFASSUNG

▶ **Welche Situationen sprechen dafür, alleine zu verhandeln?**

- wenn es nur um Kleinigkeiten geht
- wenn Sie Kosten sparen wollen
- wenn es um einfache Themen geht
- wenn Sie der Experte sind
- wenn Sie einen Streit unter vier Augen klären wollen
- wenn die Verpflichtung zu Stillschweigen besteht

▶ **Wann lohnt es sich, als Team zu verhandeln?**

- bei komplexen Themen und Fragestellungen
- wenn Expertenwissen von verschiedenen Sachverständigen benötigt wird
- wenn sowohl fachliche, als auch fachübergreifende Interessen repräsentiert werden sollen
- wenn Sie Stärke demonstrieren wollen
- wenn Sie moralische Unterstützung brauchen oder Schuld und Fehler eingestehen müssen

▶ **Welche unsinnigen Gründe gibt es, im Team zu verhandeln?**

- »Ich bin hier der Chef!«
- »Meine Verhandlungskünste sind vollkommen!«
- »Das ist mein Hoheitsgebiet. Hier bin ich sicher!«
- »Es wäre mir peinlich, wenn meine Kollegen mich bei einem Fehler ertappen.«

▶ **Was sind die vier wichtigsten grundlegenden Aufgaben beim Verhandeln?**

1. verständlich sprechen, um eigene Interessen zum Ausdruck zu bringen
2. aktives Zuhören, um Interessen und Forderungen der Gegenseite zu verstehen
3. Aufzeichnungen machen (Visualisieren und Protokoll führen)
4. professionelle Steuerung der Verhandlung

▶ **Welche Rollen können Sie in Ihren Verhandlungen besetzen?**

- Rolle des Moderators *(facilitator)*
- Rolle des Verhandlungsführers *(main speaker)*
- Rolle des Experten *(support speaker)*
- Rolle des Beobachters *(observer / recorder)*

11. DIE MACHT DER SPRACHE

Positive phrasing – die Macht der Sprache nutzen

Manche Verhandelnde meinen, dass es reicht, gute Argumente zu haben, um zu überzeugen, und es gibt tatsächlich Verhandelnde, denen es gelingt, sich durch lautes, polterndes und demonstrativ dominantes Verhalten durchzusetzen, aber sie müssen sich dann oft wundern, dass die Ergebnisse, die sie durchgedrückt haben, nicht mitgetragen und umgesetzt werden. »Wir hatten das Gefühl überredet und nicht überzeugt worden zu sein«, lautet häufig die Antwort, wenn man bei der Gegenseite nachfragt. In diesem Kapitel werden wir uns mit der Macht der Sprache beschäftigen. Sie werden lernen, welche Wirkung Worte besitzen, um Entscheidungen in Ihrem Sinne in Verhandlungen herbeizuführen.

Die acht Regeln für geschickte Argumentation

Das Buch *»Überzeugend diskutieren«*, das von Dr. Dieter Portner im Jahr 2000 veröffentlicht wurde, hat vielfältige Anregungen zu diesem Kapitel gegeben. Zahlreiche der folgenden Inhalte gehen auf diese Veröffentlichung zurück. Portner schrieb einen praxiserprobten Leitfaden, in dem der Leser lernt, die wichtigsten Diskussionstechniken einzusetzen, sprachlich strategisch vorzugehen und die Überzeugungskraft schlagender Argumente gezielt einzusetzen. Da Verhandeln ohne Diskutieren kaum möglich ist, erhalten Sie hier nun zunächst Informationen über die acht besten Regeln für Ihr Argumentationsgeschick – vorher aber sollen Ihnen das Self-Assessment und eine Case Study das Thema veranschaulichen.

SELF-ASSESSMENT 11.1

SELF-ASSESSMENT

Nele will heiraten. Niels will nicht. Nele hat gute Argumente. Niels auch. Nele liebt Niels. Nele will mit Niels bis ans Ende ihres Lebens zusammen sein. Nele will Kinder. Nele will keine Erbschaftssteuer für die gemeinsame Wohnung zahlen, sollte Niels etwas passieren.

Niels will auch Kinder, aber noch nicht jetzt. Niels liebt Nele auch ohne Trauschein. Niels sagt: »Ich bin jung. Mir wird schon nichts passieren«. Niels sagt: »Das ist doch nur ein Stück Papier und die meisten lassen sich doch wieder scheiden«.

Seit zwei Stunden sitzen sie wie immer, wenn es etwas zu verhandeln gibt, am Küchentisch. Die Atmosphäre ist giftig. Nele wird zunehmend bissiger. Niels wird zunehmend wortkarger. Die Pausen werden länger.

Nele: »Deine Argumente sind wirklich billig und verbraucht.«
Niels: »Du hast dich offensichtlich gerade im Thema etwas verlaufen.«
Nele: »Vielen Dank, dass du mir meine Inkompetenz so gründlich vor Augen geführt hast.«
Niels: »Deine Stellungnahme wäre vielleicht als kabarettistischer Beitrag brauchbar. Dafür fehlt dir allerdings der Humor und so jemanden soll ich heiraten?«
Nele: »Dir fallen keine echten Argumente mehr ein, da verfälschst du natürlich die Tatsachen ganz bewusst. Ist ja nicht das erste Mal.«
Niels: »Mich würde nur eines interessieren. Glaubst du eigentlich selbst, was du da so sagst? Denk mal darüber nach.«

Überlegen Sie sich zu jedem Angriff einen argumentativen Konter, der sowohl Niels als auch Nele helfen könnte, wieder zu einem konstruktiven Gespräch zurückzukehren. Die Auflösung finden Sie am Ende des Kapitels.

CASE STUDY: AUF DEN MUND GEFALLEN I

CASE STUDY

Niels begleitet seinen Vorgesetzten, Dr. Valentin Schuster, zu einer Podiumsdiskussion. Ihr Unternehmen plant, eine weitere Flugbahn zur Erprobung der Prototypen auf dem erweiterten Betriebsgelände zu bauen. Die Aufgabe von Niels' Chef ist es, in einem ersten Gespräch mit den Gemeindebürgern als Experte des Luft- und Raumfahrtunternehmens Rede und Antwort zu stehen. Die ersten Minuten laufen gut. Dr. Schuster gibt sachlich Auskunft. Er trägt seine Argumente und Überlegungen immer diszipliniert, präzise und sachlich vor. Seine Stimme bleibt sehr nüchtern und ohne Höhen und Tiefen. Seine Artikulation ist sehr deutlich. Er sitzt kerzengerade, seine Bewegungen sind äußerst sparsam. Er vermeidet persönliche Bemerkungen – genauso wie Scherze oder Metaphern. Er greift gerne auf Zahlen und Datenmaterial zurück und hat eine umfangreiche Powerpointpräsentation vorbereitet.

Plötzlich ergreift eine äußerst engagierte Naturschützerin das Wort: »Herr Dr. Schuster, finden Sie es richtig, dass in Zeiten der Krise Millionen verplempert werden, um die Rüstungsindustrie zu unterstützen. Sie beschädigen die Umwelt, um zweifelhafte Produkte herzustellen, während die Schulen kein Geld haben, um ausreichend Lehrpersonal einzustellen. Ihr Sohn geht doch mit meiner Tochter in die 5. Klasse. Sie kennen doch die Situation!« »Ja, also ich ...« Dr. Schuster fehlen die Worte. Der Vertreter der örtlichen Presse hält die Kamera und das Mikrofon auf Dr. Schuster gerichtet und kann sich ein Grinsen nicht verkneifen. Die Aufzeichnung wird noch am selben Abend in der regionalen Abendschau zu sehen sein.

Auf dem Weg nach Hause schüttet Dr. Schuster Niels sein Herz aus. »Ich habe das Gefühl, dass ich meine Argumente nicht sorgfältig genug gewählt habe. Ich glaube, beim nächsten Mal muss ich meine Präsentation noch gründlicher vorbereiten. Jetzt erst ist mir eine passende Antwort für die Naturschützerin eingefallen.« Niels zweifelt daran, ob das des Pudels Kern ist. In spontanen Situationen wirkt Dr. Schuster wie auf den Mund gefallen. Eine bessere Vorbereitung würde nur dazu führen, dass die Beiträge von ihm immer länger geraten und ermüdend auf die Zuhörer wirken.

Woran liegt es, dass Dr. Schuster sich nicht durchsetzen kann? Welche Empfehlung kann Niels seinen Vorgesetzten geben?

CASE STUDY

▶ ANTWORT

Die acht Regeln der geschickten Argumentation können auch Dr. Schuster helfen.

1. Bereiten Sie Ihre Argumentation gründlich vor und bestimmen Sie Ihr persönliches Verhandlungsziel.

- Sammeln Sie möglichst viele Pro- und Kontraargumente. Ordnen Sie diese nach der Wichtigkeit. Konzentrieren Sie Ihre Argumentation auf wenige, aber starke Argumente (*high-power*-Argumente), vermeiden Sie schwache Argumente (*low-power*-Argumente) oder Stolpersteine, also Argumente, mit denen Sie Ihre eigene Position untergraben (*no-power*-Argumente).
- Machen Sie sich mit den verschiedenen Argumentationstechniken vertraut, damit Sie auch in spontanen Situationen gut gewappnet sind.
- Beschaffen Sie sich schriftliche Unterlagen, die Ihre Argumente untermauern. Am besten Sie halten nur Stichpunkte fest, damit Sie nicht Gefahr laufen, abzulesen und so den direkten Kontakt zum Verhandlungspartner zu verlieren.
- Informieren Sie sich über Ihren Verhandlungspartner. Machen Sie sich ruhig auch hierzu Notizen, die Sie in die Verhandlung mitnehmen.

2. Nutzen Sie die Wirkung des »ersten Eindrucks«.

- Seien Sie freundlich, das schafft Sympathie und bildet Vertrauen. Nehmen Sie sich unbedingt Zeit für Small Talk. Seien Sie rechtzeitig da und zeigen Sie sich von Beginn an positiv und engagiert. Überzeugen Sie nicht nur auf der Sachebene, auch auf der menschlichen Ebene.
- Verzichten Sie auf Imponiergehabe, seien Sie aber auch nicht zu lässig und leger. Fragen Sie Ihren Verhandlungspartner schon zu Beginn etwas Persönliches. Erzählen Sie nicht nur von sich.
- Sprechen Sie Ihre Verhandlungspartner namentlich an.

3. Diskutieren Sie so engagiert wie möglich.

- Wenn in Ihnen »brennt«, was Sie in anderen »entzünden« wollen, haben Sie die besten Voraussetzungen für einen großen Erfolg.
- Mit Engagement, Dynamik und Schwung können Sie andere Schwachstellen leicht ausgleichen. Und falls Sie zu den stillen, ruhigen Menschen gehören: Schlüpfen Sie aus Ihrer Haut, geben Sie sich aktiv und initiativ! Probieren Sie es aus – es funktioniert.

4. Argumentieren Sie anschaulich und eindrucksvoll.

- Stellen Sie sich auf Ihre Gesprächspartner beziehungsweise Zuhörer ein.
- Arbeiten Sie mit bildhaften Aussagen und Vergleichen.
- Bringen Sie überzeugende Beispiele, Zitate, Anekdoten. »Den letzten Auftrag in China haben wir nicht erhalten und das hat uns 20 Millionen Euro gekostet, lassen Sie unsere Mitarbeiter ein interkulturelles Training besuchen, damit Sie für die Verhandlungen im Herbst fit sind, da geht es um 30 Millionen Euro.«
- Sprechen Sie Gefühle an, »emotionalisieren« Sie. »Ihre Entscheidung macht uns betroffen!«

- Betonen Sie Gemeinsamkeiten. »Wir haben beide schon Erfahrung am chinesischen Markt.«
- Setzen Sie (wenn möglich) Anschauungsmaterialien ein. »Diese Studie des Max-Planck-Instituts zeigt, dass ...«
- Fassen Sie sich kurz: Die Reihung von Beispielen oder Vergleichen wirkt meist schwächer als ein starkes Argument.
- Wenn Sie mehrere Argumente bringen, dann nennen Sie das stärkste Argument am Schluss, das zweitbeste zu Beginn. (Diese Methode heißt »Genscher-Methode«, benannt nach dem ehemaligen Außenminister Hans-Dietrich Genscher, der beim Argumentieren immer so vorging. Auf seiner Website www.genscher.de finden Sie eine Reihe von Reden, die diese Vorgehensweise gut veranschaulichen).

5. Achten Sie auf sachliche Inhalte und logische Zusammenhänge.

- Bleiben Sie inhaltlich am »roten Faden«.
- Stopfen Sie nicht alle Argumente in Ihre erste Meinungsäußerung zu Beginn der Verhandlung. Lassen Sie sich Reserven für den späteren Zeitpunkt, das heißt im bildlichen Sinne: Behalten Sie »Pfeile im Köcher«.
- Nutzen Sie den »dramaturgischen Spannungsbogen«: Der erste Eindruck entscheidet *(primacy effect)*, der letzte *(recency effect)* bleibt.
- Argumentieren Sie beim Verhandeln logisch und strukturiert.

6. Seien Sie schlagfertig und flexibel.

- Versuchen Sie ohne »Schrecksekunde« zu reagieren.
- Schaffen Sie sich einen Vorrat wirkungsvoller Entgegnungsmöglichkeiten.
- Zeigen Sie mentale Beweglichkeit: Von voller Zustimmung über lockere Kompromissbereitschaft bis zur bewussten Standfestigkeit sollte Ihr Reaktionsspektrum reichen.

7. Zeigen Sie, dass Sie zuhören können.

- Gute Verhandelnde sind beim Argumentieren offen für die Meinungen und Standpunkte der anderen.
- Nutzen sie die Techniken des aktiven Zuhörens.

8. Bleiben Sie heiter und gelassen.

- Lockeres Auftreten ist immer gut – verkrampfte Verhandelnde haben meistens schlechtere Karten. *»Bleiben Sie ruhiger und gelassener als die Aufgeregten, aber seien Sie engagierter als die Interessenlosen«* (Rupert Lay).

- Lassen Sie sich nicht provozieren: Kampfdialektik und übertriebene Aggressivität zahlen sich selten aus.
- Ihre Verhandlungspartner können zwar »Gegner« sein, Sie sollten sie jedoch nie als »Feinde« betrachten.

Tipps zum Formulieren

- Entscheiden Sie sich statt für das unpersönliche »man« lieber für einen persönlichen Bezug durch ein Pronomen (ich, du, wir, ihr).
- Wählen Sie statt des Konjunktivs (Möglichkeitsform) den Indikativ (Wirklichkeitsform). Also statt »Ich würde vorschlagen ...« besser »Ich schlage vor ...«. Diese Formulierungen im Konjunktiv haben sich stark in der Umgangssprache eingebürgert. Wir meinen, es wäre höflicher sich im Konjunktiv auszudrücken. Man spricht hier vom »Demutskonjunktiv«. Beim Überzeugen bitte weglassen, denn Sie wollen einen sicheren Eindruck vermitteln!
- Statt »Das Problem ist ...« besser »Die Situation sieht folgendermaßen aus ...«. Wir gehen oft unachtsam mit dem Wort »Problem« um und bezeichnen Dinge als »Problem«, die gar keine sind, sondern lediglich Situationen oder Themen, die es zu klären gilt. Nur wenn es wirklich ein echtes »Problem« ist, sollten Sie es auch als solches bezeichnen.
- Statt »Wir sollten ...« besser »Wir werden ...«. Vermeiden Sie Modalverben im Konjunktiv (sollte, könnte, dürfte, müsste, wollte). Sie gelten als typische rhetorische Weichmacher.
- Folgende Formulierungen gelten ebenfalls als rhetorische Weichmacher und sollten vermieden werden: »Glaub ich«, »Sag ich mal«, »Denk ich«. Außerdem: vielleicht, eventuell, sozusagen, irgendwie, halt, unter Umständen ... Machen Sie stattdessen an geeigneten Stellen Pausen und nutzen Sie die Macht der Stille. Diese »Powerpausen« erlauben dem Verhandlungspartner, Ihre Forderungen und deren Bedeutung für den Verhandlungsverlauf mental zu erfassen.

Der Aufbau einer Argumentation

Natürlich überzeugen gute Inhalte. Wenn allerdings beide Seiten schlagende Argumente haben, wird sich der Verhandelnde durchsetzen, der beim Gesamtaufbau seiner Überzeugungskette psychologisch geschickt vorgeht.

Der nutzenorientierte Fünfsatz

Im Folgenden lernen Sie eine Struktur kennen, die sich millionenfach bewährt hat. Sie können Sie immer dann einsetzen, wenn Sie in Verhandlungen Überzeugungsarbeit leisten müssen. Sie können Sie aber auch als Grundstruktur einer Powerpointpräsentation wählen, mit der Sie einen Vorschlag oder eine Option innerhalb Ihrer Verhandlung pushen wollen. Oder aber Sie befolgen die einzelnen Schritte des nutzenorientierten Fünfsatzes (*persuasive selling format,* kurz PSF) im Dialog, indem Sie den Verhandlungspartner mithilfe von Fragen durch die einzelnen Schritte lotsen.

PSF – nutzenorientierte Fünfsatz – erzieht den Verhandelnden zur Disziplin und sorgt dafür, dass sowohl vom Inhaltlichen, als auch vom Psychologischen keine Frage unbeantwortet bleibt.

Im Folgenden werden die fünf Schritte im Einzelnen beschrieben.

1. Ausgangssituation darstellen

INHALT:
- Beschreibung des Ist-Zustands
- Darstellung des Status quo

ZU BEANTWORTENDE FRAGEN:
- Was genau wollen wir ändern?
- Was funktioniert nicht?
- Was und warum fehlt uns etwas?
- Was wollen wir verbessern?

ZIEL:
- Verhandlungspartner beginnt sich für das Thema zu interessieren
- generelles Interesse für die Sache wecken

2. Vorschlag unterbreiten

INHALT:
- Idee aufzeigen
- Optionen skizzieren

ZU BEANTWORTENDE FRAGEN:
- Wie genau sieht meine Idee aus?
- Welchen Vorteil hat der Vorschlag?
- Welche Möglichkeiten haben wir?

ZIEL:
- Verhandlungspartner versteht den Vorschlag
- Argumentation ist schlüssig und widerspruchsfrei

3. Umsetzung der Idee schildern

INHALT:
- Machbarkeit aufzeigen
- detaillierte Beschreibung der Optionen
- Fragen und Einwände vorwegnehmen

ZU BEANTWORTENDE FRAGEN:
- Wer macht was bis wann und wie?

ZIEL:
- Verständnis für die Vorgehensweise wecken
- Machbarkeit unter Beweis stellen

4. Nutzen und Vorteile aufzeigen

INHALT:

- Idee/Vorschlag untermauern
- wichtigste Argumente wiederholen
- Nutzen und Vorteil für Verhandlungspartner explizit ansprechen

ZU BEANTWORTENDE FRAGEN:

- Welchen Vorteil hat der Verhandlungspartner von dem Vorschlag?
- Was bringt uns diese Idee?
- Welchen Nutzen haben wir davon?

ZIEL:

- Verhandlungspartner fällt die Zustimmung leicht

5. Leichte erste Schritte

INHALT:

- erste konkrete Aktionen werden aufgezeigt
- Timing /Verantwortlichkeiten festlegen

ZU BEANTWORTENDE FRAGEN:

- Wer macht was bis wann und wie?
- Ist ein Testlauf/Probelauf möglich?

ZIEL:

- Entscheidung wird leicht gemacht
- Umsetzung wird geplant

CASE STUDY: NIELS NEUER

CASE STUDY

Niels will seinen Chef davon überzeugen, einen Mitarbeiter einer Leiharbeitsfirma für sechs Monate einzustellen, der ihn beim neuen Großauftrag unterstützen kann. Er weiß, dass Dr. Schuster über das Abteilungsbudget wacht, als wäre es sein eigener Sparstrumpf. »Da hast du keine Chance«, meint sein Kollege. »Das haben schon andere vor dir versucht und nie geschafft.« Niels will vorbereitet in die Verhandlung gehen und nimmt den nutzenorientierten Fünfsatzes zu Hilfe. So sehen seine Argumente aus:

1. Wir haben einen neuen Kunden aus den Vereinigten Arabischen Emiraten gewonnen, der sehr wichtig für die Zukunft ist. Er plant weitere große Projekte. Er will die Polizei mit unseren Hubschraubern ausrüsten. Von der Schnelligkeit und Qualität, mit der wir das erste Projekt stemmen, hängt die weitere Kooperation ab. Im Moment bin ich so eingebunden in laufende Projekte, dass ich keine Kapazitäten mehr frei habe.
2. Meine Idee ist, Martin Mohrmann – das ist ein SAP-Experte – hinzuzuholen, der uns bei diesem ersten Projekt unter die Arme greift. Ich kenne einen Mitarbeiter, der uns letztes Jahr gerettet hat, als wir kurzfristig den Großauftrag aus Istanbul bekommen haben. Er leistet hervorragende Arbeit und ist im Moment frei.
3. Ich kann ihn selbst einarbeiten. Mit der Leiharbeitsfirma arbeiten wir seit vielen Jahren erfolgreich zusammen. Wir stellen ihn erst mal für sechs Monate ein, anschließend entscheiden wir, ob wir ihn übernehmen oder das Arbeitsverhältnis beenden.
4. Wir werden sofort entlastet und ich kann mich voll und ganz auf die Leitung des Projektes konzentrieren. Das Projekt ist für uns von strategischer Bedeutung. Unser Vorstandsvorsitzender Dr. Begini hat auf der letzten Sitzung die Chance, die Vereinigten Arabischen Emirate als großen Kunden zu gewinnen, angesprochen. Wir gehen kein Risiko ein, da wir erst nach sechs Monaten entscheiden werden, wie es weitergeht.
5. Wenn Sie einverstanden sind, vereinbare ich für nächste Woche ein Vorstellungsgespräch mit Martin Mohrmann, damit Sie ihn kennenlernen. Was halten Sie von meinem Vorschlag?

Wie Sie Ihre Argumentation für die Verhandlung vorbereiten	
1. Ausgangssituation darstellen ■ Was genau ist das Problem? ■ Wer hat das Problem? ■ Wie sieht der Status quo aus Sicht des Verhandlungspartners aus? ■ Wie können Sie das Interesse beim anderen für Ihr Thema wecken?	
2. Idee aufzeigen ■ Was genau wollen Sie verändern? ■ Was wollen Sie erreichen? ■ Was ist Ihre Idee oder Ihr Ziel? ■ Was können Sie tun, um die Ausgangssituation zu verändern?	
3. Umsetzung der Idee schildern ■ Welche Hintergrundinformation wollen Sie geben? ■ Welche Details unterstreichen Ihre Kompetenz? ■ Welche Informationen bringen Transparenz? ■ Welche Fragen und Einwände können Sie vorwegnehmen?	
4. Nutzen / Vorteile aufzeigen ■ Was hat Ihr Verhandlungspartner davon, wenn er Sie unterstützt? ■ Wie werden Sie Nutzen und Vorteile explizit ansprechen?	

5. **Leichte erste Schritte**
   - Wie geht es weiter?
   - Was passiert als nächstes?
   - Wie wollen Sie Ihren Vorschlag konkretisieren?
   - Gibt es einen Aktionsplan – wer macht was bis wann?

Wer fragt, der führt – Fragetechniken in Verhandlungen professionell nutzen

Fragetechniken sind ein Instrument der Kommunikation, das in Verhandlungen sehr häufig unterschätzt und deshalb auch viel zu wenig gezielt eingesetzt wird. Es gibt drei wesentlich unterschiedliche Fragearten: die offenen Fragen, die geschlossenen Fragen und die Alternativfragen. Sie können Ihre Verhandlungen steuern, indem Sie alleine diese drei Fragearten einsetzen. Zu Beginn der Verhandlung in der Eröffnungsphase und der Explorationsphase sowie beim Entwickeln von Optionen werden Sie vermehrt mit den offenen Fragen arbeiten, um Informationen von Ihren Verhandlungspartnern zu bekommen. Im späteren Verlauf der Verhandlung, beim Bewerten, können Sie dann die Alternativfragen einsetzen, und gegen Ende der Verhandlung, wenn es ganz klar darum geht, zu einem Ergebnis zu kommen, werden Ihnen die geschlossenen Fragen eine Hilfe sein.

In der folgenden Auflistung finden Sie neben den drei Hauptarten weitere Formen der Fragestellung und die Ziele, die man mit ihnen verfolgen kann.

<table>
<tr><th>Frageart</th><th>Ziel</th><th>Beispiele</th></tr>
<tr><td>Offene Fragen</td><td>▪ Informationsgewinnung
▪ dient der Gesprächsförderung, um qualitative Informationen und Meinungsäußerungen vonseiten des Verhandlungspartners zu erhalten</td><td>W-Fragen – beginnen immer mit »W«:
▪ Wann?
▪ Was?
▪ Wie?
▪ Welche?
▪ Wo?
▪ Wer?
▪ Was ist Ihnen wichtig?
▪ Wie kann ich das verstehen?</td></tr>
<tr><td>Geschlossene Fragen</td><td>▪ Herbeiführen von Entscheidungen</td><td>Verhandlungspartner kann nur mit »Ja« oder »Nein« antworten:
▪ Wollen wir uns auf dieses Angebot einigen?
▪ Bestellen Sie die Ware?</td></tr>
<tr><td>Alternativfragen</td><td>▪ Abfragen von Varianten</td><td>Entscheidung des Verhandlungspartners zwischen zwei oder mehr Möglichkeiten:
▪ Wollen Sie uns lieber bei der Qualität oder beim Timing entgegenkommen?</td></tr>
<tr><td>Suggestivfragen</td><td>▪ Versuch der bewussten Beeinflussung</td><td>durch geschicktes Fragen gibt man die Antwortrichtung vor:
▪ Sicher haben Sie den gleichen Eindruck?
▪ Sie stimmen doch sicher mit überein, dass …?
▪ Sie haben doch sicher auch festgestellt, dass …?</td></tr>
</table>

Frageart	Ziel	Beispiele
Gegenfragen	▪ einer anderen Frage ausweichen ▪ Zeit zum Nachdenken gewinnen ▪ Einwände des Verhandlungspartners erfahren	▪ Was genau meinen Sie damit, dass unser Vorschlag nicht fair sei?
Motivierungsfragen	▪ Pflege der Beziehungsebene durch Komplimente	▪ Wie haben Sie das Projekt in so kurzer Zeit geschafft?
Provozierende Fragen	▪ den Verhandlungspartner aus der Reserve locken	▪ Möchten Sie auf diese klaren Vorteile verzichten?
Echofragen	▪ Einfühlsamkeit und Empathie zeigen	▪ Wir sind uns schon in den meisten Punkten einig, nicht wahr?

TIPP

Fragen Sie so oft wie möglich lösungsorientiert. »Was muss passieren, damit ...?« »Wenn Sie sich die ideale Lösung vorstellen, wie sähe das dann für Sie aus?« »Helfen Sie mir zu verstehen, was genau Sie sich wünschen?« »Was können wir tun, um Ihre Bedenken zu zerstreuen?«

Und fragen Sie anknüpfend. Besonders eignen sich Konkretisierungsfragen dazu. »Sie wollen uns entgegenkommen? Wie viel Prozent Rabatt können Sie uns konkret anbieten?« »Sie können schnell liefern? Bis wann genau brauchen Sie dann von uns die genaue Stückzahl?«

Schlagfertigkeit in Verhandlungen

Eine zänkische Missstimmung, eine spitzzüngige Frage oder ein gehässiger Angriff sind klassische Situationen, in denen schlagfertige Antworten gefragt sind. Ziel ist es in einer Verhandlung, Oberwasser zu behalten, sich nicht als Unterlegener aus einem Wortduell zu verabschieden. Deshalb sollten Sie Ihrem Verhandlungsgegenüber auf Augenhöhe begegnen und selbstbewusst sein.

Doch gerade in unangenehmen Situationen ist man oft überrascht und sprachlos oder redet hilflos gegen etwas an. Die Situation hat einen im Griff, statt dass man selbst die Situation beherrschen würde. Aber Schlagfertigkeit kann man sich aneignen. Im Folgenden lernen Sie fünf Techniken kennen, souverän zu kontern.

CASE STUDY: AUF DEN MUND GEFALLEN II

CASE STUDY

Dr. Schusters Auftreten bei der Podiumsdiskussion hat ein internes Nachspiel. Der Betriebsleiter hat ihn am Abend in der Fernsehaufzeichnung sprachlos erlebt und am nächsten Morgen zu einem Gespräch gebeten. Dort wurde vereinbart, dass Dr. Schuster an einem Argumentationscoaching teilnehmen soll. Bereits ein paar Tage später steht der erste Termin an.

Die Trainerin stellt ihm fünf Wege vor, mithilfe derer sich Dr. Schuster aus Sackgassen befreien kann:

1. Schweigen
2. Übersetzertechnik
3. Gegenfrage
4. Gerade-deshalb-Technik
5. Ausweichtechnik

Dr. Schuster hört skeptisch zu. »In der Theorie klingt das ja einfach, wie soll das denn in der Praxis funktionieren«, denkt sich Dr. Schuster. Nach dem theoretischen Input darf er die Techniken selbst ausprobieren.

1. Schweigen

Das Schweigen ist eine sehr einfache und höchst effektive Technik: Sie sagen zunächst gar nichts, sondern warten eher ab, was geschieht. Dabei müssen Sie unbedingt Blickkontakt halten. Sie dürfen auf keinen Fall verlegen werden und wegsehen. In Ihrer Stille liegt die Aufforderung an Ihr Gegenüber: »Sag mehr, als die persönlichen Attacke. Dieser Angriff alleine prallt an mir ab. Ich habe die Größe darauf nicht zu reagieren.« Dadurch steuern Sie die Situation. Sie bestimmen, wann Sie antworten. Das erscheint Ihnen vielleicht nicht gerade im wörtlichen Sinne schlagfertig, doch interessanterweise funktioniert die Taktik.

Das kritische Element der Technik des Abwartens liegt darin, dass Sie passiv bleiben. Sie schaffen es manchmal, die Situation durch ein Entziehen des Blickkontakts zu beenden. Oft müssen Sie letztlich den Angriffen doch mit Worten entgegentreten, sonst bleiben Sie vor den Augen der Verhandelnden das Opfer. Das Abwarten ist so gesehen eher eine »Brückentechnik«.

Die Technik des Schweigens ist für folgende Fälle besonders gut geeignet:

- um Wutausbrüche verpuffen zu lassen
- wenn Sie mit pauschalen Vorwürfen konfrontiert werden
- als sanfte Technik – daher gut geeignet, wenn Sie es mit höher gestellten Verhandlungspartnern zu tun haben
- wenn Sie wertvolle Sekunden gewinnen wollen, um eine schlagfertige Antwort zu formulieren

CASE STUDY: AUF DEN MUND GEFALLEN III

CASE STUDY

Die Trainerin provoziert Dr. Schuster und bittet ihn, mit der Technik des »Schweigens« zu kontern. Sie sagt: »Ich habe das Gefühl, dass Sie in dieser Frage nicht über die notwendige Kompetenz verfügen!«

Dr. Schuster legt den Kopf leicht schief und hebt eine Augenbraue, ohne ein Wort zu sagen, hält er dem Blickkontakt der Trainerin stand.

»Prima«, gibt sie ihm Feedback. »Genauso funktioniert es im Alltag. Zuallererst gewinnen Sie Zeit. Sie müssen sich nicht mit beleidigenden Äußerungen oder bösartigen Unterstellungen auseinandersetzen. Sie zwingen Ihr Gegenüber weiterzureden, seine Vorwürfe zu präzisieren oder Zusatzinformationen zu geben. Vielfach reicht das schon aus, dass sich Ihr Gegenüber etwas abkühlt. Auch verhindern Sie durch Ihr Schweigen eine frühzeitige Eskalation, die entstehen könnte, wenn Sie gleich zurückschlagen.«

2. Die Übersetzertechnik

Eine der wirkungsvollsten Methoden, die nach einem ganz einfachen, aber effektiven Grundprinzip funktioniert, ist die Übersetzertechnik. Man wiederholt mit anderen Worten, was der andere gesagt hat, etwa so: »Sie meinen also, dass ...«. Mit dieser ungemein flexiblen Allroundtechnik sind Sie fast allen Angriffen gewachsen, deshalb lohnt es sich, sie so oft zu trainieren, bis sie in Fleisch und Blut übergegangen ist. Wie sie funktioniert?

Sie betätigen sich als Dolmetscher und übersetzen die bösartigen Worte Ihres Gegenübers. Das hört sich zwar unspektakulär an, eröffnet Ihnen aber ungeahnte Möglichkeiten. Denn Sie nehmen es in die Hand, Ihrem Verhandlungspartner zu erklären, was er gerade gesagt hat. Mit anderen Worten: Sie bestimmen, wohin die Verhandlung geht.

Die Übersetzertechnik ist für folgende Fälle besonders gut geeignet:

- bei persönlichen Beleidigungen
- bei unabsichtliche Kränkungen
- bei Vorwürfen und unsachlicher Kritik

Als schlagfertiger »Übersetzer« verfügen Sie über drei Sprachen:

- eine »Zuckerzunge«, mit der Sie die giftigsten Angriffe in süße Schmeicheleien umdeuten (Es versteht sich von selbst, dass Ihr Gegenüber Ihre »positive Sicht der Dinge« nicht teilt. Solange er widerspricht, haben Sie dennoch seinen Angriff abgewehrt. Beispiel: »Ihre Forderungen sind absolut kleinlich«, greift der Einkäufer den Lieferanten an. »Sie meinen also, wir sind sehr genau«, erwidert der Lieferant. »Indem wir auf die Details achten, werden wir ein Ergebnis ohne spätere Überraschungen für beide Seiten erzielen.«
- eine »Giftzunge«, mit der Sie versteckte Kränkungen noch verletzender machen (Als Reaktion wird Ihr Gegenüber Ihrer giftigen Auslegung widersprechen – und sich bei Ihnen entschuldigen. Beispiel: »Ihre Forderungen sind absolut kleinlich«, greift der Einkäufer den Lieferanten an. »Sie meinen also, wir sind kleinkarierte Erbsenzähler«, kontert der Lieferant. »Nein, so extrem habe ich das nicht gemeint«, entschuldigt sich der Einkäufer.
- eine »diplomatische Zunge«, mit der Sie scharfe Töne glätten und sich in eine vorteilhaftere Position bringen (Den Widerspruch können Sie nutzen, um das Gespräch zu versachlichen. Fordern Sie Ihren Gesprächspartner auf zu sagen, was er denn nun gemeint hat. Beispiel: »Ihre Forderungen sind absolut kleinlich«, greift der Einkäufer den Lieferanten an. »Sie meinen also, wir sollten uns nicht zu detailliert festlegen und erst mal nur den groben Rahmen abstecken? Wo sehen Sie denn Übereinstimmung in unseren Erwartungen?«, antwortet der Lieferant.

CASE STUDY: AUF DEN MUND GEFALLEN IV

CASE STUDY

Dr. Schusters Coaching geht weiter. Die Trainerin erklärt ihm, dass die Übersetzertechnik einfach ist, weil sie einen Triggersatz hat. »Das ist eine Formulierung, mit der die eigenen Gedanken in die richtige Richtung gelenkt werden. ›Sie meinen also dass, ...‹ heißt der Triggersatz und dann kommt Ihre Übersetzung. Probieren Sie es aus Herr Dr. Schuster. Stellen Sie sich vor, ich greife Sie während der Verhandlung an und sage zu Ihnen: ›Ihre Aussagen sind falsch, Sie lügen, wenn Sie das behaupten!‹«

»Sie meinen also, dass Sie gerne eine Kopie der Studie hätten, auf die ich mich beziehe«, kontert Dr. Schuster schlagfertig. »Ja, genau«, erklärt die Trainerin. »So einfach ist es.«

3. Die Gegenfrage

»Wer fragt, der führt«, heißt eine alte Regel. Wer sich nicht führen lassen will, fragt also zurück und übernimmt seinerseits die Führung. Eine interessante Vorgehensweise, denn sie sichert Ihre Souveränität und verhindert, dass Sie sich dem Fragenden ausliefern. Eng verwandt mit der Gegenfrage ist die »Nachfrage«: Mit der Nachfrage reagieren Sie nicht auf eine Frage, sondern auf einen Angriff. Gegen- und Nachfragen gibt es in allen Schattierungen: von höflich ausgleichend bis beißend aggressiv. Auch wenn die Gegenfrage Unbehagen auslösen kann, ist sie tendenziell eine sanfte Technik, von der Sie in Verhandlungen Gebrauch machen können, wenn Sie sich mit Ihrem Vorgesetzten oder schwierigen Kunden auseinandersetzen. Durch geschickte Nach- und Gegenfragen können Sie subtil das Gespräch zurück auf die Sachebene lenken.

Diese Technik ist für folgende Fälle besonders gut geeignet:

- bei zudringlichen, provozierenden Fragen
- in aufgeheizter Atmosphäre und bei Taktlosigkeit
- bei Angriffen mit dem Holzhammer
- bei Unterstellungen

Bei einigen Gegenfragen handelt es sich im Prinzip um Gegenangriffe. Sie kommen infrage, wenn Sie kompetitiv verhandeln und sich »hart« zur Wehr setzen wollen. Sie sollten in Verhandlungen nur dann davon Gebrauch machen, wenn die Fragen wirklich unfair sind. Hier einige Beispiele:

- »Wieso drehen Sie mir das Wort im Mund herum?«
- »Warum fragen Sie?«, »Haben Sie mir nicht zugehört?«
- »Was meinen Sie überhaupt?«, »Wie kommen Sie denn darauf?«
- »Warum wollen Sie mich nicht verstehen?«
- »Sie haben sich vorher nicht richtig informiert. Warum eigentlich nicht?«

Die Gegenfragen wirken zwar auf den ersten Blick sehr stark. Vermeintlich harte Verhandelnde setzen sie als rhetorische Technik trotzdem gerne ein, sie haben allerdings einen Haken: Sie arbeiten mit Unterstellungen. Ein vertrauensvolles Klima lässt sich damit nicht schaffen. Unbeteiligte Dritte werden daraus lernen und sich vorsichtig Ihnen gegenüber verhalten. Dies gilt auch dann, wenn Sie den Fragesteller so sehr einzuschüchtern, dass der kaum noch etwas zu sagen wagt.

CASE STUDY: AUF DEN MUND GEFALLEN V

»Sie sind ein Unruhestifter!«, greift die Trainerin Dr. Schuster an. »Was meinen Sie damit, dass ich ein Unruhestifter bin? Wollen Sie damit sagen, ich habe eine eigene Meinung? Mögen Sie vielleicht lieber nur Ja-Sager?« Dr. Schuster kommt in Fahrt. »Im Prinzip nicht schlecht«, meldet ihm sein Coach zurück, »Wenn Sie allerdings mehrmals hintereinander fragen, kann das Gespräch den Charakter eines Verhörs bekommen. Ihr Gegenüber fühlt sich ausgehorcht. Es entsteht eine unangenehme Atmosphäre.«

CASE STUDY

4. Die Gerade-deshalb-Technik

Damit Sie Einwände gewohnheitsmäßig nicht einfach widerlegen (»Das stimmt nicht, weil ...«), kleinreden (»So schlimm ist das gar nicht, weil ...«) oder wegschieben (»Ja schon, aber dafür ...«) können Sie zukünftig mit der »Gerade-deshalb-Technik« arbeiten. Damit schaffen Sie es, einen Einwand zu widerlegen und ihn gleichzeitig ernst zu nehmen. Sie stimmen dem Einwand zu und schließen daran sofort Ihr »Gerade-deshalb-Argument« an, mit dem Sie die Vorteile Ihrer Idee oder Ihrer Dienstleistung oder Ihres Vorschlags ins Spiel bringen. Die »Gerade-deshalb-Technik« wirkt selbstbewusst, funktioniert aber nur unter zwei Voraussetzungen:

- Der Zusammenhang zwischen dem Einwand und dem Vorteil, den Sie ins Spiel bringen, muss nachvollziehbar sein.
- Der Vorteil muss stärker ins Gewicht fallen als der Einwand.

CASE STUDY: AUF DEN MUND GEFALLEN VI

CASE STUDY

Die Trainerin erklärt Dr. Schuster die »Gerade-deshalb-Technik«. Im Anschluss bittet Sie ihn, diese Technik anzuwenden. »Nehmen wir an, Sie wollen mir einen Hubschrauber verkaufen. Ich komme zu Ihnen und beschwere mich, dass die Preise vollkommen überhöht sind. Wie würden Sie reagieren?« »Hm«, überlegt Dr. Schuster und antwortet dann: »Gerade weil unsere Hubschrauber 30 Millionen Euro kosten, erhalten Sie dafür erstklassige Qualität und 20 Jahre Garantie.« »Perfekt«, sagt die Trainerin.

5. Die Ausweichtechnik

Bei der Ausweichtechnik wird dem Verhandlungspartner ein scheinbares Interesse vorgetäuscht und ohne Unterbrechung zugehört. Nachdem dieser seine Argumentation beendet hat, weicht der andere jedoch auf ein Nebengebiet aus. Diese Taktik wird gerne von Personen eingesetzt, die über viel Macht und Einfluss verfügen. Es führt nur selten zu Widerspruch oder Reklamation. Sie sollten die Technik trotzdem eher nicht anwenden, sondern lediglich kennen, um sie abwehren zu können: Fordern Sie die Rückkehr zum eigentlichen Thema und zeigen Sie die Abweichung auf – natürlich weich zur Person und hart in der Sache.

CASE STUDY: AUF DEN MUND GEFALLEN VII

CASE STUDY

Die Trainerin spielt mit Dr. Schuster folgenden Dialog:

TRAINERIN: »Dr. Schuster, Ihre Verbesserungsvorschläge, die hier auf dem Tisch liegen, sind zweifellos durchdacht. Wir sollten sie aber heute nicht diskutieren, sondern vielmehr überlegen, ob ...«

DR. SCHUSTER: »Lassen Sie uns zu den Verbesserungsvorschlägen zurückkehren. Dieser Punkt steht für heute auf der Agenda.«

TRAINERIN: »Interessant, wie Sie Ihr Konzept begründen. Das klingt recht überzeugend. Lassen Sie uns zuvor einmal einen anderen Gesichtspunkt betrachten ...«

DR. SCHUSTER: »Bevor wir diesen neuen Gesichtspunkt betrachten, möchte ich noch ergänzen, dass ...«

Friedens- und Kampfdialektik

Das Wort »Dialektik« kommt vom griechischen *»dialegein«* (= sich unterreden). Dialektik ist die Kunst der (wissenschaftlichen) Gesprächsführung, die Fähigkeit zu diskutieren und dabei durch In-Beziehung-Setzen von gegensätzlichen (widersprüchlichen) Aussagen – z. B. zwischen Theorie und Praxis – zu höheren (qualitativ besseren) Erkenntnissen zu gelangen – eine Fähigkeit, um die wir beim Verhandeln nicht umhin kommen.

Nach Rupert Lay, dem berühmten Rhetoriktrainer, gliedert sich die Kunst der Dialektik *(»ars dialectica«)* in zwei Bereiche: in die Friedensdialektik und die Kampfdialektik. Für das Verhandeln bedeutet das, dass in der Regel kompetitiv Verhandelnde die Kampfdialektik bevorzugen, während kooperativ Verhandelnde sich an den Regeln der Friedensdialektik orientieren.

Die Ziele der Friedensdialektik sind der Konsens, der Kompromiss, die gemeinsame Problemlösung. Dazu werden ausschließlich faire Mittel eingesetzt. Am wichtigsten ist allen Verhandelnden ein »fairer« Gesprächsverlauf. Ganz oben steht das Bemühen, miteinander partnerschaftlich umzugehen. Falls es zu keiner Verständigung oder Problemlösung kommt, bleiben die verschiedenen Standpunkte gleichberechtigt bestehen (friedliche Koexistenz). Die Verhandelnden werden sich auch zukünftig wieder an einen Tisch setzen. »Wenn wir diesmal zu keinem Konsens gekommen sind, dann schaffen wir es bestimmt beim nächsten Mal!« – so das Motto der verhandelnden Parteien.

Bei der Kampfdialektik geht es darum, die eigene Position oder das eigene Anliegen um jeden Preis durchzusetzen und dem Verhandlungsgegner eine Niederlage zu bereiten. Dabei ist (fast) jedes Mittel recht – auch unfaire Angriffe oder aggressive Abwehrmaßnahmen. Strategische Härte und taktische Winkelzüge werden so eingesetzt, dass der Gegner mit Worten »niedergestreckt« wird.

Hinter beiden Formen der Gesprächsführung stecken rhetorische Techniken. Im Folgenden werden Sie die Klassiker der Kampf- und Friedensdialektik kennenlernen. Sicher haben Sie schon etliche der hier angeführten Diskussions- und Argumentationstechniken live erlebt. Besonders bei der Kampfdialektik werden Sie kennenlernen, wie Sie rhetorische Angriffe parieren, um im Idealfall rhetorisch umzuleiten und zur Friedensdialektik zurückzuführen.

Die sieben Klassiker der Kampfdialektik

Vielleicht kennen Sie folgende Situation: Sie sitzen in einer Verhandlung, haben gute Argumente, bringen sie vor, versuchen die Argumente der Gegenseite zu verstehen – und auf einmal verändert sich der Tonfall. Die Atmosphäre wird eisig. Ihre Position wird angegriffen, Sie verstehen die Welt nicht mehr. Sie dachten doch, auf dem richtigen Weg zu sein. Sie haben vielleicht das Gefühl sprachlos zu sein – sprachlos vor Empörung, Wut oder Unverständnis. Sie enden in einer Sackgasse, versuchen verzweifelt, sich mit Argumenten zu wehren. Die Gegenseite ist Ihnen rhetorisch überlegen und drängt Sie in eine Ecke, in die Sie partout nicht wollten. Lernen Sie die sieben Klassiker der Kampfdialektik kennen, dann wird es Ihnen leichter gelingen die Helikopter-Perspektive einzunehmen und gegenzusteuern.

Kampfdialektik: Ad-personam-Technik

Anstatt sachlich zu argumentieren, wird der Verhandlungspartner persönlich angegriffen, abgewertet, beleidigt oder diffamiert.

Beispiele:

- »Leute wie Sie machen uns das Leben schwer.«
- »Sind Sie auch fähig mit Geschäftsleitern zu verhandeln?«
- »Mit Ihnen will doch niemand zusammenarbeiten.«
- »Es gibt nichts Unerträglicheres als Karrierefrauen.«

Abwehr:

Bleiben Sie gelassen. Schlagen Sie auf keinen Fall mit gleichen Mitteln zurück. Sie können in Ihrer Antwort das unfaire Vorgehen des Verhandlungspartners entlarven. *»Beleidigungen sind Argumente derer, die unrecht haben«* (Rousseau).

Kampfdialektik: »Ja-Straßen-Technik«

Der Verhandelnde wird durch geschicktes Fragen unbewusst zu einer Reihe von »Ja«-Antworten gebracht, an deren Ende die entscheidende Kernfrage steht, die er im Sog der Ja-Antworten ebenfalls bejahen soll.

Beispiel:

- »Engagiert sich Ihr Unternehmen auch im gesellschaftspolitischen Bereich?« (Ja)
- »Dann setzen Sie sich doch bestimmt auch konsequent für den Umweltschutz ein?« (Ja)
- »Ich empfehle Ihnen unsere Schulungen ›Der energie- und umweltbewusste Mitarbeiter‹. Darf ich Ihnen das interessante Programm kurz vorstellen?« (Ja)

Abwehr:
Bleiben Sie wachsam und erkennen Sie die Absicht des Anwenders rechtzeitig (Schlüsselwörter sind die folgenden: bestimmt, bloß, gewiss, sicher, auch). Ein einziges Nein von Ihnen unterbricht die Kette.

Kampfdialektik: Schmeicheltechnik

Hierbei wird dem Verhandelnden bewusst geschmeichelt. Er wird zunächst persönlich aufgewertet, um Zugeständnisse zu bewirken, die dann oft vorschnell gegeben werden.

Beispiele:

- »Sie sind ein ausgezeichneter Kenner der Materie. Bei Ihrer fachlichen Qualifikation stimmen Sie mir bestimmt zu, dass wir die Qualität bei dem Preis nicht halten können.«
- »Mit Ihrer internationalen Erfahrung meinen Sie doch auch, dass wir den Termin mit den Chinesen unbedingt halten sollten.«

Abwehr:
Kompliment annehmen, sich freundlich bedanken und von Zugeständnissen auf der Sachebene trennen.

Kampfdialektik: Fakten- oder Bildungsprotzerei

Durch die gehäufte Verwendung unbekannter Fremdwörter soll der Eindruck eines hohen fachlichen Niveaus und eigener Kompetenz suggeriert werden.

Beispiel:
»Das ertragswertorientierte Kundenzufriedenheitsmanagement fokussiert sich auf den bewerteten zukünftigen, dass heißt potenziellen Ertragswert der Kundenbeziehung unter Berücksichtigung der zielgerichteten und systematischen Gestaltung des kundenspezifischen Beziehungs- und Dialogprozesses auf Basis des Zielkunden-Zufriedenheitsgrades, der wiederum aus den Erkenntnissen der Kundenzufriedenheitsanalyse abgeleitet wird.«

Abwehr:
Übersetzung in Umgangssprache verlangen: »Wenn Sie ein Fachmann sind, dann können Sie diese Information sicher auch allgemein verständlich formulieren.«

Kampfdialektik: Relativierungstechnik

Mit dem Hinweis »Es kommt darauf an ...« lässt sich alles relativieren. Das ist ein Satz, der immer richtig ist und immer zutreffend. So schafft es der Verhandelnde, das Konkrete zum Allgemeinen zu transferieren und umgekehrt.

Beispiele:

- »Ihr Beispiel ist ein Einzelfall. Das muss man relativ betrachten.«
- »In dieser speziellen Situation gebe ich Ihnen recht, grundsätzlich kommt es allerdings immer auf die jeweiligen Umstände an.«
- »Das ist von Fall zu Fall verschieden.«
- »Sie sollten das differenziert sehen.«

Abwehr:
Entlarven Sie den Charakter der Technik und kommen Sie auf den von Ihnen priorisierten Punkt zurück. Sprechen Sie die Allgemeingültigkeit der Relativierungstechnik an.

Kampfdialektik: Schwachstellentechnik

Ein falsches, ein überspitztes oder das schwächste gegnerische Einzelargument (*low-power-* oder *no-power-*Argument) wird betont herausgehoben und lautstark demonstrativ widerlegt. Damit will der Verhandelnde den Gesamteindruck und die Gesamtaussage der Gegenseite abwerten.

Beispiele:

- »So wie Ihre Behauptung ... nachweislich unrichtig ist, so liegen Sie insgesamt falsch.«
- »Sie sind nicht auf dem neuesten Stand der Technik. Diese Studie beweist ... Vielleicht sollten Sie erstmal Ihre Hausaufgaben machen, bevor wir weiterverhandeln.«

Abwehr:
Akzeptieren Sie die Richtigstellung und verweisen Sie auf Ihre starken Argumente: »Ein kleiner Irrtum« oder »Danke für den Hinweis, ich lerne gern hinzu« oder »Sie haben in diesem Punkt zwar recht, beachten Sie allerdings unsere Argumente ..., die um ein Vielfaches stärker sind.«

Kampfdialektik: Übertreibungstechnik

Einzelne Thesen oder die gesamte Position der Gegenseite werden vom Verhandelnden bewusst (oft unter Missachtung eigener Einschränkungen) so stark überzeichnet, dass sie als unvernünftig, absurd oder gefährlich erscheinen.

Beispiele:

- »Sie sind mir noch nie entgegengekommen.«
- »Immer wollen Sie am Ende der Verhandlung noch einen Riesennachlass.«
- »Mit einem klein bisschen Intelligenz könnte man dieses Problem sofort lösen.«

Abwehr:
»*Name the game*« – Sprechen Sie die Übertreibung als das an, was sie ist, und fragen Sie nach sachlichen Argumenten. »Sie übertreiben mächtig. Können Sie bitte noch einmal das Grundproblem deutlich machen?«

Die sieben Klassiker der Friedensdialektik

Vielleicht kennen Sie aber auch folgende Situation: Sie wollen kooperieren, merken aber selbst, wie leicht Sie sich provozieren lassen und überlegen krampfhaft, was Sie tun können, um die Lage verbal zu deeskalieren. Im Folgenden lernen Sie sieben Klassiker der rhetorischen Kooperation kennen.

Friedensdialektik: Demonstrationstechnik

Die Argumentation wird durch ein anschauliches Beispiel, ein Vergleich, eine Metapher oder ein Demonstrationsobjekt (Foto, Zeitschrift, Skizze, Grafik) untermauert und damit verstärkt. Diese Methode zählt zu einer der wirkungsvollsten: Bilder werden leichter verstanden und dauerhafter abgespeichert. Vor dem Auge des Verhandlungspartners läuft ein »Kopfkino« ab.

Beispiele:

- »Wir ziehen doch alle an einem Strang.«
- »Wir sitzen doch alle in einem Boot.«
- »Wir leben in stürmischen Zeiten, da ist es nicht einfach sicher in den Hafen einzufahren.«

Triggersätze:

- »Stellen Sie sich vor …«
- »Haben Sie es nicht auch schon mal erlebt, dass …«
- »Wissen Sie, was mir passiert ist …?
- »Kennen Sie nicht auch die Situation?«

Friedensdialektik: Entwaffnungstechnik

Dem Verhandlungspartner, der eine (offensichtlich zutreffende) Kritik, Reklamation oder Argumentation vorträgt, wird durch eigene Eingeständnisse (Zugeständnisse) »der Wind aus den Segeln« genommen. Schon in der Antike war diese Argumentationsmethode bekannt. Die unerwartete Zustimmung zu der vorgetragenen Beweisführung oder das Eingestehen eigener Unzulänglichkeiten überrascht den Verhandlungspartner in der Praxis erstaunlich oft. Manchmal ist er so verblüfft, dass ihm buchstäblich die Sprache wegbleibt. Für den Angreifer macht es ja keinen Sinn mehr, weiter anzugreifen, wenn Sie ihm zustimmen.

Beispiele:

- »Vielen Dank für Ihre kritischen Hinweise, ich erkenne Ihre Beschwerden an.«
- »Gut, dass Sie uns auf dieses Problem aufmerksam gemacht haben, da müssen wir definitiv nachbessern.«
- »Sie haben ja recht, das war unser Fehler. Was können wir tun, damit sich das nicht wiederholt?«

Friedensdialektik: Kompromisstechnik

Bei harten Meinungsverschiedenheiten, Dissonanzen, Rivalitäten oder unnachgiebigen Positionen bleibt der Kompromiss (Vergleich) oft als einzige Lösung und bestmöglicher Ausweg: Die Verhandlungspartner treffen sich »in der Mitte«. Starre Positionen führen zum Abbruch, nur durch ein gegenseitiges Aufeinanderzubewegen können Verhandlungsergebnisse erzielt werden.

Beispiele:

- »Wir kommen so nicht weiter, wir müssen alle Zugeständnisse machen.«
- »Wir könnten Ihnen an dieser Stelle entgegenkommen, wo könnten Sie uns entgegenkommen?«
- »Unsere Standpunkte sind jetzt klar – wo finden wir Gemeinsamkeiten?«

Friedensdialektik: Wiederholungstechnik

Steter Tropfen höhlt den Stein und erfolgreich sind meist die Stehaufmännchen. Bleiben Sie also dran! Geben Sie nicht nach dem ersten Versuch auf. Mehrfache, unaufdringliche Wiederholungen von Forderungen oder überzeugenden Thesen verstärken deren Wirksamkeit ganz beträchtlich. *»Die Wiederholung ist die einzig wirksame Redeform«* (Napoleon). Dinge, die wir zum ersten Mal hören, sind fremd, Dinge, die wir öfter hören, werden allmählich vertraut.

Beispiele:

- »Lassen Sie es mich noch einmal mit anderen Worten sagen, wie wichtig das ist.«
- »Wie ich gerade schon gesagt habe: Wir müssen in diesen Markt reinkommen, wir müssen unsere Marktstrategie ändern!«
- »Und, ich wiederhole es ausdrücklich ...«

Friedensdialektik: »Wir-Gefühl-Technik«

Appellieren Sie zum Durchsetzen eigener Anliegen an die soziale Verantwortung und die Pflicht zur Gemeinsamkeit. Nutzen Sie die Macht der notwendigen Solidarität oder des gemeinsamen Nenners.

Beispiele:

- »Sie wollen doch auch zu einem Ergebnis kommen, dass Sie intern gut verkaufen können, oder?«
- »Haben wir nicht immer eine Lösung gefunden? Lasst uns auch jetzt zusammenhalten.«
- »Ich weiß, wie Ihnen zumute ist. Ich war auch einmal ... und deshalb kann ich mich gut in Ihre Lage hineinversetzen.«

Friedensdialektik: Wissenschaftstechnik

Wer sich auf wissenschaftliche Studien beruft oder bekannte Experten mit hohem Ansehen zitiert, stärkt damit seine Argumentation und seine Forderung. Zudem vermittelt diese Methode den Eindruck hoher fachlicher Kompetenz, was unmittelbar die Glaubwürdigkeit steigert. Man unterscheidet hier zwischen der seriösen Wissenschaftstechnik – auf Basis tatsächlicher Fakten – und der unseriösen Wissenschaftstechnik – auf Basis von falschen Tatsachen oder ungeprüften Behauptungen. Hören Sie also kritisch hin und hinterfragen Sie notfalls.

Beispiele:
- »Nach Absprache mit unsere Finanzabteilung können wir ...«
- »Die IT-Experten werden mir zustimmen, dass ... und meine Auffassung stützen.«
- »Professor Schubert von der TU München, der bekannteste deutsche Gerichtsmediziner, kam in seiner Untersuchung zu dem Ergebnis ...«
- »Nach einer Untersuchung des Fraunhofer Instituts in Göttingen aus diesem Frühjahr ...«

Friedensdialektik: Die diagnostische Argumentation

Die diagnostische Argumentation beleuchtet drei Aspekte: Situation – Ziel – Maßnahme. Dieses Schema ist das wahrscheinlich am vielseitigsten einsetzbare und zeichnet sich zudem durch eine hohe Nachvollziehbarkeit aus. Vorteile dieses Schemas: In Situationsschilderung und Zielsetzung können relativ leicht Übereinstimmungen erreicht werden, sofern Sie sich in der Situationsbeschreibung auf Fakten beschränken und bei den Zielen auch die Zielvorstellungen des Verhandlungspartners berücksichtigen. Damit ist ein gemeinsames Fundament geschaffen, von dem aus die Verhandlung um die beste Maßnahme geführt werden kann.

Beispiel:
»Die Steuergesetzgebung verändert sich laufend. In unserer Steuerabteilung sind wir unterbesetzt. Wir verschenken für das Unternehmen Millionen. Deswegen brauchen wir einen neuen Mitarbeiter in unserem Team.«

AUFLÖSUNG SELF-ASSESSMENT 11.1

SELF-ASSESSMENT

NELE: »Deine Argumente sind wirklich billig und verbraucht.«

Mögliche Antwort von NIELS: »Nele, das zeigt nur, dass du meine Argumente zwar schon oft gehört, aber noch nicht verstanden hast, was ich damit wirklich meine.«

☛ Mit dieser Entgegnung greift Niels den Angriff direkt auf und hebt ihn inhaltlich auf die Verständnisebene.

NIELS: »Du hast dich offensichtlich gerade im Thema etwas verlaufen.«

Mögliche Antwort von NELE: »Es tut mir leid, wenn du diesen Eindruck hast. Ich erkläre dir gerne noch einmal, warum ich jetzt heiraten möchte.«

☛ Nele entschuldigt sich dafür, unsachlich geworden zu sein, geht nicht auf den Angriff ein und bleibt bei ihrem eigentlichen Thema.

NELE: »Vielen Dank, dass du mir meine Inkompetenz so gründlich vor Augen geführt hast.«

Mögliche Antwort von NIELS (erst Blickkontakt aufnehmen, dann Pause, Nele anlachen): »Schatz, jetzt weißt du endlich, warum ich so glücklich mit dir bin ... (Pause) Komm, lass uns jetzt noch mal ernsthaft über unsere Sichtweisen sprechen.«

☛ Niels nimmt den Angriff nicht ernst und reagiert ironisch darauf. Durch sein Lachen und den zweiten Satz signalisiert er Nele gegenüber Sympathie und Wertschätzung.

NIELS: »Deine Stellungnahme wäre vielleicht als kabarettistischer Beitrag brauchbar. Dafür fehlt dir allerdings der Humor und so jemanden soll ich heiraten?«

Mögliche Antwort von NELE: »Ich glaube, wir kommen im Moment nicht weiter, Niels. Lass uns eine Nacht darüber schlafen und morgen weiter reden. Okay?«

☛ Nele reagiert nicht auf die Kränkung und erkennt, dass sie in einer Sackgasse stecken. Sie macht aktiv den Vorschlag, die Diskussion abzubrechen und zu vertagen. Außerdem holt sie sich zu ihrem Vorschlag das Einverständnis von Niels ab.

SELF-ASSESSMENT

Nele: »Dir fallen keine echten Argumente mehr ein, da verfälschst du natürlich die Tatsachen ganz bewusst. Ist ja nicht das erste Mal.«

Mögliche Antwort von Niels: »Nele, pass auf, was du jetzt sagst. Du legst doch immer großen Wert darauf, dass wir offen und ehrlich miteinander umgehen. Unterstelle mir jetzt keine Unwahrheiten, nur weil du gerade frustriert bist.«

- Niels lässt den Angriff nicht auf sich sitzen und widerspricht klar, indem er auf die »Spielregeln« verweist, die Nele für ihre Beziehung wichtig sind.

Niels: »Mich würde nur eines interessieren. Glaubst du eigentlich selbst, was du da so sagst? Denk mal darüber nach.«

Mögliche Antwort von Nele: »Was glaubst du denn, was mir wichtig ist? Versuch das doch mal mit deinen Worten auszudrücken. Wie hast du es denn verstanden?«

- Nele benutzt die Gegenfrage als Instrument. Sie reagiert damit nicht unmittelbar auf den Angriff, sondern lenkt ihn um, zurück zu Niels und auf die Sachebene.

ZUSAMMENFASSUNG: DIE MACHT DER SPRACHE

ZUSAMMEN-
FASSUNG

▶ Was sind die besten Regeln für Ihr Argumentationsgeschick?

- Argumentieren Sie anschaulich und eindrucksvoll.
- Setzen Sie rhetorische Stilmittel wie Metaphern, Storytelling, Analogien und Vergleiche ein.
- Hören Sie aktiv zu. Fragen Sie zum besseren Verständnis nach.
- Vermeiden Sie Weichmacher, nutzen Sie stattdessen Powerpausen und rhetorische Verstärker.

▶ Wie Sie Ihre Argumentation mithilfe des nutzenorientierten Fünfsatzes strukturieren:

- Ausgangssituation darstellen
- Vorschlag unterbreiten
- Umsetzung der Idee schildern
- Nutzen und Vorteile aufzeigen
- leichte erste Schritte

▶ Wie Sie Fragetechniken gezielt einsetzen:

- offene Fragen in der Explorationsphase der Verhandlung zur Informationsgewinnung
- geschlossene Fragen in der Entscheidungsphase, um zum Ergebnis zu gelangen

▶ Wie Sie in Verhandlungen schlagfertig unangenehme Situationen überwinden:

- Mit Schweigen zeigen Sie, dass Sie Stille aushalten.
- Mit der Übersetzertechnik bringen Sie den Anderen zurück zur Sachebene.
- Mit der Gegenfrage können Sie nachhaken und Sachverhalte klären.
- Mit »Gerade-deshalb-Technik« behalten Sie die Zügel in der Hand.
- Mit der Ausweichtechnik gewinnen Sie Zeit.

▶ Wie Sie die Friedens- oder Kampfdialektik in Verhandlungen einsetzen:

- Die sieben Klassiker der Kampfdialektik sind Gesprächstechniken, um die eigene Position durchzusetzen.
- Die sieben Klassiker der Friedensdialektik sind Gesprächstechniken, die Ihnen in Ihrer Verhandlung helfen, einen Konsens zu erzielen.

12. KÖRPERSPRACHE UND INTUITION

Natural tools: Mimik, Gestik, Haltung

Laut einer häufig zitierten Studie des US-amerikanischen Psychologen und Professors Albert Mehrabian aus den 1970er-Jahren wird der Großteil der Kommunikation über die Körpersprache vermittelt. Der bekannte Psychologieprofessor wollte herausfinden, mit welchen Mitteln Menschen beim Präsentieren Wirkung erzielen. Dazu befragte er seine Studenten. »Mit dem Inhalt natürlich«, sagte der eine. »Mit Argumenten«, sagte ein anderer.

Mehrabian engagierte zwei Schauspieler. In einem Vorgespräch sprach er mit den beiden ab, dass er sie als Experten vorstellen werde, die zu einem gleichen Thema einen Vortrag halten würden. Beide erhielten allerdings sehr unterschiedliche Anweisungen. Der eine sollte alle Aspekte des Themas kennen – fachlich fundiert bis in die Tiefe. Sein Auftreten allerdings sollte unkonzentriert wirken, er sollte leise sprechen, sehr monoton, und ohne Blickkontakt mit den Studenten sollte er seinen Vortrag herunterleiern. Der zweite Schauspieler bekam den gegenteiligen Auftrag. Vom Inhaltlichen her sollte das, was er sagt, recht dünn sein. Wenn man genau hinhören würde, würde man leichte Fehler und inhaltliche Widersprüche feststellen. Die Art des Vortragens jedoch sollte engagiert und lebhaft sein. Er sollte die Studenten miteinbeziehen, seine volle Identifikation sollte spürbar sein.

Die beiden vermeintlichen Referenten hielten ihre Vorträge – als Schauspielern gelang es ihnen sehr gut, die Anweisungen des Professors umzusetzen. Im Anschluss befragte der Professor seine Studenten, welchem der beiden Referenten sie mehr Glauben geschenkt hätten und wer sie stärker überzeugt hätte. Mit großem Abstand wurde der charismatische Redner genannt. Eine genauere Analyse dieses Versuchs brachte Erstaunliches ans Tageslicht: Die Wirkung einer Rede bestand zu etwa 7 Prozent aus den Worten (Inhalt), zu etwa 38 Prozent aus der Stimme und zu etwa 55 Prozent aus der Körpersprache.

Was bedeutet das für das Verhandeln? Auch wenn Sie keine US-amerikanischen Studenten sind und unter Experten der Anteil des Inhalts mit Sicherheit sehr schnell an Bedeutung gewinnt und Blender in Verhandlungen selten eine Chance haben, so heißt es doch, dass in Ihrer Verhandlung Folgendes gegeben sein sollte:

- Die Worte, also der Inhalt, sind klar.
- Die Stimme stimmt.
- Die Körpersprache und die nonverbalen Elemente Ihres Auftritts sind souverän.

Es kommt also nicht nur darauf an, was Sie erreichen wollen, sondern es ist mindestens ebenso wichtig, wie Sie etwas sagen. Bei dem Wie spielen die Körpersprache und die Stimme die entscheidenden Rollen. Körpersprache und Stimme sind die *»natural tools«* – die natürlichen Werkzeuge, die Sie jederzeit bei sich haben, dann Sie tragen sie bereits in sich. Wenn ein Schreiner falsches Werkzeug wählt, dann wird er für einen Schrank länger brauchen oder ihn vielleicht sogar gar nicht bauen können. Wenn Sie in der Verhandlung Ihre Körpersprache falsch einsetzen, haben Sie vielleicht gut Argumente, werden aber trotzdem kein gutes Ergebnis erzielen.

Was Sie in einer Verhandlung erwarten und wie Sie das mit Körper und Stimme ausdrücken, muss im Einklang stehen, sonst wird Ihr Verhandlungspartner Ihnen nicht glauben. Gibt es einen Widerspruch, wird Ihr Gegenüber immer der Körpersprache glauben. Die Körpersprache ist stärker als das gesprochene Wort.

SELF ASSESSMENT 12.1

SELF-ASSESS-MENT

Neles Bruder Noah will sich selbstständig machen. Er hat einen Termin bei seiner Bank. Es geht um einen Existenzgründerkredit. Noah ist sehr aufgeregt. Normalerweise trägt er Sweatshirts. Heute hat er sich extra ein Hemd und eine Krawatte angezogen. Die Jeans hat er angelassen. Er will sich nicht verbiegen. Schließlich braucht er Geld, weil er einen gute Idee hat und nicht um einen Modelwettbewerb zu gewinnen.

Banker: »Herr Nelson, wofür benötigen Sie denn die 20 000 Euro genau?«

Noah (kratzt sich am Kopf, wird rot und stammelt mit einem schiefen Lächeln, leise und unsicher): »Na ja, also, das weiß doch jeder, heutzutage muss man im Geschäftsleben professionell auftreten, oder etwa nicht? ... (wird schneller) Was ich noch sagen wollte, ich habe mir gedacht, ich bräuchte unbedingt eine Website. Also ohne Präsenz im Internet, nein, das geht gar nicht. Ich kenn da auch jemanden, ein Freund von mir, der ist ziemlich fit im Programmieren, der hilft mir bestimmt. Ich hab den neulich schon mal gefragt, der hat gesagt, er könnte mir das schon machen. Für das Logo und so, da muss man natürlich eine Agentur beauftragen. Müsst ich mal recherchieren, wer das machen kann. Und einen neuen Laptop brauche ich, schließlich muss ich ja bei Kunden zeigen können, was ich machen kann, und die Profi-Software, die kostet ein Vermögen. Ich will mich ja als Konstrukteur selbstständig machen, da brauche ich dann auch noch die neuesten CAD-Programme.« (Noah sieht auf die Tischplatte und spielt mit seinen Fingern. Als es ihm auffällt, presst er seine Hände zur Beruhigung an die Oberschenkel.)

Banker: »Aha, Sie wollen mit unserem Kredit also Ihre Geschäftsausstattung, den Internetauftritt und die technische Grundausstattung anschaffen?«

Noah (nickt bestimmt fünf Mal hintereinander, wie ein Ponypferdchen): »Mann, ist das heiß hier, hätten Sie vielleicht mal ein Glas Wasser für mich? Aber ohne Kohlensäure, bitte. Sprudelwasser ist nicht so mein Fall.«

Banker (gießt ihm ein Glas Wasser ein): »Gerne. Können Sie mir die Geschäftsidee genauer erklären? Wer sind denn Ihre Kunden.«

NOAH: »Ich hab da so an die Automobilindustrie gedacht. Vielleicht auch Flugzeugbau. Der Freund von meiner Schwester, der baut Hubschrauber. Meine Diplomarbeit ist echt gut angekommen. Da liegt garantiert Potenzial drin und so was gibt es auch noch nicht.« (Noah holt lose, kopierte DIN-A4-Seiten – seine Diplomarbeit – aus seinem Rucksack und will sie dem Banker zeigen. Der winkt dankend ab.)

SELF-ASSESSMENT

Es muss schon ein großes Wunder geschehen, wenn Noah nach diesem Gespräch den Bankkredit bekommt. Helfen Sie ihm. Was kann Noah beim nächsten Bankgespräch besser machen? Lesen Sie die Expertenmeinung am Ende des Kapitels.

Die geheime Verhandlungssprache: was Ihr Körper so spricht

Haltung, Mimik, Gestik und Blickkontakt gelten als die wichtigsten Wirkungsmittel des persönlichen Ausdrucks beim Verhandeln. Dabei gilt: Wie auch ein einzelnes Wort einen eigenen Inhalt hat und doch für sich alleine noch keinen ganzen Satz darstellt, so ist es auch bei der Körpersprache. Jeder Körperteil hat verschiedene Ausdrucksmöglichkeiten und erst die Gesamtheit des nonverbalen Ausdrucks bildet die Botschaft unserer Befindlichkeit. Um eine Sprache zu verstehen, müssen wir Vokabeln lernen – in der Körpersprache entsprechen die einzelnen Körperteile und Ihre Ausdrucksmöglichkeiten den Vokabeln. Und so wie die Grammatik einer Sprache einzelne Wörter zu einem sinnvollen Satzgefüge verbindet, so muss auch die Körpersprache flüssig daherkommen, um nicht widersprüchlich zu wirken.

Vom Scheitel bis zur Sohle – die zehn wichtigsten Vokabeln der Körpersprache

Es gibt viel Literatur zum Thema Körpersprache. Einer der besten Körpersprachenexperten ist und bleibt Samy Molcho. Ein Leben lang hat er sich zuerst als Pantomime und später als Autor und Trainer mit Körpersprache beschäftigt. Viele der im Folgenden aufgeführten Hinweise beruhen auf seinem umfangreichen Wissen.

SAMY MOLCHO

EXKURS

Samy Molcho wurde 1936 geboren. Er ist österreichischer Staatsbürger und einer der bedeutendsten Pantomimen des 20. Jahrhunderts. Er hat die Kunst der Pantomime erstmals um rein psychologische und dramatische Elemente erweitert. Seit seinem zehnten Lebensjahr steht Molcho auf der Bühne. Er studierte klassischen, modernen und fernöstlichen Tanz sowie die Technik der Pantomime in Israel. Er absolvierte die Schauspielschule sowie ein Seminar für Regisseure und Dramalehre.

Molcho war bis 2004 Professor an der Wiener Universität für Musik und darstellende Kunst beziehungsweise am Max-Reinhardt-Seminar. Weltweit bekannt wurde er als Autor durch seine Bücher über Körpersprache, die in zwölf Sprachen übersetzt wurden und die Wirkung von Gestik und Mimik auf die zwischenmenschliche Kommunikation beschreiben.

Quelle: Wikipedia

Wenn Sie verhandeln, wollen Sie beim Gegenüber etwas bewirken. Das Schlimmste, was Ihnen als Verhandelnder passieren kann, ist gar keine Wirkung auszulösen. Damit Sie zukünftig Ihre Wirkung bewusst steuern und die Botschaften, die Ihr Verhandlungspartner Ihnen sendet, besser lesen können, sollten Sie die folgenden zehn Vokabeln Verhandlungskörpersprache kennen.

Vokabel 1: Das Gesicht

Wir nehmen bei Verhandlungspartnern zuerst immer den Gesichtsausdruck unseres Gegenübers wahr. In den meisten Fällen wirkt dabei der gesamte Ausdruck und nicht ein einzelnes Detail. Seit Urzeiten gilt das Gesetz, dass der Körper dem Kopf folgt. Die Gedanken steuern unsere Bewegungen. Ein Mensch hat mehr als 650 Muskeln, davon allein über 50 im Gesicht. Zum Lächeln braucht man 17 Muskeln, zum Stirnrunzeln über 40. Welche grundsätzlichen Signale gehen also von der Mimik aus?

Führt die Gesamtbewegung nach oben, wie beim Lächeln, stellt sich eine positive Wirkung ein, führt die Gesamtbewegung nach unten, vermuten wir dahinter Müdigkeit, Anspannung oder Probleme. Ein Verhandelnder, der uns täuschen will, wird dazu zuallererst seine Mimik nutzen. Ein falsches Lächeln, aufgesetzte Freundlichkeit oder ein kontrolliertes Pokerface erkennen wir schnell. Es fällt uns oft leicht, den Widerspruch zu den übrigen Körperteilen zu entdecken. Also merken wir, wenn sich jemand verstellt und nicht er selbst ist. Seine Glaubwürdigkeit leidet darunter immens.

Vokabel 2: Die Augen

Zum guten Verhandeln gehört mehr als nur der Inhalt – auch das beste Argument wirkt nicht, wenn es ohne Blickkontakt vorgetragen wird. Schauen Sie die Gegenseite an, wenn Sie verhandeln! Sie werden wissen wollen, ob ein Angebot ehrlich gemeint ist. Hält Ihr Gegenüber Ihrem Blick stand? Strahlt Ihr Gegenüber Selbstbewusstsein aus? Oder ist der Blick fordernd, bohrend und dominant? Wie auch immer der Blickkontakt aussieht, Sie werden einen Eindruck von Ihrem Gegenüber als Mensch bekommen. Damit Sie selbst einen positiven Eindruck hinterlassen, gelten folgende Empfehlungen:

- *Blickkontakt mindestens eine Sekunde lang*
  Eine kürzere Dauer wird nicht als Blickkontakt empfunden. Empfehlung für noch nicht so routinierte Verhandelnde: Suchen Sie sich ein oder zwei Menschen aus, die Ihnen sympathisch sind, und schauen Sie sie öfters an.

- *intensiver Blickkontakt, wenn Sie Forderungen stellen*
  Sie wirken bestimmt und verleihen Ihren Forderungen Nachdruck, wenn Sie sie mit einem intensiven Blickkontakt kombinieren. Sehen Sie nicht auf den Boden, wenn Sie Forderungen stellen oder ablehnen.
- *kalten, berechnenden Blick vermeiden*
  Vergessen Sie nicht die Empfehlung »Weich zur Person und hart in der Sache«. Schlagen Sie eine menschliche Brücke über einen warmen Blickkontakt. Wenn Sie Ihr Gegenüber kalt fixieren, wird sich dieser zwangsläufig unwohl fühlen. Vertrauen bauen Sie so nicht auf.
- *glanzlose Blicke stimulieren niemanden*
  Die besten Argumente nützen Ihnen nichts, wenn Ihre Augen kein Erleben zeigen.
- *alle Verhandlungspartner mit Blickkontakt einbeziehen*
  Schauen Sie nicht nur den Entscheidungsträger der Gegenseite an, sondern nehmen Sie Blickkontakt mit allen Teammitgliedern auf. Vergessen Sie nicht auch die Mitglieder Ihres eigenen Teams mit einzubeziehen.
- *Verhandlung mit einer »Schau-mir-in-die-Augen-Pause« beginnen und beenden*
  Schicken Sie bereits zu Beginn der Verhandlung, noch bevor Sie die ersten Worte sagen, einen bewussten Blick in die Runde. Schenken Sie sich und der Gegenseite durch diesen ersten Blickkontakt Zeit zur Sammlung und Konzentration. Der Blickkontakt bleibt dann auch im weiteren Verlauf intensiver. Und auch wenn Sie das letzte Wort klar und vernehmlich gesagt haben, schicken Sie noch einmal einen kurzen Blick zum Verhandlungspartner.

Was bedeutet es grundsätzlich, dem anderen in die Augen zu schauen? Mit dem Blick in die Augen zwingen Sie Ihren Verhandlungspartner zu einer Stellungnahme. Diesem Zwang entziehen wir uns gerne durch ein kleines Blinzeln, einen langen Lidschlag, kleine Vernebelungen – wie einen Blick nach innen, ohne den anderen wahrzunehmen – oder einem ausweichenden Blick. Alleine das Zur-Seite-Sehen reicht oft schon, um die Konfrontation aufzuheben. Immer wenn Ihr Gegenüber sich nicht zu einer Entscheidung zwingen lassen will, wird er wegsehen. Denken Sie bei zukünftigen Verhandlungen daran, dass Ihr Gegenüber sich einer Stellungnahme entziehen will, wenn er den Blick wegnimmt. Sie können es Ihrem Verhandlungspartner also auch ganz bewusst einfacher machen, indem Sie selbst den Blick zur Seite nehmen, Ihr Gegenüber wird dann in der Verhandlung gelöster sein und Zeit haben, die Entscheidung noch einmal zu überdenken.

Was drücken Verhandelnde mit Ihren Augenbrauen aus? Hochgezogene Augenbrauen sind ein Zeichen höchster Aufmerksamkeit. Der Verhandelnde versucht so seinen Horizont zu weiten und aufnahmefähig für möglichst viel Information zu sein. Im Gegensatz dazu bedeutet nur eine hochgezogene Augenbraue Skepsis.

Warum gibt es Verhandelnde, die häufig an Ihre Brillen fassen? Die Aussage ist klar: Wer Schwächen im eigenen Konzept entdeckt hat, muss schärfer hinsehen. Manchmal ist es auch die Sorge darüber, ein Detail vergessen zu haben. Verhandelnde, die unsicher sind, greifen sich erstaunlicherweise auch oft ans Ohrläppchen – dahin, wo in der Akupunktur der Stimulationspunkt für besseres Sehen liegt.

Vokabel 3: Nase und Mund

Durch den Mund nehmen wir die Dinge auf, die in unseren Körper gelangen. Er trifft die unmittelbare Aussage über alles, was uns gut tut, durch ein Lächeln, und was uns schlecht tut durch heruntergezogenen Mundwinkel. Für andere ist das ein sofortiger Spiegel unserer Befindlichkeit. Ein zusammengekniffener Mund dokumentiert die Weigerung, etwas aufzunehmen. In der Verhandlung signalisiert dies entsprechend die Abwehr gegenüber neuen Ideen oder Ansätzen der Gegenseite.

Was bedeutet es, wenn der Verhandelnde sich an die Nase fasst? Die Nase ist eine der letzten Bewertungsinstanzen. Wir überprüfen im übertragenen Sinne, was uns schmeckt und was nicht. Wer in der Verhandlung einen Preis nennt und sich dabei an die Nase greift, fürchtet, der Preis könne zu hoch sein. So gesehen ist der Griff an die Nase ein Zeichen kritischer Überprüfung und Nachdenklichkeit.

Die Mimik und unseren Gesichtsausdruck, können wir oft nicht steuern. Das ist auch nicht nötig. Den meisten Menschen widerstrebt es ohnehin, eine bestimmte Mimik einzustudieren, nur um die Wirkung zu erhöhen. Sie wollen einen Verhandlungsbeitrag liefern, wollen informieren oder überzeugen – aber nicht schauspielern! Dennoch können wir etwas dafür tun, um freundlich zu wirken. Schauen Sie offen und wohlwollend! Auch neutrale Themen vertragen ein freundliches Gesicht und ein Lächeln noch vor dem ersten Wort wirkt Wunder. Lächeln entspricht immer einer positiven Ausstrahlung; es entspringt einem Wohlbefinden. Bedenken Sie beim Verhandeln deshalb folgende Punkte:

- *Verlegenheitslachen vermeiden*
  Die Augen des schüchternen Verhandelnden erscheinen dabei fragend, das Lächeln wirkt nie ganz fertig.
- *ironisches Lachen vermeiden*
  Ironisches Lachen verändert die Augenpartie. Die Augen verengen sich leicht, manchmal wird dabei eine Augenbraue gehoben.
- *aufgesetztes Lachen vermeiden*
  Maskenhaftes Lachen wirkt nicht authentisch. Der Mensch zeigt dabei oft die Zähne. Die Augen lachen nicht mit.
- *kaltes Lachen vermeiden*
  Man spricht von einem kalten Lachen, wenn die Augen nicht mitlachen. Meistens bleibt der Kopf gerade und der Blick fixiert den Verhandlungsgegner. Das Lachen scheint ein Vorgeschmack auf den persönlichen Triumph zu sein.

Vokabel 4: Hals und Nacken

Hals und Nacken ermöglichen die Beweglichkeit des Kopfes. Verhandelnde mit beweglichem Nacken sind nach allen Seiten hin offen, sie sehen nicht nur das Bekannte, sondern auch das Neue und Fremde. In Verhandlungen können wir aber auch eine aufrechte, gerade, beinahe steife Haltung von Hals und Nacken bemerken. Diese signalisiert »Ich stehe gerade für das, was ich sage«. Menschen mit einer solchen »Hab-acht-Stellung« halten sich klar an ihre Ziele. Alles was links und rechts am Weg liegt, wird als Ablenkung gesehen. In vielen Kulturen wird diese Haltung für die Zuverlässigkeit, die sie signalisiert, geschätzt. Kritiker werden sie als schmalspurig bezeichnen. Für Verhandelnde mit dieser Grundhaltung gelten außerdem Ausweichen, Nachgeben und das Schließen von Kompromissen als negativ. Versteift sich inmitten der Verhandlung der Hals Ihres Gegenübers, so können Sie sicher sein, dass Sie gerade eine Schwachstelle in der Argumentation getroffen haben. Löst sich die Spannung und neigt sich der Kopf, so haben Sie den anderen zu sich herübergezogen. Wenn jemand den Kopf leicht seitlich neigt, zeigt er damit die Bereitschaft, Nebenwege zu beschreiten. Er entzieht sich der direkten Konfrontation. Wir bringen durch ein Neigen des Kopfes aber auch Verständnis zum Ausdruck. Den Verhandlungspartnern fällt es dann oft leichter, Fehler oder Probleme einzugestehen.

Wenn Ihr Verhandlungspartner seine Hand an den Hals legt, bedeutet dies, dass er versucht, eine Schwäche zu überdecken. Vielleicht weiß Ihr Gegenüber nicht genau, was er jetzt sagen soll oder wie er ein Argument formulieren kann.

Vokabel 5: Der Brustkasten als Energiespeicher

Im Brustkasten sitzen Herz und Lunge, unsere Energiespeicher – auch für Verhandlungen. Wenn Sie tief atmen, werden Ihre Lungen mit Sauerstoff gefüllt. Damit wachsen auch Ihre Energie und Ihre Ausstrahlung von Vitalität. Der Klang Ihrer Stimme verstärkt sich, Schultern und Schulterblätter lockern sich. Diese entspannte Körperhaltung wiederum ermöglicht den freien Fluss des Atmens und schafft Mobilität und Handlungsfähigkeit.

Flaches Atmen dagegen wirkt unsicher und setzt die Spannung herab. Als Folge wird der negative Eindruck eines eingefallenen Oberkörpers erzeugt. Ein Mangel an Sauerstoff macht sich dadurch bemerkbar, dass die Stimme nicht mehr getragen wird und unsicher wirkt. Als Wechselwirkung hängen Schultern und Arme herab, die Armbewegungen fallen klein aus, denn für weite Armbewegungen müsste sich der Brustkorb öffnen. So wird beim Verhandlungspartner immer der Eindruck von mangelnder Energie erzeugt.

Alles, was einen in einer Verhandlung zweifeln lässt, in Unsicherheit versetzt oder vor eine Entscheidung stellt, lässt einen den Atem anhalten. Auf einen Verhandlungspartner, der gleichmäßig ein- und ausatmet, während Sie Ihre Vorschläge unterbreiten, haben Sie Ihre Wirkung verfehlt. Hält er den Atem für einen kleinen Moment an, bedeutet das, dass er über Ihr Angebot nachdenkt. Er verordnet sich einen Moment Stillstand. In genau diesem Moment fällt die Entscheidung: Nehme ich das Angebot an oder weise ich es zurück?

Vokabel 6: Der Bauchraum

Je offener ein Verhandelnder seine Körpermitte zeigt, desto selbstbewusster wirkt er. Vertrauensvoll und angstfrei wird der ungeschützte Bauchraum dem Gegenüber zugewendet. Wenn dagegen der Bauchraum durch überkreuzte Arme geschützt und damit für den anderen verschlossen wird, signalisiert diese Haltung eine Barriere, die es dem anderen schwerer macht, Zutrauen entgegenzubringen.

Wenn Sie also einem Verhandlungspartner vertrauensvoll entgegenkommen wollen, wenden Sie sich mit Ihrer Frontalseite beziehungsweise mit Ihrer Körpermitte dem anderen zu. Diese Zuwendung kann sich dann zu Zuneigung entwickeln. Je näher der Verhandlungspartner kommt, desto mehr Vertrauen drückt er aus, desto mehr Vertrauen erwartet er jedoch auch im Gegenzug von Ihnen. Wenn Sie allerdings das Gefühl haben, der andere rückt Ihnen zu dicht auf die Pelle, dann steckt Folgendes dahinter: Vermutlich wird Ihr Gegenüber nicht mehr durch Argumente überzeugen können und deshalb versuchen, Zustimmung zu erzeugen, indem er stärker Druck ausübt. Durch einen Territorialgewinn wird erstens versucht, Dominanz zu erreichen, und zweitens Sympathie und Vertrauen zu erzwingen. Wir erleben Zuwendung dann als unangenehm, wenn sie aufdringlich ist.

Vokabel 7: Schulter und Rücken

Gerade gehaltene Schultern signalisieren: Ich trage keine Last – weder physisch noch psychisch. Alles, was einen Menschen belastet, drückt auf seine Schultern und krümmt den Rücken. Droht Gefahr, ziehen wir instinktiv den Kopf ein, die Schultern werden dabei angehoben. In Verhandlungen tragen Sie ja keine tatsächlichen Lasten, sondern eher symbolische, wie zum Beispiel Verantwortung. Sie haben sicher in Ihren Verhandlungen schon folgende Bemerkungen gehört: »Auf mir lastet die Verantwortung« oder »Ich trage die Verantwortung«. Wer belastet ist, dessen Beweglichkeit ist eingeschränkt – auch in der Verhandlung.

Und was drückt Ihr Verhandlungspartner aus, wenn er Ihnen die kalte Schulter zeigt? Wenn Sie Ihrem Gegenüber die Schulter statt der Körpermitte zuwenden, dann bedeutet dies Ablehnung. Die kalte Schulter ist auch immer eine unbewegliche Schulter. Der dazugehörende Arm bleibt leblos und kann weder geben noch nehmen. Wer über die kalte Schulter hinweg verhandelt, redet wie über eine Mauer. Flexibilität wird in dieser Verhandlung unmöglich sein.

Vokabel 8: Arme und Hände

Mit Sicherheit kennen Sie das: Beim Verhandeln benutzen alle Beteiligten ununterbrochen ihre Gestik. Sie fragen sich, was hat das zu bedeuten, dass der Vorgesetzte dauernd mit seinem Kugelschreiber in Ihre Richtung »sticht«? Warum werden die Fingerknöchel des neuen Mitarbeiters so weiß, wenn er sein neues Konzept vorschlägt? Der Verhandlungstisch scheint eine wahrhaftige Theaterbühne zu sein. Doch was steckt hinter all diesen Bewegungen? Mit der bewusst oder unbewusst eingesetzten Bewegung der Arme und Hände unterstützt der Verhandelnde das gesprochene Wort. Gleichzeitig spiegelt Gestik auch immer die innere Haltung.

Man unterscheidet verschiedene Arten der Gestik:

- *symmetrische Gestik*
  Sie wirkt auf Dauer steif und langweilig. Bei den meisten Menschen stellen sich zum Glück mit der Zeit spontane Bewegungen und Gesten ein. Wenn sich nun Arme und Hände immer genau symmetrisch, also seitengleich bewegen, so wirkt dies schnell unnatürlich und monoton auf Ihre Verhandlungspartner. Symmetrische Gesten sind oft auch kleine Gesten und wirken dadurch schmalspurig.
- *asymmetrische Gestik*
  Sie wirkt natürlich und lockerer: Eine Hand oder beide Hände sind in Bewegung, tun aber nicht genau das Gleiche. Während die eine Hand in der Grundhaltung bleibt, kann die andere gestikulieren. Selbst wenn man unbewusst eine Hand oder beide Hände bewegt, ist dies bereits Gestik. Meist hat man eine »starke« und eine »schwache« Hand. Die »starke« Hand ist meist ausdrucksstärker als die sogenannte »schwache« Hand. Wenn Sie mit Manuskript sprechen, halten Sie das Manuskript vorzugsweise in der schwachen Hand, sonst blockieren Sie die starke Hand für die Gestik.
- *funktionale Gestik*
  Die Hände haben die Funktion, das zu unterstreichen, was Sie gerade sagen. Das kann bewusst oder unbewusst geschehen. Es kann sein, dass Sie auf jemanden hinweisen, zum Beispiel Ihren Gast, von dem Sie gerade sprechen. Oder Sie zeigen durch konkrete Bewegungen, was Sie gerade mit Worten ausdrücken: Sie zählen mit den Fingern ein, zwei, drei Punkte auf, weisen mit ausgestrecktem Arm eine Meinung weit von sich und so weiter.

Lebendige Gestik ist ein Gewinn! Grundsätzlich offen wirkt der Verhandelnde, wenn Arme und Hände frei genug erscheinen, sich vom Körper wegzubewegen, und wenn sie ihn weder eng beschützen noch verbarrikadieren. Gestik wirkt gut und natürlich, wenn sie nicht eng und kleinräumig aus dem Handgelenk kommt, sondern aus dem Ellbogen, bei stark motorisch geprägten Menschen sogar aus der Schulter heraus. Enge Gestik wirkt verklemmt. Gestik soll sich oben, also im oberen Körperbereich abspielen, nicht unter der Gürtellinie, das wirkt unbeholfen. Gestik soll nach

Möglichkeit auch nicht schnell, ruckartig und hektisch sein, sondern eher ruhig und harmonisch.

Von körpersprachlicher Bedeutung sind außerdem die drei im Folgenden kurz beschriebenen Grundbewegungen der Hand: die offene, die verdeckte und die dominante. Jeder Mensch benutzt alle drei Grundformen der Handbewegungen. Je nach Charakter werden die einen oder die anderen vorherrschen.

Die verdeckte Handbewegung

Wer in der Verhandlung seinem Gegenüber nur den Handrücken zeigt, verbirgt damit die sensible Handinnenseite. Der Verhandlungspartner wird das Gefühl nicht los, dass der andere etwas zu verbergen hat. Selbst wenn er beide Hände mit dem Handrücken nach oben auf den Tisch legt und versichert, ein hervorragendes Angebot gemacht zu haben, wird das Gegenüber immer noch glauben, dass er etwas zurückhält.

Die offene Handbewegung

Bei der offenen Bewegung dagegen zeigt der Verhandelnde seine Handfläche. Das signalisiert: »Was ich in den Händen halte, zeige ich und offenbare damit, dass ich nichts zu verbergen habe.« Man hat also keine Angst, dass einem jemand etwas wegnehmen könnte, sondern scheint sogar bereit zu sein, mit anderen zu teilen und sich in der Verhandlung auf Kompromisse einzulassen. Offene Hände tendieren von alleine nach oben. Die natürlichen Bewegungen führen in die Breite und in die Höhe. Das verbinden wir mit Großzügigkeit und Selbstsicherheit. Mit der offenen Hand zu geben, bedeutet dem anderen nichts aufzuzwingen. Das Angebot bleibt wie auf einem Tablett liegen. Der Verhandlungspartner darf selbst entscheiden, ob er das Angebot annimmt oder nicht. Wenn man offene Angebote macht, dann sollte man darauf achten, dass die Hand mindestens zwei Sekunden in der offenen Geste bleibt, damit das Gegenüber Zeit genug hat zuzugreifen. Stellen Sie sich vor, Ihnen würde jemand ein Stück Küchen auf einem Tablett anbieten und das Tablett sofort wieder zurückziehen. Sie würden glauben, dass Angebot wäre nicht ernst gemeint gewesen. In der schnellen Bewegung liegt ein Hauch Aggressivität. Dahinter steckt die Befürchtung, abgelehnt zu werden. Wer allerdings wirklich hinter seinem Angebot steht, braucht keine Angst vor einer Ablehnung zu haben. Ein weiterer Vorteil der offenen Hand ist, dass der dominante Zeigefingereffekt dadurch verhindert wird. Sie vermeiden dadurch eine Bevormundung des Verhandlungspartners. Je mehr offene Gesten Sie sich angewöhnen, umso positiver wird Ihre Wirkung sein.

Die dominante Handbewegung

Dominante Handbewegungen üben Druck aus. Sie führen von oben nach unten. Dieses Herunterdrücken wirkt unterdrückend. In der dominierenden Geste liegt der Wunsch, sich gegenüber dem anderen durchzusetzen, notfalls sogar gegen dessen Willen. Dominante Verhandelnde wirken selten positiv.

Die folgende Checkliste bietet Ihnen eine kleine Übersetzungshilfe für gängige Gesten, die Sie in Verhandlungen immer wieder antreffen.

Was heißt denn das schon wieder? – Typische Gesten und ihre Bedeutung

Der Griff ins fremde Territorium – dazu noch dominant mit dem ausgestreckten Zeigefinger:	Das fußt auf dem Bedürfnis, Überlegenheit zu demonstrieren. Bei den meisten Verhandelnden erzeugt das eine negative Reaktion. Sie werden sich intuitiv zurückziehen oder in den Gegenangriff übergehen.
Eine Unterlage hochheben, zum Verhandlungspartner drehen und mit der offenen Hand auf einige Punkte hinweisen:	Eine positive Möglichkeit ein Angebot zu zeigen. Beide können das Angebot gleichzeitig betrachten und arbeiten an einer Sache.
Dem anderen etwas vor die Nase halten:	So schaffen Sie eine Wand zwischen sich und dem Verhandlungspartner. Die gleiche Wirkung erzielt ein geöffneter Laptop oder Aktenkoffer. Die Gegenseite wird das Gefühl haben, Sie hätten etwas zu verbergen.
Mit Stiften Barrieren bauen:	Verhandelnde bauen Barrieren, wenn sie sich bedrängt fühlen. Das können Arme sein, Unterlagen oder Stifte, die man zwischen sich und den Verhandlungspartner legt. Auch wenn die Barriere nur aus einem Stift besteht, hemmt sie die Kommunikation.
Die Hände gegeneinander legen mit aufeinander klopfenden Fingerspitzen:	Die Fingerspitzen suchen Berührungspunkte zwischen Ihren Erwartungen und dem Angebot: »Passt das Ganze oder brauche ich ein neues Angebot?«
Beide Zeigefinger und beide gestreckten Daumen aneinanderlegen:	Samy Molcho bezeichnet das als die »doppelte Pistole«. Die hochstehenden Daumen signalisieren den Wunsch nach Dominanz, die beiden besserwisserischen Zeigefinger signalisieren den bevorstehenden Schuss.

Die Hand liegt auf dem Mund:	Mit dieser Geste zwingt der Verhandelnde sich selbst, den Mund zu halten und die Gegenseite ausreden zu lassen – auch wenn er die Antwort schon kennt.
Aus der Stellung gefalteter Hände heraus werden die Finger wie Stacheln aufgestellt:	Die »Stachelschwein-Bewegung» dient der Verteidigung. Der Verhandelnde will nichts annehmen – was ja mit gefalteten Händen und gespreizten Fingern auch gar nicht möglich ist.

Vokabel 9: Beine und Füße

In jeder Verhandlung wollen Sie einen festen Standpunkt vertreten. Das ist ein sehr bildhafter Ausdruck. In asiatischen Kampfsportarten zum Beispiel braucht der Kämpfer einen möglichst intensiven Bodenkontakt, um nicht vom Gegner vom Feld geschlagen zu werden. Jeder Verhandelnde, der seinen Standpunkt möglichst optimal vertreten will, steht fest auf dem Boden. Achten Sie also darauf, beim Verhandeln das Gewicht auf beiden Füßen zu verteilen.

Ohne Schritte kein Fortschritt – viele Verhandelnde gehen im Besprechungszimmer umher während sie verhandeln. Die Bewegung hilft Ihnen, auch gedanklich beweglich zu bleiben und über Probleme nachzudenken oder Vorstellungen zu entwickeln. Im Sitzen können die Füße den Boden leichter verlassen als im Stehen oder Gehen. »Er steht fest auf dem Boden der Tatsachen« besagt, dass der Verhandelnde seinem Standpunkt treu ist. Das drückt sich auch darin aus, dass er tatsächlich mit beiden Füßen Kontakt zum Boden hat – auch während er auf einem Stuhl sitzt. Wann immer die Füße den Boden verlassen, zeigt man damit eine Entfernung von der Realität. Man möchte sich im Moment nicht mit der Wirklichkeit auseinandersetzen.

Wenn Sie im Sitzen verhandeln, wie es in den meisten Fällen vorkommt, wird es keine größeren Probleme mit Ihrer Haltung geben. Setzen Sie sich entspannt und locker hin, die Beine nicht verklemmt nach hinten unter den Stuhl gezwängt, in konservativen Kreisen auch nicht überkreuzt, sondern nebeneinander stehend. Der Körpersprachenexperte Samy Molcho empfiehlt die Stuhlfläche voll in Anspruch zu nehmen. Wer auf der Stuhlkante sitzt, der wirkt unsicher, als hätte er das Gefühl, ihm sei der Platz nicht gegönnt, oder als wäre er auf dem Sprung.

Von der Sitzposition ist die Bewegungsmöglichkeit Ihres Oberkörpers abhängig. Setzen Sie Ihre Füße weit nach vorne, so lehnt sich automatisch der Oberkörper nach hinten. »Zuneigung« gegenüber dem Verhandlungspartner können Sie so nicht zeigen. Stehen die Beine gerade oder sind sie leicht zurückgenommen, fällt es Ihnen leichter sich dem anderen zuzuneigen.

Verhandelnde, die im Gespräch zur Seite treten oder sich zur Seite neigen, weichen aus, entweder rational oder emotional. Sie bleiben zwar rezeptiv, wollen selbst aber nicht klar Stellung beziehen. Von zur Seite geneigten Verhandlungspartnern werden Sie Antworten hören wie »Darüber muss ich mir noch Gedanken machen« oder »Interessant, diesen Punkt sollten wir noch einmal diskutieren ...« Versuchen Sie also, Ihren Verhandlungspartner aufzurichten. Nur aus dieser Haltung heraus wird er klare, zielgerichtete Aussagen machen.

Der Ton macht die Musik – so setzen Sie Ihre Stimme richtig ein

»Im richtigen Ton kann man alles sagen, im falschen nichts. Das Heikle daran ist, den richtigen zu finden.« Dieser Satz von George Bernhard Shaw trifft auf jede Verhandlung im besonderen Maße zu. Die Stimme geht direkt ohne Filter blitzschnell in den »Bauch des Verhandlungspartners« und öffnet diesen für die Botschaft Ihrer Worte. Im Wort »Stimmung« steckt das Wort »Stimme« – ein klarer Hinweis darauf, wie maßgeblich die Stimme dafür verantwortlich ist, Ihre inneren Regungen zu verraten. Ihr Ton lässt hören, ob Sie zu Ihrem Anliegen stehen oder ob Zweifel, Unsicherheit, Langeweile oder Missfallen Sie beschäftigen. Stimme und Sprechweise sind Gradmesser Ihrer Authentizität. Ihre Stimme vermittelt dem Verhand-

lungspartner Wertschätzung, Neugierde, Anteilnahme, Wärme und Sympathie. Einem Verhandelnden mit wohlklingender Stimme hört man lieber zu als einem mit unangenehmer Stimme. Glücklicherweise klingt fast jede gesunde Stimme gut, wenn sie mit der richtigen Sprechtechnik eingesetzt wird.

TIPP

Sprechen Sie klar und deutlich! Modulieren Sie! Wagen Sie Höhen und Tiefen; sprechen Sie in kurzen, klaren Bogensätzen, denn dann geht die Stimme automatisch immer wieder in die tieferen Stimmlagen. Diese »kommen besser an«.

Dialekte

Stehen Sie zu Ihrer regionalen Herkunft. Kein Dialekt ist besser oder schlechter als der andere. Doch »Jeder soll reden, wie ihm der Schnabel gewachsen ist« hat nur begrenzt Gültigkeit. Wenn Sie merken, dass Ihr Dialekt im Verhandlungsgespräch störend wirkt, weil Sie nicht verstanden werden, wechseln Sie ins Hochdeutsche.

Versuchen Sie außerdem mit Ihrer Sprechweise den Eindruck von Gemeinsamkeit mit dem Gesprächspartner zu erwecken. Faustregel: Sprechen Sie situationsangemessen. Je formeller und offizieller eine Rede- und Gesprächssituation und je mehr Ihr Gesprächspartner Hochdeutsch spricht, desto mehr sollten Sie sich dieser Sprechweise annähern, jedoch nicht gekünstelt. Je lockerer, vertrauter, familiärer eine Situation ist, um so eher können Sie sich in der Umgangssprache bewegen.

CASE STUDY: GROSSE GENERALPROBE IM GARTEN

CASE STUDY

Noah trifft seine Schwester Nele in einem Biergarten. Er erzählt ihr frustriert von der Ablehnung des Bankkredits. »Ich habe doch eine wirklich geniale Geschäftsidee. Wieso haben die von der Bank das nicht verstanden? Kannst du mir nicht ein paar Tipps geben, worauf ich beim nächsten Mal achten kann?« Nele mag ihren kleinen Bruder und fühlt sich geschmeichelt. Sie lässt sich von ihm den Dialog mit dem Banker so genau wie möglich schildern, gibt Noah ein Feedback, indem sie die Punkte anspricht, die er gut gemacht hat und die er hätte besser machen können. Anschließend schlägt sie ihm vor, einen Trockenlauf zu üben. Sie ist dabei sein Sparringspartner.

Nele: »Herr Nelson, wofür genau brauchen Sie denn den Kredit in Höhe von 20 000 Euro?«

Noah: »Die 20 000 Euro benötige ich für meine Erstausstattung. Als Konstrukteur brauche ich einen leistungsstarken PC. Meine zukünftigen Kunden sind aus der Automobilindustrie. Dort wird je nach Hersteller mit unterschiedlicher Profisoftware gearbeitet. Das heißt, ich benötige für Volkswagen, BMW und Mercedes drei verschiedene Programme. Den größten Teil des Kredites benötige ich also für die technische Grundausstattung. Der verbleibende Rest ist für die Agentur, die mir Logo und Internetauftritt erstellt.« (Noah sieht Nele dabei direkt an und spricht mit lauter fester Stimme.)

Nele: »Verstehe. Das klingt nachvollziehbar. Was Sie mir allerdings noch genau erklären müssen: Worin besteht Ihre Dienstleistung genau? Sie sind Konstrukteur für verschiedene Automobilhersteller?«

Noah (lächelt, richtet sich auf und spricht mit Körperspannung): »Das erkläre ich Ihnen sehr gerne ... (Pause und Blickkontakt) In der Automobilindustrie werden Fahrzeuge laufend weiterentwickelt. Die großen Marken haben viele Dienstleistungen ausgelagert, da dies für die Unternehmen kostengünstiger ist. Ingenieurbüros leisten selbstständig konkrete Projektarbeit. Daher auch meine Zuversicht, dass meine Selbstständigkeit erfolgreich sein wird.«

Nele: »Herr Nelson, Sie sind ... (blättert in seinen Unterlagen) ... 28 Jahre alt. Das ist ja noch sehr jung. Ihr Studium haben Sie letztes Jahr erst abgeschlossen.«

CASE STUDY

Noah (schmunzelt): »Das stimmt. Allerdings habe ich nach meinem Abitur eine Ausbildung zum Kfz-Mechaniker gemacht. Im Anschluss daran habe ich Maschinenbau an der TU Braunschweig studiert. Während meines Studiums habe ich bei Volkswagen gejobbt und dort auch meine Diplomarbeit geschrieben. Dadurch habe ich natürlich gute Kontakte. Meine Kunden schätzen zudem die praktischen Erfahrungen, die ich als Mechaniker gemacht habe, und meine Kenntnisse aus Unternehmenssicht. Ich bringe also mehr mit als nur die Theorie von der Universität.«

Nele (hebt ihre Hand und klatscht Noah ab): »Brüderchen, von mir kriegst du den Kredit. Und ... zieh dir einen Anzug an, beim nächsten Mal.«

Jede Stimme ist einzigartig, so unverwechselbar wie ein Fingerabdruck.

Die Stimmexpertin Eva Loschky berichtet über einen Versuch des Max-Planck-Instituts in Leipzig. Dort entschlüsselten Forscher die versteckten Botschaften des Stimmklangs. Treffen wir auf einen neuen Verhandlungspartner, aktiviert dieser sofort, ob wir wollen oder nicht, in uns eine neurobiologische Resonanz. Blickkontakt, Stimme, Sprechweise, mimischer Ausdruck und die Körperbewegungen rufen in uns ein Spektrum von Spiegelreaktionen hervor. Entsprechende Nervenzellen aktivieren in uns das, was zunächst nur die nonverbalen Signale des Verhandlungspartners selbst waren. Indem wir die Empfindungen eines anderen Menschen in uns selbst spüren, gewinnen wir ein spontanes, intuitives Verstehen dessen, was den anderen bewegt.

»Wie es in den Wald hinein schallt, so tönt es heraus.« Was der Volksmund einfach beschreibt, erklärt die Wissenschaft folgendermaßen: Unser Gehirn speichert diese Erfahrungen mit Körperzuständen als sogenannte somatische Marker. Entweder das nonverbale Auftreten Ihres Verhandlungspartners gibt Ihnen Sicherheit und regt Sie an oder aber die Stimme und das Auftreten wirken auf Sie unfreundlich und nicht vertrauenserweckend. Die zugehörigen Körperreaktionen speichern Sie in Zusammenhang mit dem jeweiligen Verhandlungspartner ab. Wann immer Sie später an diesen Verhandelnden denken, reaktivieren Sie genau diese Körperzustände.

EVA LOSCHKY

EXKURS

Die Stimmexpertin Eva Loschky weiß als ausgebildete klassische Sängerin und Schauspielerin alles über Bühnenpräsenz oder »Bühnengenuss«, wie sie es nennt. Bei Ihrer Arbeit als Stimmcoach hilft ihr auch ihre Ausbildung und langjährige Tätigkeit als Logopädin. Sie wurde als Buchautorin mit der Loschky-Methode bekannt, einem neuen Stimmtraining, das die Kraft im Körper zündet. 2005 erschien ihr Buch zur Methode: »Gut klingen – gut ankommen«.

Als Verhandlungspartner haben Sie Ihr Gegenüber innerhalb der ersten drei Sekunden bereits durch Ihre Stimme und Ihr Auftreten beeinflusst, lange bevor Ihr Verhandlungspartner die Bedeutung Ihrer Worte erkennt und verarbeitet.

Die Bedeutung des Erfahrungswissens wird von Entscheidungsforschern, Neurologen und Psychologen untersucht. Sie können sich Ihr adaptives Unbewusstes als Art Supercomputer vorstellen, der schnell und unbemerkt Unmengen von Daten verarbeitet, die auf Sie einströmen.

Wie der Bauch dem Kopf beim Verhandeln hilft – Intuition beim Verhandeln

Hohe Geschwindigkeit und steigende Komplexität machen intuitive Entscheidungen beim Verhandeln immer wichtiger. Laut jüngsten psychologischen und neurologischen Studien sind sie effizienter und oft auch besser als das viel gepriesene bewusste Entscheiden.

Bauchentscheidungen

Der breiten Öffentlichkeit ist Gerd Gigerenzer mit seinem Buch »*Bauchentscheidungen*«, das in sechs Sprachen erschienen ist, bekannt geworden. Der Psychologe verdeutlicht seine Arbeitsweise gern an Beispielen: Manager propagieren unentwegt, sie müssten bei Entscheidungsfindungen möglichst analytisch vorgehen, Vor- und Nachteile auflisten und genau gegeneinander abwägen. Der Ansatz sei logisch, aber er setze voraus, dass die menschliche Intelligenz wie eine Rechenmaschine funktioniert. Für Gigerenzer ist die Logik nur eines von vielen Werkzeugen der Intelligenz. Seiner Meinung nach stützen wir uns in den meisten Fällen auf Bauchgefühle – wir entscheiden intuitiv: »Bauchgefühle sind das Produkt von einfachen Faustregeln. Diese Faustregeln sind uns meist gar nicht bewusst, und oft stützen sie sich auf einen einzigen Grund ... Trotzdem sind intuitive Entscheide nicht nur ökonomischer und schneller, sondern oftmals auch einfach besser.«

GERD GIGERENZER

EXKURS

Gerd Gigerenzer ist ein deutscher Psychologe. Er ist seit 1997 Direktor des *Center for Adaptive Behavior and Cognition* (ABC) am Max-Planck-Institut für Bildungsforschung in Berlin. Nach Promotion und Habilitation in Psychologie an der Universität München war er von 1984 bis 1990 Professor für Psychologie an der Universität Konstanz, von 1990 bis 1992 an der Universität Salzburg und von 1992 bis 1995 an der University of Chicago. Anschließend war er 1995 bis 1997 Direktor am Max-Planck-Institut für psychologische Forschung. Gigerenzer trainiert heute Richter, Ärzte und Manager in der Kunst des Entscheidens und im Umgang mit Risiken und Unsicherheiten.

Quelle: Wikipedia

Beim intuitiven Vorgehen entscheidet sich der Verhandelnde stets auf der Basis eines einzigen guten Grundes. Bei einem Experiment an der *New York University* mussten die Studenten für eine zufällige Auswahl von Spielen der Saison 1996/97 der *National Basketball Association* (NBA) den Sieger erraten. Bei 78 Prozent der Partien lagen sie richtig.

»Das Resultat war auf den ersten Blick unglaublich«, sagt Gigerenzer. *»Man hatte schon lange gewusst, dass die Menschen oft nach der Take-the-best-Strategie vorgehen. Aber man hatte das als irrationales Verhalten gedeutet, das von einer gewissen kognitiven Beschränktheit herrühre. Nun hatten wir zum ersten Mal einen Hinweis darauf, dass eine simple Faustregel gleich gut sein kann wie eine exakte Berechnung.«*

Das wirklich Verblüffende war jedoch, dass die Trefferquote durch das Weglassen von Informationen verbessert wurde. *»Gute Intuitionen müssen Informationen ignorieren. Das steigert die Qualität«*, empfiehlt Gigerenzer. Das Paradoxon erklärt sich dadurch, dass längst nicht alle Informationen für die Zukunft relevant sind. Die Kunst der guten Vorhersage besteht darin, die entscheidenden Daten heranzuziehen und den großen Rest wegzulassen. Es ist genau diese Strategie, die die *Take-the-best*-Strategie verkörpert.

Dass uns diese Vorstellung zunächst Mühe macht, sagt Gigerenzer, liege daran, dass wir alle das vermeintliche Ideal des Maximierens im Kopf haben: *»Mehr Information ist immer besser. Mehr Zeit ist immer besser. Mehr Optionen* *sind immer besser. Mehr Berechnungen sind immer besser. Dieses Schema steckt tief in uns drin, aber es ist falsch!«* Die Intuition selbst muss nicht im eigentlichen Sinne trainiert werden, sie ist angeboren und eine Grundfunktion des Gehirns. Allerdings wurde sie uns in Schule, Ausbildung und Studium geradezu abtrainiert. In allen Fällen gilt: Wir entscheiden dann besonders gut, wenn wir nicht darüber nachdenken. Bei Handballern und Schachspielern ist die erste Idee für einen Spielzug nachweislich meist die beste. Experimente haben gezeigt, dass selbst bei der Wohnungswahl die Resultate besser werden, wenn man die Zeit beschränkt und somit ein intuitives Vorgehen erzwingt.

Deshalb der Appell: Vertrauen Sie auf Ihre Intuition! Hören Sie auf ihr Bauchgefühl und vertrauen Sie darauf; ziehen sie es zumindest als wertvollen Berater für Ihre Verhandlungen hinzu!

Wie Sie Intuition in Ihren Verhandlungen nutzen?

- Wenn Sie auf intuitive Entscheidungen bauen, dann achten Sie darauf, dass Sie über genügend Erfahrungswissen verfügen. Denn Ihr unbewusster Berater kann nur die Daten auswerten, mit denen er zuvor gefüttert wurde.
- Schalten Sie nach einer komplexen Verhandlung bewusst ab. Gehen Sie spazieren oder schlafen, um Ihr Unbewusstes für Sie arbeiten zu lassen. Viele gute Ideen kommen beim Duschen.
- Vertrauen Sie darauf, dass Ihr Unbewusstes gute Lösungen liefern wird und ertragen Sie die Unsicherheit.
- Hören Sie auf die Sprache Ihres Körpers. Somatische Marker melden sich zuverlässig. Da »liegt Ihnen etwas schwer im Magen«, da »drückt die Last auf den Schultern« oder »sitzt die Angst im Nacken«. Hilfreich ist es, verschiedene Szenarien im Geiste durchzuspielen und auf die dadurch hervorgerufenen Gefühle zu achten.
- Oft müssen intuitive Entscheidungen im Nachhinein rational überprüft und nachvollziehbar gemacht werden, damit sie im Wirtschaftsumfeld akzeptiert werden.

CASE STUDY: WIE DIE INTUITION DEM KOPF BEIM PROBLEMELÖSEN HILFT

CASE STUDY

Tom, der Vorgesetzte von Fleur, hatte schon fünfmal einen Termin vereinbart, an dem er Fleur wichtige Hintergründe über den Stand der Verhandlungen mit einem neuen italienischen Kunden geben wollte. Jedes Mal ist Tom eine Viertelstunde vorher zu ihr gekommen und hat das Gespräch auf einen anderen Termin verschoben.

Fleur und Nele können aber ohne die Informationen von Tom die Markteinführung des neuen Films in Italien nicht vorbereiten. Der Rest des Teams hat keinerlei Verständnis mehr für diese Terminverschiebungen. Fleur fühlt sich ziemlich hilflos. Sie ist enttäuscht und wütend, dass Tom sie so im Regen stehen lässt. Sie will mit ihm eine andere Art der Zusammenarbeit aushandeln. Aber wie? Sie hat im Moment keine Idee.

Da fällt ihr ein, dass ihr Mentor ihr einen Briefumschlag mit den Worten »Wenn du mal nicht mehr weiter weißt, dann lies diesen Brief!« zugesteckt hat. »Ich habe ihn vor vielen Jahren selbst von meinem Mentor bekommen. Vielleicht wirst du ihn dann später auch an jemanden, den du fördern willst, weitergeben.« Gelacht hat er dabei und nochmals betont, sie solle auf einen wirklich wichtigen Moment warten.

Fleur öffnet den Briefumschlag und faltet ein kleines Blatt auf. Auf grauem Papier liest sie folgende Überschrift:

In acht Schritten zur mentalen Intuition:

- Sorge für Klarheit und Ruhe. Suche dir einen Platz, an dem du dich wohlfühlst.
- Schreibe die Frage/das Problem, zu dem du eine Antwort haben möchtest, auf.
- Gehe in einen meditativen Zustand, lasse die Gedanken und Gefühle der letzten Stunden/des letzten Tages los. Entspanne dich.
- Um Klarheit zu bekommen, lege deinen bewertenden und zweifelnden Verstand in ein imaginäres Kästchen, das am Boden zu deinen Füßen steht.
- Entspanne dich bewusst, in dem du auf ruhiges Ausatmen achtest. Konzentriere dich auf deinen inneren Mittelpunkt und wandere mit dem Konzentrationspunkt nach oben bis über deinen Kopf.

CASE STUDY

- Nimm dir so viel Zeit wie du möchtest. Lasse deine Gedanken treiben im Raum der Intuition.
- Wenn du fertig bist, verlasse den Raum der Intuition. Ein altes Boot bringt dich wieder zurück. Kehre zurück zum Mittelpunkt deiner Brust, atme ein paar Mal tief. Nimm deinen Verstand aus dem imaginären Kästchen, öffne die Augen und notiere alles, was du im Raum der Intuition wahrgenommen hast.
- Wundere dich nicht, wenn die Intuition nachschwingt und du in den nächsten Tagen noch weitere Ideen empfängst.

Fleur, die zu Beginn noch skeptisch war, hat die Reise zur mentalen Intuition ausprobiert. Sie fühlt sich seltsam frisch und klar. Sie hat zwei gute Ideen gefunden: Sie will mit Tom einmal in der Woche Mittagessen gehen und sich im Anschluss daran mit ihm zu einen Meeting zusammensetzen.

Abends telefoniert sie mit ihrem Mentor: »Am Anfang dachte ich, das wäre so esoterischer Kram. Doch jetzt im Rückblick fühle ich, dass es richtig ist.« »Prima, Fleur«, erklärt ihr Mentor. »Intuition ist nicht gleich Intuition. Es gibt laut Intuitionsforschung zwei Zugänge zur inneren Stimme – den emotionalen (das klassische Bauchgefühl) und den mentalen (die Eingebung von oben/die plötzliche zündende Idee). Große Denker haben Zugriff auf Gedanken, ohne sich gleichzeitig emotional hingezogen oder abgelehnt zu fühlen. Nutze das für alle deine zukünftigen Verhandlungen. Mir hat es immer sehr geholfen mit Intuition und Verstand zur Lösung zu kommen.«

Drei klassische Verhandlungsszenarien

Abschließend zu diesem Kapitel nehmen wir hier noch einmal drei klassische Szenarien des Verhandelns unter die Lupe:

- das Revierverhalten am Verhandlungstisch
- die Begrüßungssituation, die zu Beginn die Weichen stellt
- die Frage der Sitzordnung, die die Machtverhältnisse widerspiegelt

Szenario 1: Revierverhalten – von Dominanz und Unterordnung

Menschliches Sozialverhalten zeigt sich in jeder Verhandlung. Die sozialen Signale geben den hierarchischen Status an und weisen somit dem einzelnen Verhandelnden seinen Platz und seine Aufgabe im Team zu. Sozialer Status setzt sich in körpersprachliche Signale um. Je lockerer und offener sich der Verhandelnde bewegt, je stärker er seinen Bewegungsspielraum nutzt, desto deutlicher signalisiert dies Angstfreiheit. Was sind nun nonverbale Merkmale des Starken? Ein wichtiges Statussignal sind raumbeanspruchende ruhige Bewegungen. Signale der Dominanz gehen von oben nach unten. Der Starke legt dem anderen die Hand auf die Schulter. Er stoppt den anderen, indem er ihm die Hand auf den Arm legt. Wer über die Zeit verfügt und das Ende der Verhandlung bestimmt, signalisiert dadurch ebenfalls seine Überlegenheit. Wer führen will, muss klar sehen, das Ziel klar im Visier haben. Aus diesem Grund gehört der klare Blick ebenfalls zu den Signalen des Mächtigen. Bewegungen sind sparsam und eindeutig in ihrer Aussage. Wer ein Ziel definiert, muss sich klar darüber sein, worauf er verzichtet. Denn jede Entscheidung für etwas ist gleichzeitig ein Verzicht auf etwas anderes. Jemand, der sich in der Verhandlung nicht entscheiden kann, fühlt sich hin- und hergerissen. Der Körper signalisiert dies durch widersprüchliche Bewegungen.

Szenario 2: Begrüßung der Verhandlungspartner

Schon bei der Begrüßung der Verhandelnden werden die Weichen gestellt. Das klassische Begrüßungsritual im deutschsprachigen Raum erwartet von den Beteiligten, dass sie direkt aufeinander zugehen, sich Auge in Auge gegenüberstehen mit festem Stand und dass sie sich mit einem kräftigen Händedruck begrüßen. So sieht die Vorstellung von zwei gleich Starken aus, die sich auf Augenhöhe bewegen und deswegen auf Kampf verzichten. Der selbstbewusste Verhandelnde streckt dem Gegenüber noch im Gehen den Arm entgegen. Er ist der Handelnde.

Achtung Fettnäpfchen! Wenn Sie ein fremdes Büro betreten, ...

- *bleiben Sie nicht an der Tür hängen:*
  Das signalisiert Unsicherheit.
- *bleiben Sie nicht in der Mitte des Raums stehen:*
  Das ist ein Merkmal von ängstlichem Respekt.
- *bleiben Sie auch nicht in der Mitte des Raums stehen, um von dort aus dem Verhandlungspartner den Arm zur Begrüßung entgegenzustrecken:*
  Dadurch zwingen Sie den anderen in eine unbequeme Haltung.
- *stellen Sie Ihren Aktenkoffer nicht auf den Arbeitsplatz Ihres Gegenübers:*
  Das kommt einer Verletzung des Territoriums gleich. Der Schreibtisch ist nichts anderes als ein erweiterter »Sandkasten«.
- *bauen Sie mit der Aktentasche keine Wand zwischen sich und den anderen:*
  Der unbewusste Eindruck, Sie hätten etwas zu verbergen, entsteht.

Szenario 3: Wer sitzt wo? – die Sitzordnung

Natürlich spielt auch die Sitzordnung beim Verhandeln eine wichtige Rolle. Der Verhandlungstisch repräsentiert den Verhandlungsgegenstand. Die Dominanz einzelner Parteien können Sie oft schon daran ablesen, wer wie viel Raum einnimmt. Selbstbewusste Parteien breiten sich auf dem Verhandlungstisch großflächig aus. Da sind Unterlagen, Stifte und Arbeitsmaterialien teilweise bis über die Mitte des Tisches hinaus ausgelegt. Der unsicher Verhandelnde legt seine Papiere ordentlich zusammen, zieht sie manchmal geradezu ein Stück vom Tisch. Seine Hände hält der Unsichere unter dem Tisch. Nur ab und zu tauchen die Hände auf, um das Gesagte zu unterstreichen.

Was versteht man unter Herrschaftsdistanz? Der Leiter der Verhandlung ist oft auch der Ranghöchste. Er sitzt in der Verhandlung am Tischkopf. Wer seine Position kennt, will sie manchmal auch zeigen. Er setzt einen Abstand zwischen sich und die Teammitgliedern.

Ob der Charakter einer Verhandlung eher kooperativ oder kompetitiv ist, können Sie daran festmachen, ob die Parteien sich konfrontativ gegenübersitzen oder ob sie über Eck positioniert sind, sodass die Beteiligten gemeinsam in Unterlagen sehen können. Bewährt hat sich bei schwierigen Verhandlungen der »runde Tisch«, der Hierarchien in den Hintergrund treten lässt und Gleichwertigkeit betont.

AUFLÖSUNG SELF ASSESSMENT 12.1

SELF-ASSESS-MENT

- Noah ist sehr aufgeregt, Noah ist nervös. Das ist erst einmal ganz normal. Ein Bankgespräch ist immer aufregend.
- »Kleider machen Leute!« Dieser Grundsatz trifft insofern zu, als sich gepflegte Businesskleidung durchaus auf das Selbstbewusstsein auswirkt. Wer sonst nie Krawatte trägt, wird sich natürlich beim ersten Mal unwohl mit dem »Strick« um den Hals fühlen. Einen allgemeinen Dresscode für Verhandlungen gibt es nicht. Wichtig ist, dass die Kleidung Ihrem persönlichen Stil entspricht. Insofern hatte Noah recht, dass er die Jeans anbehalten hat. Vielleicht aber hätte er sich trotzdem in einem Anzug wohler gefühlt.
- Noah spricht wenig verständlich. Dazu kommt seine wirre Sprechweise. Er spricht umgangssprachlich und wenig strukturiert. Das und das Kratzen oder Zupfen an Kleidungsstücken wirken immer unsicher.
- Noah vermeidet den direkten Blickkontakt. Auch das Pressen der Hände an die Oberschenkel wirkt verkrampft und weder offen noch selbstbewusst. Besser ist eine offene Gestik.
- Bestätigendes Nicken ist sehr empfehlenswert. Wird aber zu häufig genickt, wirkt der Verhandelnde zu unterwürfig.
- Es ist vollkommen in Ordnung nach einem Getränk zu fragen. Die Gedankengänge im Vorfeld und im Anschluss interessieren aber niemanden.
- Die Nachfragen des Bankers zeigen, dass Noah die wichtigsten Punkte nicht klar genug genannt hat und sich in Details verloren hat.
- Zum Gesamteindruck gehört auch sauberes Arbeitsmaterial. Von der losen Blattsammlung wird der Banker Rückschlüsse auf Noahs Arbeitsweise ziehen.

ZUSAMMENFASSUNG: KÖRPERSPRACHE UND INTUITION

ZUSAMMEN-FASSUNG

▶ **Warum spielt Körpersprache beim Verhandeln eine wichtige Rolle?**

Denken Sie zukünftig daran, dass Körpersprache viel über Ihre innere Einstellung verrät. Ihre »*natural tools*« – Mimik, Gestik, Haltung – tragen Sie immer in sich. Nonverbale Signale wirken im Vergleich zum gesprochenen Wort immer stärker. Lernen Sie auch auf die Körpersprache Ihrer Verhandlungspartner zu achten. Sie können viel daraus lesen, zum Beispiel wie die Haltung und emotionale Situation Ihres Gegenübers aussieht.

▶ **Soll man einzelne Signale interpretieren oder spricht der ganze Körper?**

Interpretieren Sie einzelne körpersprachliche Vokabeln nicht losgelöst vom Gesamteindruck. Die vollständige Stimmung erfahren Sie durch das Gesamtbild. Wie bei einem Puzzle setzt sich der Eindruck aus einzelnen Bestandteilen zusammen. Wenn Sie die Wirkung der zehn wichtigsten Vokabeln der Körpersprache kennen, haben Sie in Verhandlungen einen großen Vorteil.

▶ **Wieso erzielt der Verhandelnde mit seiner Stimme eine so große Wirkung?**

Der Ton macht die Musik. – Denken Sie daran, dass über Ihre Stimme Ihre Stimmung zum Ausdruck gebracht wird. Verkrampfte Situationen führen mit Tunnelblick in Sackgassen. Achten Sie deshalb bewusst auf Entspannung am Verhandlungstisch. Richtiges Atmen unter Stress löst Anspannung und Verkrampfung.

▶ **Ist Intuition ein esoterisches Thema oder kann man das Bauchgefühl professionell in Verhandlungen nutzen?**

Intuition ist ein Thema mit dem die Forschung sich in den letzten Jahren intensiv beschäftigt hat. Gerd Gigerenzers Buch »*Bauchentscheidungen*« zeigt wissenschaftlich untermauert auf, wie der Kopf dem Bauch beim Entscheiden helfen kann. Bleiben Sie in Kontakt mit Ihrem Bauchgefühle, und ziehen Sie es als ergänzende Instanz zum rationalen Entscheiden hinzu.

DIE WICHTIGSTEN WORKSHEETS

Auf den nächsten Seiten finden Sie eine Übersicht über die wichtigsten Arbeitsblätter aus diesem Buch. Sie können sich für Ihre nächste Verhandlung die jeweiligen Tipps, Übersichten oder Checklisten herauskopieren und sich damit vorbereiten oder die Liste sogar direkt in Ihre Verhandlung mitnehmen. Gerne senden wir Ihnen die Worksheets auf Anfrage (welcome@c-to-be.de) als pdf-Datei.

Arbeitsblätter zur Vorbereitung Ihrer Verhandlung

- Fragenkatalog zur Vorbereitung
- Modell der SMARTen Ziele
- Informationsmatrix
- Konzessionsmatrix
- Checkliste *core concerns*

Kurzinformationen zur Durchführung Ihrer Verhandlung

- N.E.G.O.T.I.A.T.E.-Prozess
- Übersicht Harvard-Konzept I: Getting to Yes
- Übersicht Harvard-Konzept II: Getting Past No
- Leitfaden zum Steuerungs-Know-how
- Checkliste zum Verhandeln am Telefon

Auf einen Blick professionelles Argumentieren

- Tipps zum Formulieren
- Argumentationsstruktur
- Übersicht der Fragetechniken

Arbeitsblätter zur Vorbereitung Ihrer Verhandlung

Fragenkatalog zur Vorbereitung – wenn Sie sich umfassend vorbereiten wollen

1. **Welche höher liegenden Ziele verfolgen Sie?**
   - auf der inhaltlichen Ebene
   - auf der persönlichen Ebene
2. **Was ist Ihr konkretes Ziel?**
   - Was ist das Minimum, das Sie erreichen wollen?
   - Was ist Ihr realistisches Ziel?
   - Was ist Ihr maximales Ziel?
   - Wie sieht Ihr Eröffnungsangebot aus?
3. **Wie ist die Verhandlungsmacht verteilt?**
4. **Wie gut kennen Sie die Gegenseite?**
   - Haben Sie Vorerfahrungen gesammelt?
   - Was können Sie in Erfahrung bringen?
   - Was sind die Interessen der Gegenseite?
   - Gibt es gemeinsame Interessen?
   - Von welchem Ergebnis profitieren beide Seiten?
5. **Welche Informationen geben Sie der Gegenseite?**
   - Was werden Sie offenbaren?
   - Was werden Sie für sich behalten?
6. **Was sind erst einmal nur Vermutungen?**

7. **Verhandeln Sie nur einen Punkt oder ein ganzes Paket?**
   - Was sind die Hauptpunkte eines Pakets?
   - Wie sind diese miteinander verbunden?
   - Welche Punkte sind für die Gegenseite wichtig?

8. **An welcher Stelle sind Sie bereit Konzessionen anzubieten?**

9. **Welche Konzessionen können Sie von der Gegenseite fordern?**

10. **Organisatorisches**
    - Werden Sie telefonisch, schriftlich oder im persönlichen Gespräch verhandeln?
    - Wo werden Sie sich treffen (bei Ihnen = Heimvorteil oder bei der Gegenseite)?
    - Werden Sie alleine oder im Team verhandeln?
    - Wer wird welche Rolle im Team übernehmen?
    - Gibt es einen Zeitrahmen?
    - Wann müssen Sie ein Ergebnis erzielt haben?

11. **Wie sind Sie persönlich vorbereitet?**
    - Wie sicher fühlen Sie sich beim Verhandeln?
    - Wo sind Sie besonders empfindlich (hot buttons)?
    - Was werden Sie tun, wenn die Verhandlung scheitert?
    - Wie viel Zeit wollen Sie in die Vorbereitung investieren?

Modell der SMARTen Ziele – wenn Sie Ihr Ziel spezifizieren wollen

S = **spezifisch**
M = **messbar**
A = **attraktiv**
R = **realistisch**
T = **terminiert**

Die Informationsmatrix – wenn Sie den Umgang mit Informationen planen

Bereit bekannt zu geben *(give)*	**Wollen wir wissen *(get)***
Das sind Informationen, die wir beabsichtigen, der Gegenseite zu geben, um unsere Verhandlungsmacht damit zu stärken oder Informationen, die helfen, einen Weg zu einer Übereinkunft zu finden. *Beispiel: Wie weit ist die Wohnung von den jeweiligen Arbeitsplätzen entfernt? Wann wollen Nele und Niels einziehen? Wollen sie ein Büro in der Wohnung unterbringen? Planen die beiden eventuell ein Kinderzimmer?*	Das sind Informationen, die wir von der Gegenseite brauchen oder bekommen wollen, um unsere Verhandlungsmacht zu stärken, oder die helfen sollen, einen Weg zu einer Übereinkunft zu finden. In der Regel handelt es sich hier um eine Liste vorbereiteter Fragen. *Beispiel: Wann gehen die jetzigen Mieter aus der Wohnung? Gibt es einen Hausmeister? Sind Haustiere in der Wohnung erlaubt? Entspricht die Heizungsanlage den modernen Ansprüchen?*
Behalten wir für uns *(keep)*	**Überraschend erfahren *(surprise)***
Informationen, von denen wir beschließen, sie für uns zu behalten, da diese Informationen unsere Verhandlungsmacht minimieren würden. *Beispiel: Wollen Nele und Niels, dass die Gegenseite weiß, dass die beiden etwas vorschnell ihre alte Wohnung schon gekündigt haben?*	Informationen, die uns überraschen würden, würden wir Sie während der Verhandlung von der Gegenseite erfahren. *Beispiel: Wenn Nele und Niels während der Verhandlung erfahren, dass die Nachbarn über und unter ihnen seit Jahren mit der Hausverwaltung in einem Rechtsstreit liegen.*

Die Konzessionsmatrix – wenn Sie Zugeständnisse planen

Bereit zu geben *(give)* Das sind Konzessionen, von denen wir beabsichtigen, sie der Gegenseite zu geben. Zugeständnisse, die wir bereit sind, der anderen Seite zu machen, um zu einer Übereinkunft zu kommen. *Beispiel: In der Gehaltsverhandlung kann Niels planen, dem Personalreferenten anzubieten, auf ein 13. Monatsgehalt zu verzichten, wenn er dafür einen leistungsbezogenen Bonus erhält.*	**Wollen wir bekommen *(get)*** Das sind Konzessionen, die wir von der Gegenseite fordern, wenn wir selbst ein Zugeständnis machen. Oder Zugeständnisse, die wir fordern, um unsere Bereitschaft zu einer Übereinkunft zu signalisieren, wenn wir in einer starken Position sind. *Beispiel: Niels will sich auf jeden Fall noch weiterbilden. Er plant einen MBA-Studium, um sich langfristig zu qualifizieren. Er möchte eine Beteiligung des Unternehmens an seinem Aufbaustudium.*
Behalten wir *(keep)* Konzessionen, die wir auf keinen Fall machen. Diese Konzessionen liegen unter unserem Minimalziel. *Beispiel: Niels will auf keinen Fall weniger verdienen als in seinem bisherigen Arbeitsverhältnis.*	**Überraschend bekommen oder gefordert *(surprise)*** Konzessionen, die uns überraschen, wenn sie während der Verhandlung von der Gegenseite gefordert oder gemacht werden. *Beispiel: Würde Niels während der Verhandlung erfahren, dass er den Arbeitsvertrag nur erhält, wenn er bereit ist, für das Unternehmen nach der Einarbeitungszeit Projekte in Russland und Afghanistan zu betreuen, sollte er sich Bedenkzeit erbitten, um diese neue Situation und deren Konsequenzen einschätzen zu können.*

Arbeitsblatt *core concerns* – wenn Sie Emotionen und Bedürfnisse berücksichtigen wollen

Grundbedürfnis:	Meine *core concerns*	Was werde ich davon öffentlich äußern?	Mögliche *core concerns* der Gegenseite	Was kann ich konkret tun / sagen, um die Gegenseite zu stärken?
Wunsch nach Wertschätzung				
Wunsch nach Zugehörigkeit				
Wunsch nach Eigenständigkeit				
Wunsch nach Anerkennung des Status				
Wunsch nach Anerkennung der Rolle				

Kurzinformationen zur Durchführung Ihrer Verhandlung

Der Verhandlungsprozess: N.E.G.O.T.I.A.T.E. – wenn Sie sich den richtigen Ablauf visualisieren wollen

1. **Names. Niceties.** Beginnen Sie mit dem Austausch von Namen und Nettigkeiten.
2. **Establish General Conditions.** Etablieren Sie Grundregeln.
3. **Get Standpoints Exchanged.** Tauschen Sie Ihre Standpunkte aus.
4. **Observe and Identify Common Ground.** Suchen und finden Sie Gemeinsamkeiten.
5. **Take Note of Differences.** Berücksichtigen Sie die Unterschiede.
6. **Initiate Negotiation.** Initiieren Sie die Verhandlung.
7. **Agreement Should be Reached.** Treffen Sie eine Übereinkunft.
8. **Tasks Should be Distributed.** Verteilen Sie Aufgaben für die nächsten Schritte.
9. **End – Celebrate and Say Farewell.** Der Ausklang – feiern Sie und sagen Sie »Auf Wiedersehen«.

Übersicht über das Harvard Konzept I: *Getting to Yes* – wenn Sie alle fünf Prinzipien auf einen Blick haben wollen

Prinzip 1 des Harvard-Konzeptes

Trennen Sie die Beziehung zum Verhandlungspartner vom Verhandlungsgegenstand! Seien Sie weich zur Person und hart in der Sache! Die Vermischung von Sachproblemen mit Beziehungsproblemen schadet der Beziehung und lähmt den Fortschritt in der Sache. Eine funktionierende Beziehung ist dabei Voraussetzung für eine effiziente Bearbeitung von Sachproblemen.

Deshalb gelten die folgenden Empfehlungen:

- Erkennen Sie Beziehungsprobleme und behandeln Sie diese von den Sachproblemen getrennt.
- Überprüfen Sie Ihre Beziehung zum Verhandlungspartner auf wechselseitiges Vertrauen, wechselseitige Akzeptanz und funktionierende Kommunikation.
- Bearbeiten Sie zuerst die Beziehungsprobleme, bevor Sie mit den Sachproblemen beginnen.
- Bauen Sie wechselseitiges Vertrauen auf, indem Sie sich selbst immer und unabhängig vom Verhalten des Verhandlungspartners vertrauenswürdig verhalten.

Prinzip 2 des Harvard-Konzeptes

Konzentrieren Sie sich auf Interessen nicht auf Positionen. Hinter jeder Position verbirgt sich ein Interesse (Motiv, Beweggrund, Bedürfnis) – das legitime Anliegen eines Verhandelnden, das ihn antreibt. Unterschiedliche Interessen lassen sich meist durch mehrere Möglichkeiten befriedigen. Interessengeleitetes Verhandeln ist deshalb, im Gegensatz zum positionellen Verhandeln, offen, was das Verhandlungsresultat betrifft, und schafft gerade dadurch neue Lösungsmöglichkeiten. Position zu beziehen, markiert zwar Stärke, offenbart aber gleichzeitig auch Schwäche, sollte die Forderung nicht erreicht werden. Darüber hinaus besteht immer das Risiko des Gesichtsverlustes.

Deshalb gelten folgende Empfehlungen:

- Schaffen Sie sich Klarheit über Ihre eigenen Interessen, legen Sie diese offen dar, ohne Position zu beziehen.

- Hinterfragen Sie die Positionen der Gegenseite auf die dahinterliegenden Interessen (Wozu? Wofür?).
- Sprechen Sie gegebenenfalls über »Vorstellungen«, wie Interessen verwirklicht werden könnten.
- Konzentrieren Sie sich auf gemeinsame Interessen, lassen Sie Interessenkonflikte vorerst ruhen.

Prinzip 3 des Harvard-Konzeptes

Entwickeln Sie gemeinsam mit allen Beteiligten möglichst viele Optionen, bewerten und entscheiden Sie später! Eine optimale Problemlösung, die den Interessen aller Parteien bestmöglich gerecht wird, bedarf der kreativen Ideenentwicklung aller Beteiligten. Damit Kreativität sich besonders gut entwickeln kann, sollten Sie vorschnelles Urteilen und damit die Gefahr der Einnahme von festen Positionen vermeiden. Suchen Sie nach mehr als »der« einen richtigen Lösung. Lösen Sie sich von den Vorstellungen, dass der »Kuchen« begrenzt sei und dass die anderen ihre Probleme gefälligst selbst lösen sollten.

Deshalb gelten folgende Empfehlungen:

- Formulieren Sie »kreative Fragen« (offene Fragen nach Lösungsmöglichkeiten).
- Geben Sie sich nicht mit der erstbesten Lösung zufrieden, sondern suchen Sie nach weiteren Möglichkeiten, Modellen oder Varianten (Brainstorming).
- Suchen Sie nach Lösungsmöglichkeiten, die die Interessen beider Parteien berücksichtigen, also auch den Interessen der Gegenpartei gerecht werden.
- Schieben Sie Zustimmung oder Ablehnung so lange hinaus, bis das Kreativitätspotenzial aller beteiligten Personen ausgeschöpft ist.

Prinzip 4 des Harvard-Konzeptes

Bestehen Sie auf der Anwendung von fairen Standards und Verfahren. Vernünftige und faire Resultate werden Sie in Ihren Verhandlungen erzielen, wenn der Weg der Entscheidungsfindung nachvollziehbar ist. Sind die Kriterien transparent und werden diese von beiden Seiten akzeptiert, so hat keine der Parteien das Gefühl von Willkür. Das Gleiche gilt für die Nachvollziehbarkeit von Verfahrensweisen.

Suchen Sie nach allgemein gültigen Normen, Werten, Rechtsgrundsätzen, die als objektive Entscheidungskriterien verwendet werden können, weil sie:

- von allen parteiischen Interessen der einzelnen Verhandlungspartner unabhängig sind
- für alle beteiligten Verhandlungspartner gültig sind und damit verbindlich sein können
- die Standardisierung für zukünftige Verhandlungen ermöglicht
- die gleichen Standards auch in anderen Situationen, mit anderen Partnern und an anderen Orten, angewandt werden können

Prinzip 5 des Harvard-Konzeptes

Entscheiden Sie sich für oder gegen ein Verhandlungsergebnis durch einen Vergleich mit Ihrer besten Alternative! Ein Verhandlungsergebnis ist ein Erfolg, wenn es besser als die beste vorhandene Alternative jenseits der Verhandlung ist. Niemand wird einer Verhandlungslösung zustimmen, zu der er oder sie eine bessere Alternative hat. Ist eine solche Alternative vorhanden, wird das Gefühl der Abhängigkeit vom Verhandlungspartner vermieden.

Deshalb gelten die folgenden Empfehlungen:

- Entwickeln Sie im Vorfeld mögliche Alternativen zu dem bestmöglichen Verhandlungsergebnis.
- Stimmen Sie nur dann einer Verhandlungslösung zu, wenn diese besser als die Alternative ist.
- Prüfen Sie, ob die andere Seite zu einer vorgeschlagenen Verhandlungslösung eine bessere Alternative hat.
- Drohen Sie dem Verhandlungspartner nicht mit der eigenen Alternative. Teilen Sie ihm diese allenfalls als eigenes Entscheidungsproblem mit.
- Beziehen Sie die zweitbeste Alternative aller Parteien als Option in die Verhandlung mit ein.

Überblick Harvard Konzept II: *Getting Past No* – wenn Sie mit schwierigen Verhandlungspartnern zu tun haben

Prinzip 1 von Getting Past No

Reflektieren statt zu reagieren *(Don't react – go to the balcony)*! In vielen Fällen läuft der Verhandelnde Gefahr, durch seine Reaktion Teil des Spiels der Provokation zu werden. Das Risiko ist hoch, in einen Teufelskreis hineingezogen zu werden. Deshalb besteht der erste Schritt darin, nicht zu reagieren, sondern das eigene Verhalten zu kontrollieren.

Deshalb gelten folgende Empfehlungen:

- Treten Sie mental einen Schritt zurück und überprüfen Sie Ihre eigenen Schwachstellen *(hot buttons)*.
- Überdenken Sie die Tricks des Gegenübers *(»Name the game«)*.
- Nehmen Sie sich Zeit, die Diskussion zu verlangsamen, um das Ziel im Blickfeld zu behalten *(»Keep your eyes on the prize«)*.

Prinzip 2 von Getting Past No

Die Perspektive wechseln, statt zu streiten *(Disarm them – step to their side)*! Werden Sie vom Verhandlungspartner angegriffen, so erwartet dieser intuitiv von Ihnen einen Gegenangriff beziehungsweise eine Entgegnung. Und die Versuchung dazu ist groß. Doch statt sich jetzt auf den Streit einzulassen, ist die Empfehlung, einfach zuzuhören, die Argumente der Gegenseite zu bestätigen und so viele Gemeinsamkeiten wie nur möglich zu finden. Dadurch wird beim Gegenüber eine »kognitive Dissonanz« erzeugt, da man selbst eigentlich als Gegner wahrgenommen wird, durch dieses unerwartete Verhalten aber »sympathisch« zu werden beginnt. Das macht es einfacher, schließlich die eigenen Ansichten klar auszudrücken, ohne zu provozieren. Ein günstiges Diskussionsklima ist geschaffen.

Deshalb gelten die folgenden Empfehlungen:

- Hören Sie aktiv zu.
- Zeigen Sie, dass Sie der Argumentation der Gegenseite folgen.
- Stimmen Sie zu, wo immer es möglich ist.
- Erkennen Sie die Argumentation der Gegenseite an.

Prinzip 3 von Getting Past No

Umformulieren, statt ablehnen *(Don't reject – change the game)*! Um in schwierigen Verhandlungs-/Diskussionssituationen eine Lösung zu finden, muss der Kontext verändert werden. Anstatt die Position des Partners abzulehnen – was sie gewöhnlich nur noch stärker werden lässt –, soll die gemeinsame Aufmerksamkeit auf die Schwierigkeit gerichtet werden, die beidseitigen Interessen zu vereinbaren. »Ja, es ist schwierig hier eine Lösung zu finden. Was können wir tun? Haben Sie eine Idee?«

Deshalb gelten die folgenden Empfehlungen:

- Es ist wichtig, das Problem zu fokussieren, indem nach den Motivationen des Partners und seinen Rat- und Lösungsvorschlägen gefragt wird. Dadurch kann auch die Position des Partners in einen neuen Kontext gesetzt werden.
- *»Stone-wall-Taktiken«* können umgangen werden, in dem sie einfach ignoriert werden.
- *»Attacks-Taktiken«* können auf ähnliche Weise umgangen werden. Sie können persönliche Angriffe als Angriffe, die das Problem betreffen, ansehen. »Was können wir tun, damit uns das nicht noch einmal passiert?«
- *»Tricks-Attacken«* können ebenfalls entlarvt und in einen neuen Kontext gesetzt werden, indem klärende Fragen gestellt werden.

Prinzip 4 von Getting Past No

Bauen Sie »Goldene Brücken«, statt Druck auszuüben *(Make it easy to say yes – Build them a golden bridge)*! Selbst wenn die ersten drei Schritte erfolgt sind und einer Lösung objektiv nichts mehr im Weg steht, kann die Einigung noch misslingen. Der Partner kann das Gefühl haben, überrumpelt zu werden, da überraschend schnell eine Lösung gefunden scheint, oder den Eindruck haben, nach außen hin sein Gesicht zu verlieren, wenn er der überraschenden Lösungsmöglichkeit zustimmt. Deshalb schlägt das Havard-Konzept die »Goldene Brücke« vor, die dem Partner eine Einwilligung so einfach wie möglich machen soll.

Es gelten dafür die folgenden Empfehlungen:

- Anstatt den Partner zu einem raschen Abschluss der Verhandlung oder der Diskussion zu drängen, sollte man sich zurücklehnen und dem Partner den letzten Schritt über die »Goldene Brücke« machen lassen.
- Der Bau einer »Goldenen Brücke« beinhaltet mehr als nur ein attraktives Angebot an den Partner. Als Erstes ist es wichtig, den Partner in den Entscheidungsprozess einzubinden.

- Selbst wenn die Einigung von einer Seite ausgearbeitet wurde, sollte die abschließende Lösung immer eine Wir-Entscheidung sein.
- Es sollte hinter die offensichtlichen Interessen des Partners (wie etwa Geld) geblickt und Interessen wie Anerkennung und Autonomie mit einbezogen werden.
- Außerdem sollte darauf geachtet werden, eine Lösung zu finden, die es beiden Partnern ermöglicht, ihr Gesicht zu wahren (besonders in der Politik) und das Abweichen von der Ausgangsposition nach außen hin plausibel zu machen.
- Die »Goldene Brücke« muss es beiden Partnern möglich machen, die Lösung als Sieg zu präsentieren.
- Und nicht zuletzt ist zu beachten, dass der Faktor Zeit in Verhandlungen und Diskussionen eine wesentliche Rolle spielt – sowohl für das eigene Empfinden der Partner als auch für das Auftreten nach außen hin ist es wichtig, nicht zu langsam und nicht zu schnell zu einer Lösung zu finden.

Prinzip 5 von Getting Past No

Bringen Sie die Gegenseite zur Vernunft, statt sie in die Knie zu zwingen *(Make it hard to say no – bring them to their senses not to their knees)*! Ist die »Goldene Brücke« gebaut und will der Partner trotzdem nicht darüber gehen, so ist es wahrscheinlich die natürliche Reaktion der meisten Menschen, die gemachten Bemühungen mit aller Kraft zu verstärken und mit allen Mitteln zu versuchen, doch noch zu einem Abschluss zu kommen. Durch einen Wechsel aus der aufgebauten »Atmosphäre der Problemlösung« zurück ins »Spiel der Macht« kann vielleicht zwar noch eine Entscheidung erzwungen, langfristig aber auch die Beziehung zwischen den Partnern aufs Spiel gesetzt werden.

Deshalb gelten die folgenden Empfehlungen:

- Machen Sie der Gegenseite klar, welche Konsequenzen ein »Nein« hätte, indem Sie danach fragen, was nach einer abgelehnten Lösung geschieht. Sie sollten die Gegenseite warnen, ohne zu drohen.
- Demonstrieren Sie ohne zu provozieren die eigene BATNA, um der Gegenseite zu zeigen, dass für Sie auch andere Handlungsmöglichkeiten bestehen.
- Arbeiten Sie weiterhin an Lösungsmöglichkeiten für den Partner, indem verhandelt wird, auch wenn der eigene »Sieg« schon feststeht. Vergessen Sie nicht, dass auch Ihr Gegenüber mit einer zufriedenstellenden Lösung die Verhandlung abschließen möchte.
- Bestätigen Sie die Beziehung zum Partner nochmals und überlassen Sie ihm die endgültige Entscheidung des »Neins«.

Leitfaden zum Steuerungs-Know-how – wenn Sie Ihre Verhandlung sicher führen wollen

Sieben Goldene Regeln zum Leiten Ihrer Verhandlung

1. Pünktlichkeit: Die Verhandlung beginnt und endet pünktlich, es sei denn, es wird während des Meetings etwas anderes beschlossen.
2. Vertraulichkeit: Dinge, die in der Verhandlung besprochen werden, werden vertraulich behandelt.
3. Respekt: Alle Meinungen sind zulässig, es wird keiner für seine Meinung kritisiert.
4. Regelmäßige Pausen: Alle 90 Minuten wird eine zehnminütige Pause gemacht.
5. Es spricht immer nur einer, keine Nebengespräche.
6. Handys und Blackberries aus.
7. Pausen: Jeder Teilnehmer hat die Möglichkeit, eine Kurzpause einzufordern.

Tipps zum guten Zeitmanagement

- Auch wenn es schon in der Einladung enthalten war: Es hilft am Anfang der Verhandlung, auf die Dauer hinzuweisen.
- Weisen Sie auch während der Verhandlung darauf hin, ob Sie gut oder schlecht in der Zeit liegen.
- Planen Sie Ihre Agenda realistisch. In vielen Fällen ist die Agenda so überfrachtet, dass es unmöglich ist, die Themen auch nur annähernd zu behandeln.
- Setzen Sie einen »Timekeeper« ein, der einzelne Agendapunkte und auch die Gesamtverhandlung zeitlich überwacht.
- Einhaltung der Agenda: Wenn ein neues Thema auftaucht, parken Sie es auf dem *»parking lot«* und handeln Sie es zu einem späteren Zeitpunkt ab.

Tipps, um die Zügel in der Hand zu behalten

- Wenn die Verhandelnden durch ein nicht zielführendes Gesprächsthema abgelenkt werden, verweisen Sie erneut auf das Ziel der Verhandlung.
- Fassen Sie in regelmäßigen Abständen zusammen und halten Sie Zwischenergebnisse schriftlich fest.

- Beobachten Sie immer das nonverbale Feedback Ihrer Teilnehmer (Sind sie fokussiert, gelangweilt, genervt, motiviert, verstehen sie den Beitrag nicht ...?) und reagieren Sie entsprechend.
- Fragen Sie nach einzelnen Punkten, ob diese zur Zufriedenheit der Teilnehmer abgehandelt wurden.
- Fördern Sie Ruhige und bremsen Sie Vielredner.
- Erhalten Sie selbst Feedback, dann hören Sie ruhig zu und rechtfertigen Sie sich nicht.

Tipps zum Visualisieren

- Visualisieren Sie Verhandlungsthemen, Zwischenergebnisse und so weiter – jeder Verhandlungspartner weiß dadurch, worum es gerade geht.
- Alle behalten den Überblick, wenn viele Zahlen im Spiel sind.
- Der moderierende Verhandlungsleiter hat, während er schreibt, Zeit nachzudenken.
- »Wer schreibt, der bleibt!« – an der einen oder anderen Stelle können Sie Formulierungen mit beeinflussen.

Brainstorming-Regeln

1. Jede Idee ist wertvoll.
2. In Phase 1 wird nicht bewertet.
3. Gerade »verrückte« Ideen haben ein großes Potenzial.
4. Ideen der anderen sollen weiterentwickelt werden.

Störungen professionell meistern

Das WAVE-Model

Wahrnehmung ansprechen
Aufgreifen/Anerkennen
Vorschlag machen
Einverständnis einholen

Punkte, die beim Verhandlungsabschluss beachtet werden müssen

- Wie genau sieht die Übereinkunft aus?
- Was soll konkret getan werden? (Dieses »Was« sollte so genau wie möglich definiert sein.)
- Bis wann soll es getan werden? (Die Zeitfrage beinhaltet den Endtermin sowie Zwischentermine für die »*milestones*«.)
- Wer wird für die »Überwachung« und Kontrolle zuständig sein?
- Die Verantwortung für die einzelnen Aufgaben wird ganz konkret an Einzelpersonen übertragen.
- Am Ende sollten die Entscheidungen, die nächsten Schritte und offene Fragen noch einmal zusammengefasst werden.

Tipps zur Nachhaltigkeit

- Statt den Kontrolleur zu spielen, zeigen Sie Interesse für die Ergebnisse und bieten Sie Unterstützung bei Fragen an.
- Kontaktieren Sie die Verhandlungspartner telefonisch und fragen Sie nach, wie sie vorankommen.

Das Wichtigste zum Verhandeln am Telefon – wenn Sie telefonisch verhandeln

1. **Namensnennung zu Beginn:**

   In größeren Gesprächsrunden oder wenn sich die Beteiligten nicht gut kennen, hilft es zu Beginn die Namen zu nennen: »Niklas hier, als Vertreter von NikTec in dieser Runde frage ich mich ...?« Oder: »Ich bin Michael, CSO bei NikTec.« Wie stellen Sie sich denn die langfristige Kooperation vor?

2. **Keine Nebengespräche führen:**

   Da Sie keine Möglichkeit haben zu sehen, ob die Teilnehmer noch bei der Sache sind, empfiehlt es sich zu vereinbaren, während der Verhandlung die Handys auszuschalten, keine Nebengespräche zu führen und für eine störungsarme Umgebung zu sorgen.

3. **Achtung *»open mike«*:**

   Auch wenn Ihre Telefonanlage eine *Mute*-Taste (Stummschaltung) bietet, lassen Sie sich nicht verführen, irgendwelche »*Off-Topic*«-Gespräche (Gespräche, die nichts mit der Verhandlung zu tun haben) während einer Telefonverhandlung zu führen. Auf Technik ist nicht immer Verlass, und Sie wären nicht der Erste, dessen unbedachte Worte oder Witze eine Telefonkonferenz zu einer Schweigesekunde veranlassen! Sagen Sie während der Konferenz nur das, was alle Beteiligten hören sollen.

4. **Achtung Reaktionszeit:**

   Besonders zu Beginn eines Wortbeitrags ist es wichtig, deutlich und langsam zu sprechen, da die anderen Zuhörer eine Vorlaufzeit benötigen, sich auf eine neue Stimme einzustellen. In dieser Orientierungssekunde werden leicht wesentliche Inhalte überhört, wenn diese zu schnell oder undeutlich gesprochen werden. Ansonsten gilt: natürlich sprechen!

5. **Vermeiden Sie »Telefonlaute« (ja, hmm, aha):**

   Sonst entsteht ein Geräuschdschungel, der es schwer macht, dem Gesagtem zu folgen.

6. **Notizen machen:**

   Um den Überblick in einer Telefonkonferenz zu behalten, sind Notizen extrem hilfreich. Das kann sich einerseits auf inhaltliche Aspekte beziehen (hilft auch bei Zwischenzusammenfassungen) oder auf die Rednerliste, auf Fragen oder Wortmeldungen der Teilnehmer. Bewährt haben sich dabei Techniken wie das Mind-Mapping.

7. ***Hold*-Taste vermeiden (Gespräche in die Warteschleife legen):**

   Viele Systeme erfreuen ihre Teilnehmer mit Musik sobald die *Hold*-Taste gedrückt wird. Das macht bei einer Audiokonferenz natürlich keinen Sinn. Deshalb, um Hintergrundgeräusche auszublenden, besser die *Mute*-Taste drücken.

Auf einen Blick professionelles Argumentieren

Ihre Formulierungshilfen zum überzeugenden Argumentieren – wenn Sie auf Ihre Worte achten wollen

- Entscheiden Sie sich statt für das unpersönliche »man« lieber für einen persönlichen Bezug durch ein Pronomen (ich, du, wir, ihr).

- Wählen Sie statt des Konjunktivs (Möglichkeitsform) den Indikativ (Wirklichkeitsform). Also statt »Ich würde vorschlagen ...« besser »Ich schlage vor ...«. Diese Formulierungen im Konjunktiv haben sich stark in der Umgangssprache eingebürgert. Wir meinen, es wäre höflicher sich im Konjunktiv auszudrücken. Man spricht hier vom »Demutskonjunktiv«. Beim Überzeugen bitte weglassen, denn Sie wollen einen sicheren Eindruck vermitteln!

- Statt »Das Problem ist ...« besser »Die Situation sieht folgendermaßen aus ...«. Wir gehen oft unachtsam mit dem Wort »Problem« um und bezeichnen Dinge als »Problem«, die gar keine sind, sondern lediglich Situationen oder Themen, die es zu klären gilt. Nur wenn es wirklich ein echtes »Problem« ist, sollten Sie es auch als solches bezeichnen.

- Statt »Wir sollten ...« besser »Wir werden ...«. Vermeiden Sie Modalverben im Konjunktiv (sollte, könnte, dürfte, müsste, wollte). Sie gelten als typische rhetorische Weichmacher.

- Folgende Formulierungen gelten ebenfalls als rhetorische Weichmacher und sollten vermieden werden: »Glaub ich«, »Sag ich mal«, »Denk ich«. Außerdem: vielleicht, eventuell, sozusagen, irgendwie, halt, unter Umständen ... Machen Sie stattdessen an geeigneten Stellen Pausen und nutzen Sie die Macht der Stille. Diese »Powerpausen« erlauben dem Verhandlungspartner, Ihre Forderungen und deren Bedeutung für den Verhandlungsverlauf mental zu erfassen.

Wie Sie die Argumentation für Ihre Verhandlung strukturieren – wenn Sie gezielt beeinflussen wollen

1. Ausgangssituation darstellen

- Was genau ist das Problem?
- Wer hat das Problem?
- Wie sieht der Status quo aus Sicht des Verhandlungspartners aus?
- Wie können Sie das Interesse beim anderen für Ihr Thema wecken?

2. Idee aufzeigen

- Was genau wollen Sie verändern?
- Was wollen Sie erreichen?
- Was ist Ihre Idee oder Ihr Ziel?
- Was können Sie tun, um die Ausgangssituation zu verändern?

3. Umsetzung der Idee schildern

- Welche Hintergrundinformation wollen Sie geben?
- Welche Details unterstreichen Ihre Kompetenz?
- Welche Informationen bringen Transparenz?
- Welche Fragen und Einwände können Sie vorwegnehmen?

4. Nutzen / Vorteile aufzeigen

- Was hat Ihr Verhandlungspartner davon, wenn er Sie unterstützt?
- Wie werden Sie Nutzen und Vorteile explizit ansprechen?

5. Leichte erste Schritte

- Wie geht es weiter?
- Was passiert als nächstes?
- Wie wollen Sie Ihren Vorschlag konkretisieren?
- Gibt es einen Aktionsplan – wer macht was bis wann?

Übersicht: Welche Fragearten Sie in Verhandlungen einsetzen können – wenn Sie professioneller fragen wollen

Frageart	Ziel	Beispiele
Offene Fragen	■ Informationsgewinnung ■ dient der Gesprächsförderung, um qualitative Informationen und Meinungsäußerungen vonseiten des Verhandlungspartners zu erhalten	W-Fragen – beginnen immer mit »W«: ■ Wann? ■ Was? ■ Wie? ■ Welche? ■ Wo? ■ Wer? ■ Was ist Ihnen wichtig? ■ Wie kann ich das verstehen?
Geschlossene Fragen	■ Herbeiführen von Entscheidungen	Verhandlungspartner kann nur mit »Ja« oder »Nein« antworten: ■ Wollen wir uns auf dieses Angebot einigen? ■ Bestellen Sie die Ware?
Alternativfragen	■ Abfragen von Varianten	Entscheidung des Verhandlungspartners zwischen zwei oder mehr Möglichkeiten: ■ Wollen Sie uns lieber bei der Qualität oder beim Timing entgegenkommen?

Frageart	Ziel	Beispiele
Suggestivfragen	■ Versuch der bewussten Beeinflussung	durch geschicktes Fragen gibt man die Antwortrichtung vor: ■ Sicher haben Sie den gleichen Eindruck? ■ Sie stimmen doch sicher mit überein, dass ...? ■ Sie haben doch sicher auch festgestellt, dass ...?
Gegenfragen	■ einer anderen Frage ausweichen ■ Zeit zum Nachdenken gewinnen ■ Einwände des Verhandlungspartners erfahren	■ Was genau meinen Sie damit, dass unser Vorschlag nicht fair sei?
Motivierungsfragen	■ Pflege der Beziehungsebene durch Komplimente	■ Wie haben Sie das Projekt in so kurzer Zeit geschafft?
Provozierende Fragen	■ den Verhandlungspartner aus der Reserve locken	■ Möchten Sie auf diese klaren Vorteile verzichten?
Echofragen	■ Einfühlsamkeit und Empathie zeigen	■ Wir sind uns schon in den meisten Punkten einig, nicht wahr?

LITERATUR

Cialdini, Robert B.: Die Psychologie des Überzeugens. Huber / Bern: 2005

Donaldson, Michael C. und Donaldson, Mimi: Negotiating for Dummies. John Wiley & Sons / Foster City, USA: 1996

Edmüller, Andreas und Wilhelm, Thomas: Argumentieren. Wrs/Planegg: 1998

Fisher, Roger und Ury, William: Getting to Yes. Random House/London: 1999

Fisher, Roger und Ury, William und Patton, Bruce: Das Harvard-Konzept. Der Klassiker der Verhandlungstechnik. Campus / Frankfurt, New York: 2004

Fisher, Roger und Shapiro, Daniel: beyond reason. Using Emotions as You Negotiate. Viking Penguin / New York, USA: 2005

Gigerenzer, Gerd: Bauchentscheidungen. Bertelsmann / München: 2007

Härter, Gitte: Erfolgreich verhandeln. Haufe / Planegg: 2006

Karrass, Chester L.: The Negotiating Game. Harper Collins / New York, USA: 1992

Karrass, Chester L.: In Business As In Life – You Don't Get What You Deserve, You Get What You Negotiate. Stanford Street Press / Los Angeles, USA: 1996

Kennedy, Gavin: Everything is NEGOTIABLE – How to get the Best Deal Everytime. Arrow Books / London: 1997

Kennedy, Gavin: Essential Negotiation. Profile Books Ltd. / London: 2004

Kunkel, Agnes und Bräutigam, Peter und Hatzelmann, Elmar: Verhandeln nach Drehbuch. Redline Wirtschaft / Heidelberg: 2006

Lax, David A. und Sebenius, James K.: 3 D Negotiation. Harvard Business School Press / Boston, USA: 2006

Levine, Robert: Die große Verführung. Psychologie der Manipulation. Piper / München: 2005

Malhotra, Deepak und Bazerman, Max H.: Negotiation Genius. Harvard Business School. Bantam Books / New York, USA: 2007

Mastenbroek, Willem: Verhandeln. Strategie. Taktik. Technik. Gabler / Wiesbaden: 1992

Molcho, Samy: Körpersprache des Erfolgs. Heinrich Hugendubel / München: 2005

Nöllke, Matthias: Schlagfertigkeit. STS / Planegg: 1999

Portner, Dieter: Überzeugend diskutieren. Beltz Verlag / Weinheim: 2000

Ruede-Wissmann, Wolf: Satanische Verhandlungskunst und wie man sich dagegen wehrt. Area / München: 1993

Ury, William: Getting past No. Bantam / New York, USA: 1993

STICHWORTREGISTER

ÜBER DIE AUTORIN

- Sie haben eine schwierige Verhandlung vor sich?
- Sie stecken mitten in einem festgefahrenen Prozess?
- Ihre nächste Gehaltsverhandlung steht an?
- Sie geraten immer wieder in Sackgassen und wissen nicht, wie Sie da herauskommen?
- Sie wünschen sich Feedback zu Ihrem persönlichen Verhandlungsverhalten?

Dann sind Sie bei *C-to:be The Coaching Company* richtig! Bei uns finden Sie den erfahrenen Coach, den systemischen Prozessbegleiter und den erfrischenden Trainer für genau Ihre Fragestellung.

Notfall-Service: Sie schicken uns Ihre Fragestellung und wir antworten Ihnen schnell, kompetent und vertraulich innerhalb von 24 Stunden. Anschließend beraten wir Sie gerne, wie Sie langfristig an Ihren Anliegen arbeiten können.

Lesen Sie auch unseren BLOG www.c-to-be.de/blog mit immer neuen Themen rund ums Verhandeln!
Wir freuen uns auf Ihre Anfrage!

Jutta Portner
Seeuferstraße 59
82541 Ambach
Tel. + 49 8177 99 85 458
Fax +49 8177 99 85 459

E-Mail: welcome@c-to-be.de
www.c-to-be.de

BILDNACHWEISE

Seite 12: © Dietmar Klement, iStockphoto.com; Seite 17: © RTimages, fotolia.de; Seite 41: © Slobo Mitic, iStockphoto.com; Seite 47: © Dmitriy Shironosov, iStockphoto.com; Seite 69: © TommL, iStockphoto.com; Seite 70: © TommL, iStockphoto.com; Seite 83: © Dmitriy Shironosov, iStockphoto.com; Seite 96: © Daniela Andreea Spyropoulos, iStockphoto.com; Seite 117: © DNY59, iStockphoto.com; Seite 127: © Renee Lee, iStockphoto.com; Seite 157: © Tom Gufler, iStockphoto.com; Seite 169: © kutay tanir, iStockphoto.com; Seite 177: © Jorge Salcedo, iStockphoto.com; Seite 203: © Archives, iStockphoto.com; Seite 225: © parema, iStockphoto.com; Seite 235: © Adam Balatoni, iStockphoto.com; Seite 255: © Dmitriy Shironosov, iStockphoto.com; Seite 269: © WillSeralep, iStockphoto.com; Seite 278: © Chris Schmidt, iStockphoto.com; Seite 285: © Claus Mikosch, iStockphoto.com; Seite 295: © Sandor Jackal, fotolia.de; Seite 318: © james boulette, iStockphoto.com; Seite 339: © Kemter, iStockphoto.com; Seite 349: © Chris Schmidt, iStockphoto.com; Seite 386: © Julien Portner